城市与区域规划研究

本期执行主编　来　源　武廷海

商务印书馆
创于1897　The Commercial Press

图书在版编目（CIP）数据

城市与区域规划研究. 第 16 卷. 第 1 期：总第 41 期 /
来源, 武廷海主编. -- 北京：商务印书馆, 2024.
ISBN 978-7-100-24377-3

Ⅰ. TU984-55; TU982-55

中国国家版本馆 CIP 数据核字第 2024A9M317 号

城市与区域规划研究

本期执行主编　来　源　武廷海

商 务 印 书 馆 出 版
（北京王府井大街 36 号　邮政编码 100710）
商 务 印 书 馆 发 行
北京虎彩文化传播有限公司印刷
ISBN　978 - 7 - 100 - 24377 - 3

2024 年 9 月第 1 版　　　　开本 787×1092　1/16
2024 年 9 月北京第 1 次印刷　　印张 15

定价：86.00 元

主编导读
Editor's Introduction

Intelligent technologies driven by big data, the Internet of Things, deep learning, and the metaverse are rapidly penetrating the physical, social, and cyberspace of contemporary cities. There is an urgent need to explore the impact of artificial intelligence (AI) technologies on urban and regional development from a planning perspective, in order to address scientific and social issues involving AI and future cities. This issue is about "Artificial Intelligence and Future Urban Society", focusing on the significant impact of technologies such as generative AI models, smart cities, digital twin cities, and autonomous driving on future urban production, life, and ecology. It sorts out new technologies driven by artificial intelligence for future cities, analyzes new trends in urban development derived from smart technologies, and explores new theories that can guide future smart city development as well as new problems facing human society under the influence of intelligent technologies. The aim is to explore the planning and research of future urban society against the background of artificial intelligence from a multidisciplinary and international cutting-edge perspective.

One is to explore the transformation of urban ontology based on artificial intelligence technologies. The paper entitled "The Evolution of Ideal City Mode: Speculation on Digital Twin City and Metaverse" by WENG Yang *et al.*, through a comparative analysis of the focus, degree of centralization, and practice approaches of digital twin cities and metaverse, explores the path and prospects for realizing ideal cities in the context of a new round of information

由大数据、物联网、深度学习、元宇宙等技术驱动的智能技术正迅速渗透当代城市的物理-社会-赛博三元空间。目前亟须从规划视角探讨人工智能技术对城市与区域发展的影响，以应对围绕人工智能与未来城市的科学问题和社会议题。本期聚焦"人工智能与未来城市社会"，关注生成式大模型、智慧城市、数字孪生、自动驾驶等技术对未来城市生产、生活和生态的重大影响，梳理人工智能驱动的未来城市新技术，研判智慧技术衍生的城市发展新趋势，探索可指导未来智慧城市发展的新理论，发掘智能技术影响下人类社会面临的新问题，以期从多学科视角和国际前沿视野探讨人工智能背景下未来城市社会的规划研究。

一是结合人工智能技术探讨城市本体的转变。翁阳等在"理想城市的演进：基于数字孪生城市和元宇宙的思辨"中，通过对数字孪生城市和元宇宙在侧重点、中心化程度以及实践途径等方面的比对分

technology revolution. The paper entitled "Promoting Multi-Field Synergy Benefits Through Intelligent Technology in Future Cities" by XIA Jingyi *et al.* analyzes the essence and mechanism of multi-field synergy in smart human settlement from the perspective of synergistic theory based on domestic and foreign experience in smart community construction, summarizes the characteristics of synergistic mechanisms under the influence of intelligent technologies, and explores future community planning ideas from the perspective of synergistic benefits. The paper entitled "City Laboratory: Criticism and Prospect Based on New Data, New Elements, and New Pathways" by LONG Ying *et al.* proposes that the disruptive technological development of the Fourth Industrial Revolution has changed the methods, subjects, and paths of urban research and practice and anticipates the opportunities of city laboratory in developing active urban perception methods, studying new lifestyles and urban spaces, as well as digital technology empowerment planning, design, and management.

The second is to explore the evolution of future urban spaces under the influence of artificial intelligence. The paper entitled "An Exploration of the Planning Framework and Strategies for Digital Transformation of Urban Spaces" by LIU Chao *et al.* explores the digital transformation strategies of future urban spaces and analyzes potential risk factors that may arise during the transformation process, providing feasible frameworks and strategies for the digital transformation of urban spaces in China. The paper entitled "Future City Structure from the Perspective of AI: Revealing Spatial Features Embedded in Complex Network" by LIN Xuhui *et al.* captures and analyzes urban road networks and their spatial features through variational graph autoencoders, revealing the complexity of urban networks and new structures of urban spaces from multiple dimensions, providing new insights for understanding and predicting urban spatial development.

The third is to explore the impact of artificial intelligence on the

析，探讨了新一轮信息技术革命背景下实现理想城市的路径和展望。夏静怡等在"未来城市智能技术促进多领域协同效益研究"中，从协同理论视角结合国内外智慧社区建设经验，剖析智慧人居多领域协同的本质与机理，总结智能技术影响下的协同机制特征，并探讨协同效益视角下未来社区规划思路。龙瀛等在"城市实验室：基于新数据、新要素及新路径的批判与展望"中提出，第四次工业革命的颠覆性技术发展改变了城市研究与实践的方法、对象及路径，并展望了城市实验室在主动城市感知方法、研究新生活方式和城市空间、数字技术赋能规划设计及管理方面的机遇。

二是探讨人工智能影响下的未来城市空间演变。刘超等在"城市空间数字化转型的规划框架与策略探讨"中，探讨了未来城市空间的数字化转型策略，并剖析转型过程中可能出现的风险因素，为我国城市空间数字化转型提供了可探讨的框架与策略。林旭辉等在"人工智能视角下的未来城市结构：发掘复杂网络背后的空间特征"中，通过变分图自编码器捕捉分析城市道路网络及其空间特征，从多维度揭示城市网络复杂性与城市空间的新结构，为理解和预测城市空间发展提供了新的见解。

三是探讨人工智能对未来城市

technological development of future urban society. The paper entitled "Sociotechnical Imaginaries of Autonomous Vehicle Policies in China" by WU Jie *et al.* employs natural language processing technology to conduct information mining and content analysis on the relevant policy texts of autonomous vehicles, reveals the technology governance logic implied in their socio-technical imagination, and suggests that more emphasis should be laid on the overall planning and layout of the socio-technical system in the future. The paper entitled "An Initial Exploration of NLP-Driven Technology for Participatory Public Space Making" by LI Yang *et al.* introduces the empowering mechanism of participatory public space making by multi-subjects assisted by the Large Language Model (LLM) and proposes corresponding technical frameworks based on the characteristics of natural language processing technology, aiming to achieve the vision of using artificial intelligence technologies to gather knowledge in the planning field and empower multi-subject participatory public space making.

In addition, the paper entitled "Research on Function Combination Mode of Historical Blocks Based on Access Sequences — A Case Study of Harbin Central Street" by ZHU Haixuan *et al.* explores the spatial scientific analysis of future urban society from the perspectives of urban historical blocks. The paper entitled "Progress of Research on Night Mayors and Its Inspiration" by WANG Donghong *et al.* and the paper entitled "Dynamic Response Analysis of the Resilience of Urban Cluster Network Structure During Public Health Emergencies — A Case Study on the 2022 Epidemic in Shanghai" by WANG Xing *et al.* respectively explore the innovation of future urban social governance models and structural changes from the perspectives of night activities and health emergencies. The paper entitled "Research on Innovative Cities of Thirty Years — From the Perspective of Scientific Knowledge Mapping Domains" by ZHENG Ye *et al.*, the paper entitled "Research on the Spatial Development and Population

社会技术发展的影响。吴杰等在"基于社会技术想象理论的中国自动驾驶政策特征与演化"中，利用自然语言处理技术，对自动驾驶汽车相关政策文本进行信息挖掘与内容分析，揭示其社会技术想象所隐含的技术治理逻辑，并建议未来应更加重视社会技术系统的整体规划布局。李洋等在"当代自然语言处理技术驱动的城市公共空间'共建共治'初探"中，介绍了大语言模型辅助城市公共空间多主体共建共治的赋能机制，结合自然语言处理技术特征提出相应的技术框架，以期实现利用人工智能技术汇集规划专业领域知识、赋能城市多元主体共治的愿景。

此外，朱海玄等"基于访问序列的历史街区功能组合模式研究——以哈尔滨中央大街为例"从城市历史街区的研究视角，探索了面向未来的城市空间科学分析。王东红等"夜间市长研究进展与启示"与王星等"突发公共卫生事件下城市群网络结构韧性动态响应分析——以上海2022年新冠疫情为例"，分别从夜间活动和突发公共卫生事件的研究视角，探讨了未来城市社会治理的模式创新与结构变化。郑烨等"创新型城市研究三十年——基于科学知识图谱视角"、王超深等"1960年以来韩国国土空间开发与人口集聚规律研究"和李浩"首都

Agglomeration Law in Republic of Korea Since 1960" by WANG Chaoshen *et al.*, and the paper entitled "The Debate on Population Size in the Urban Master Plan of Beijing, 1949-1959" by LI Hao conduct research and in-depth exploration from a historical perspective, respectively on innovative cities, the Republic of Korea's national land space development since 1960, and population planning issues in Beijing's overall planning from 1949 to 1959.

The Global Perspective section continues to focus on artificial intelligence and future cities. The paper entitled "The Role, Opportunities, and Challenges of Generative AI in Comprehensive Planning of American Small Towns — Using ChatGPT as an Example" by LIU Yanghe *et al.* explores the application prospects and challenges of generative artificial intelligence technologies in future urban planning, preliminarily demonstrates its ability in the overall planning of American small towns through ChatGPT, summarizes the feasibility of using generative large models in planning, points out its shortcomings in land use planning and design, and anticipates the future application of such technologies.

The next issue will focus on complex human settlement networks. Please continue to pay attention to this journal.

北京城市总体规划中人口规模问题之论争（1949—1959）"，以历史回顾的视角，分别对创新型城市、1960年以来的韩国国土空间开发以及1949—1959年北京城市总体规划中的人口规划问题进行了研究与深入探讨。

国际快线板块继续围绕人工智能与未来城市。刘扬鹤等"生成式人工智能在编制美国小镇总体规划中的角色、挑战与机遇——以ChatGPT为例"探讨了生成式人工智能技术在未来城市规划编制工作中的应用前景与挑战，利用ChatGPT初步论证其在编制美国小镇总体规划中的能力，总结生成式大模型在规划编制中的可行性，并指出其在用地规划与设计方面的不足，展望此类技术应用的未来发展方向。

下期聚焦复杂人居网络，欢迎读者继续关注。

城市与区域规划研究

目　次 [第 16 卷　第 1 期　(总第 41 期) 2024]

Journal of Urban and Regional Planning

CONTENTS [Vol.16, No.1, Series No.41, 2024]

理想城市的演进：基于数字孪生城市和元宇宙的思辨

翁 阳 党安荣 李翔宇 田 颖

The Evolution of Ideal City Mode: Speculation on Digital Twin City and Metaverse

WENG Yang, DANG Anrong, LI Xiangyu, TIAN Ying
(School of Architecture, Tsinghua University, Beijing 100084, China)

Abstract The pursuit of an ideal city in urban and rural planning has never stopped. From focusing on the spatial order, to humanistic care, and to social form, the cognitive dimensions of an ideal city may vary, but trying to perfect an imperfect world has always been an integral part of building human settlements. Due to the application of Information and Communications Technology (ICT), a whole new path has emerged for the construction of ideal cities. This paper explores the path and prospects for constructing ideal cities in the context of ICT's revolution via comparing and analyzing the digital twin city and the metaverse. Preliminary conclusions are as follows: (1) The digital twin city emphasizes optimizing the physical city to build an ideal city, while the metaverse focuses on imagining and rebuilding an ideal city in the digital world; (2) The digital twin city still establishes a centralized spatial order and management mode, while the metaverse tends to achieve a decentralized social form; (3) The practice of digital twin cities for ideal cities has to return to the spatial production process, while that of the metaverse implies new attempts of social organizations. There are a lot of technological intersections between the digital twin city and the metaverse, but there is a divergence in the construction path of an ideal city.

Keywords ideal city mode; digital twin city; metaverse; spatial production; social organization

作者简介
翁阳、党安荣（通讯作者）、李翔宇、田颖，
清华大学建筑学院。

摘 要 城乡规划事业追求理想城市的脚步从未停止，从关注空间秩序到人文关怀再到社会形态，对理想城市的认知维度各不相同，但对不完美世界的改造行动却一直贯穿人居环境建设的始末。信息通信技术的飞速发展给理想城市建设开辟了一条新的路径，文章通过对时下兴起的数字孪生城市和元宇宙的比对分析，探讨在新一轮信息技术革命背景下实现理想城市的路径和展望。初步结论：①数字孪生城市侧重对实体城市的改良来实现理想城市，而元宇宙则专注于在数字虚拟世界对理想城市的想象和新建；②数字孪生城市建立的依然是中心化下的空间秩序和管理模式，而元宇宙则倾向于实现一个去中心化的社会形态；③数字孪生城市对理想城市的实践依然需要回归到空间生产层面，而元宇宙的实践隐含着社会组织新的尝试。二者在技术领域有大量交织，但由于上述差异，对理想城市的建设路径出现了分野。

关键词 理想城市；数字孪生城市；元宇宙；空间生产；社会组织

1 引言

理想城市的思想在西方最早可以追溯到柏拉图在《理想国》中提出的"理想国"[1]的概念，其指出"理想国"是用绝对的理想和强制的秩序建立起来的，这对后来的希波丹姆斯模式（古希腊）和维特鲁威的理想城市模式（古罗马）产生了直接的影响（张京祥，2005）。中国古代虽未提及理想城市的概念，但依照当时的礼制亦提出了标准的营

城范式，即《周礼·考工记》中的"匠人营国"[②]方案（佚名，2016）。可见不论是西方还是东方，早期对理想城市的认知主要与权力、秩序、几何、数量有关。随着城市的功能、形态和主要矛盾的变迁，对理想城市的认知维度也在不断发生变化，如霍华德的田园城市，追求城乡结合、规模可控的区域城市；柯布西耶的明日城市，追求高层建筑与开敞空间结合的高密度城市（沈玉麟，2007）；梁思成等的"梁陈方案"，追求"古今兼顾，新旧两利"的原则；再到今日的雄安新区，追求城淀相拥、蓝绿交融、低碳生态的愿景（中共河北省委、河北省人民政府，2018）。不难看出，人们对理想城市的认知不再拘泥于空间形态的完整性，而是囊括了从人本、生态、制度到复杂系统的思考。因此，理想城市的概念一直在演进和流变之中，唯一不变的或许是对现有城市尚待改进的共识（图1）。

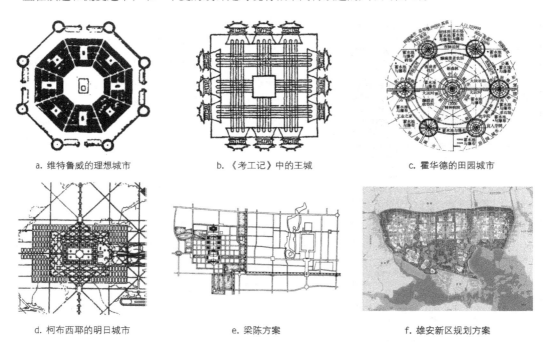

a. 维特鲁威的理想城市　　　b.《考工记》中的王城　　　c. 霍华德的田园城市

d. 柯布西耶的明日城市　　　e. 梁陈方案　　　f. 雄安新区规划方案

图 1　典型理想城市举例

资料来源：a 来自维特鲁威的《建筑十书》；b 来自宋聂崇义绘《考工记》中《王城图》；c 来自霍华德的《明日的田园城市》；d 来自柯布西耶的《明日的城市》；e 来自梁思成和陈占祥的《关于中央人民政府行政中心区位置的建议》；f 来自《河北雄安新区起步区控制性规划》。

当下方兴未艾的第四次工业革命，正引领着信息通信技术（Information and Communications Technology，ICT）的大发展，其深刻影响着居民的生产生活方式和城市的空间格局，引发了学界对于未来理想城市发展趋势的构想（Bibri and Krogstie，2017；Javidroozi *et al.*，2023；Saeed *et al.*，2022；龙瀛等，2023；武廷海等，2020），具体表现为：①城市研究层面，围绕数据实证（Batty，2017；龙瀛、毛其智，2019）和计量模型（Leyk *et al.*，2020；Bettencourt，2020；Xu *et al.*，2020）开展城市空间的定量研究；②规划技术层面，围绕低碳（冷红等，2023）、韧性（Jabareen，2013）、健康（龙瀛，2020）、自动驾驶（Orfeuil and Mireille，2018）等广泛议题创新智能规划的手段，以应对新发展阶段下的城市挑战；③城市治理层面，依托城市大脑、物联感知、智能操控体系提升城市治理与公共服务的效能（周瑜、刘春成，2018；吴志强等，2021）。不同视角下探讨的理想城市或存在差异，但普遍趋向在泛智慧化基础上开展研究和实践工作，并在智慧城市（Smart City）的概念上形成一定的共识（Batty *et al.*，2012；Becker *et al.*，2023；史璐，2011；巫细波、杨再高，2010）。在智慧城市建设中，数字孪生（Digital Twin）和元宇宙（Metaverse）两项典型的虚实融合技术开始受到广泛关注并被关联讨论：由于元宇宙的实现被认为需要依靠数字孪生的技术演进（Aloqaily *et al.*，2023；Han *et al.*，2023；Huynh *et al.*，2022），部分学者认为智慧城市建设在完成数字孪生城市阶段后也将迈向元宇宙的发展方向（白干可、彭晓烈，2023；张新长等，2023）；亦有部分学者关注到二者在功能特点、目标趋势、社会属性、文化属性等方面的显著差异（冯琦琦等，2023；任兵等，2023）。因此，数字孪生城市与元宇宙是否为递进关系尚待商榷，同时，在智慧城市建设的路径选择以及未来城市的理想模式上，二者将分别产生何种影响更值得进一步的探讨。在此基础上，本文拟从技术构成的角度出发，通过演绎和实证的方法开展数字孪生城市与元宇宙的对比研究，以期解答上述问题。

2　数字孪生城市与元宇宙的技术构成

2.1　数字孪生城市主要技术：广义遥感技术、深度学习技术与智能操控技术

数字孪生城市是以数据驱动和数字孪生技术为核心的新型城市规划、建设、管理方式，通过数据基础设施构建人与人、人与物、物与物的多元数字化城市镜像，模拟城市运行状态并重构城市治理与空间规划的新逻辑（金德鹏，2023）。其实现主要依赖以下三项技术（图 2）：①广义遥感技术，通过空天地网全域、立体的感知设备采集城市所有的动态数据和静态数据、显性数据和隐性数据，在数字虚拟世界建立一个城市孪生体，并实现多源异构数据的融合与可视化；②深度学习技术，对数据进行自主分析和模拟，得出城市资源配置优化方案、城市灾害预测预警模型、城市应急指挥策略等，实现城市孪生体的自我优化；③智能操控技术，通过远程传感器、智能机器人和执法队伍，将城市孪生体中的优化方案反馈于实体城市中并实现动态决策、快速响应和智能操控。实体城市更新之后又进入到新一轮的孪生过程（张育雄，2019）。

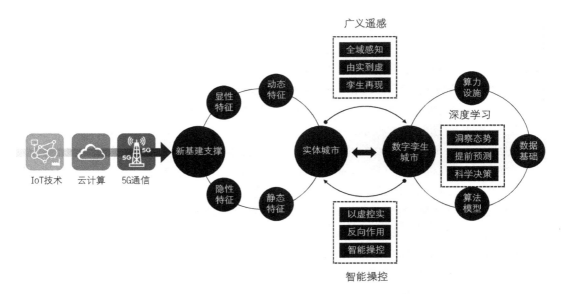

图 2　数字孪生城市主要技术与实现过程

2.2　元宇宙主要技术：接入技术、虚拟技术、去中心化技术与数字孪生技术

　　元宇宙是一个既平行于现实世界又独立于现实世界的虚拟空间，其通过虚拟现实、增强现实等技术呈现出收敛性和物理持久性的特征（MBA 智库百科，2022）。有学者将其定义为新一代的互联网形式（龚才春，2022；唐一白，2022），在新一代的互联网中除了拥有传统的网上冲浪功能，更重要的是让数字虚拟世界能够实现现实场景甚至超越现实场景的居住、工作、交通、游憩等城市功能。围绕上述目标，重点依赖以下四项技术（图 3）：①接入技术，指进入元宇宙的设备端口及相关技术，现阶段 XR 终端是主流的元宇宙接入方案，但其还存在视觉眩晕、感知维度缺失等问题，随着脑机接口技术的成熟，远景阶段的元宇宙接入方案将有可能被脑机接口技术取代；②虚拟技术，解决元宇宙中个体身份和形象设计的问题，随着大型自然语言模型（LLM）的发展，虚拟技术与 LLM 结合将有可能革新既有服务业的形态，极大地提高其效率和质量；③去中心化技术，核心内容包括区块链（BC）和非同质化代币（NFT），元宇宙是一个相对扁平、非中心化管理的世界，去中心化技术为元宇宙中货币生成、商品交易、真假防伪等信任工程建立了基础设施；④数字孪生技术，如前文介绍，数字孪生技术是复刻现实世界进行仿真模拟的多种技术集成，在元宇宙中将作为平行于现实世界部分运行的底层技术。

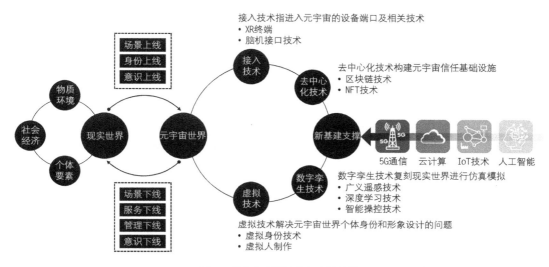

图 3　元宇宙主要技术与实现过程

3　实现理想城市的路径分野

3.1　改良主义 vs. 新建主义

数字孪生城市的出现一定程度上是为应对城市智能治理的需求，管理者试图依靠数字孪生城市对城市各子系统进行反复的模拟、推演、优化工作，直至达到理想的状态。以笔者在怀柔科学城规划设计时做的模拟评价为例（图 4），研究提出以满意人原则为基础，对便民设施、文化设施、绿地空间等子系统的空间布局与科研人员行为活动适配的分析框架，基于该框架对设施或绿地空间供给不足的区

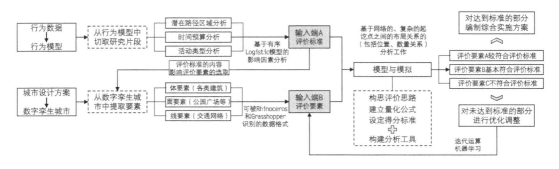

图 4　数字孪生城市下的北京怀柔科学城规划设计思路

资料来源：翁阳（2020）。

域进行增补，调整服务效率低下的冗余部分并进行迭代运算，最终形成在数字孪生城市中空间供给与行为需求的精准匹配，对现实中的怀柔科学城规划建设工作给出指导建议（Weng *et al.*，2023；翁阳，2020）。这种改良不仅是对公共服务的空间供给和服务水平进行改良，更是对长期以来备受推崇的构成主义和功能主义规划范型的改良（翁阳，2019），即理想城市不应只体现规划师的审美情趣，而应反映对使用者的人本关怀。

元宇宙的出现首先要推翻的便是现实世界中的空间维度，其试图在数字虚拟世界中建立一座垂直方向上的城市，使用者可以瞬时地从办公室移动到郊野公园，到饭店，到医院，到另一座城市，甚至可以到另一个星球，所有的行为或服务将只是在时间维度上的排序。因此，要素不需要通过空间距离对用户施加影响，而是凭借内容和质量从竞争中获得在时间维度上的优先次序。以淘宝"未来城"元宇宙应用场景为例（图5），2022年11月，淘宝直播上线"未来城"元宇宙空间功能，用户通过淘宝人生虚拟形象进入"未来城"，在其中体验各式各样逼真的商业服务，如试穿、销售讲解等。借助淘宝"未来城"，云南省商务厅举办了2023年的元宇宙年货节，让外地游客亦能体验到云南年味，这是元宇宙在建立统一大市场方面开展的实践。随着接入技术的成熟，线下购物消费的体验能在线上得到完整复刻，人们便能在元宇宙的商业中心开展各种类型的消费活动。

图5　淘宝"未来城"应用场景及主要技术

资料来源：https://zhuanlan.zhihu.com/p/609200559.

可以看出，数字孪生城市侧重的是对现有城市的改良，尝试通过面向城市治理的知识库来复刻城市、模拟城市并最终反馈于城市，不断优化实体城市的机体；而元宇宙的发展路径则是朝着复刻城市、平行于城市并最终独立于城市的路径发展，其远景目标是在数字虚拟世界中建立一座独立王国。值得注意的是，虽然元宇宙相关实践和研究工作并未直指理想城市这一概念，但如果撇开空间属性，将城市归纳为公共服务的集合（赵燕菁，2009），那么元宇宙的诞生就是要革新既有的公共服务模式，通过元宇宙到端的路径去建立一座新的城市。因此，相对于数字孪生城市的改良主义，元宇宙可认为是理想城市的新建主义。

3.2 中心化 vs. 去中心化

数字孪生城市虽然也提倡多方参与的治理模式（中国信息通信研究院等，2023），但其信任基础依然是延续对政府公信力的默认，尤其在进行垄断性资源（如土地、货币、水、疫苗等）的分配时依然要服从政府的价值排序，是公平优先，抑或是效率优先。以陈琳等（Chen *et al.*，2022）开展的疫苗分配阻断传染病传播的研究为例（图6），疫苗生产初期产能有限，导致分配上难以兼顾效用和公平。由于人口属性差异和移动行为模式的差异，各群体面临感染的风险存在异质性，因此，如何识别这些感染风险的异质性对疫苗的分配次序和疫情的精准防控具有决定意义，在数字孪生城市下基于移动行为大数据和城市模拟技术进行疫情建模、干预仿真，以实现复杂城市环境中的传染病精准动态防控，研究实现了细粒度、快响应的疫情仿真与政策制定，对重点人群的识别和疫情预测的准确率都有显著的提高。政府在此场景中为数字孪生城市设定了效率优先原则，推进了有限资源的高效分配。

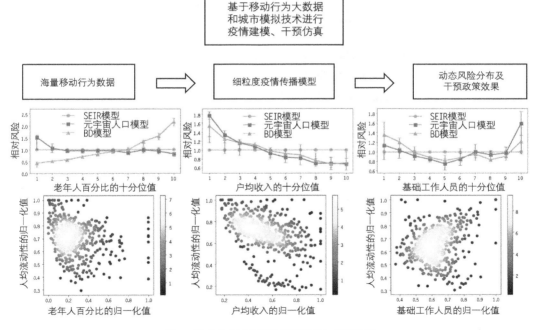

图 6　数字孪生城市下的疫情建模与干预仿真

资料来源：Chen *et al.*（2022）。

　　元宇宙在建立信任基础设施的时候便采取去中心化的模式：基于区块链技术搭建点对点支付和分布式账本的交易体系，通过货币分发、轮值记账和非对称加密的方式实现元宇宙中的货币生成、交易规则和商品防伪等底层制度的构建（Nakamoto，2008）。基于上述技术推出的非同质化代币（NFT）在数字化产品的产权界定、内容防伪上开辟了一条全新的路径，个体可以在元宇宙中为特定的图片、视频、三维模型等建立唯一的 NFT 来标明产权（图 7），同时通过区块链技术进行交易，这使元宇宙中的经济活动能够从依赖中心化机构背书的束缚中脱离出来，衍生出独立的经济体系。2021 年，著名的拍卖行佳士得首次进行数字化商品（亦称作数字藏品）的拍卖活动，这件作品名为 *Everydays: The First 5,000 Days*（图 8），是由美国摄影师麦克·温克尔曼拍摄的 5 000 件数码作品组成，该作品最终以 6 930 万美元的高价成交，一定程度上预示着在元宇宙中发展数字经济的可行性。

图 7　元宇宙中 NFT 建立示意

　　可以看出，数字孪生城市更倾向于 B2C 的运营模式，围绕政府的价值体系实现公共服务供给侧的优化改良；相反，元宇宙从信任基础设施的建立开始便尝试解构这种中心化的模式，其更倾向于一种 C2C 的运营模式，既有的中心化机构在元宇宙世界中将从管理者变为参与者，同时，参与者之间平等地为其他人提供服务。经验告诉我们，权力分散可能伴随着运行的低效（翁阳等，2019），元宇宙是否能在未来的发展中实现二者的平衡需要实践的进展和持续的关注。

图 8 数字藏品 *Everydays: The First 5,000 Days*

3.3 空间生产 vs. 社会组织

数字孪生城市最终的落脚点仍然要回归到空间生产上，城市空间的生产是权力、资本、阶级等政治经济要素对城市的重塑，从而使城市空间成为其介质和产物的过程（叶超等，2011），因此，数字孪生下的理想城市并不表现为一种固定的空间形态，而是在现实约束下各方寻求城市空间最大公约数的过程——这一过程往往呈现为在若干稳态间游移的灰度系统模式。由前文分析可知，数字孪生城市在一定程度上加强了权力在空间生产上的能力，资本的流动、阶级的斗争将被适度弱化，而现代社会中的权力往往代表着兼顾公平与效率的公共理性，当权力在空间生产中起着决定性作用时，理想城市将逐渐演化成一种接近中心地体系的格局（许学强等，2009）；公共服务相对均等化，不同层级、类型的公共服务与腹地有机地叠合在一套格网中，同时，距离衰减效应被尽可能压缩在可控范围内，最终形成合理的城市治理网格模式（阎耀军，2006；姜爱林、任志儒，2007）。这种理想城市模式在当今亦有迹可循，目前推进的城市生活圈建设便是最好的例证（图 9）（柴彦威、李春江，2019；自然资源部，2021）。

对社会进行重组的思考和实践并不是今日才开始的。1516 年，英国思想家莫尔在其《乌托邦》（*The Utopia*）中提出了"乌托邦"的概念，企图废除私有制；1825 年，英国社会实践家欧文变卖自己的家产在美国印第安纳州着手建立了"新协和村"；1848 年，诺伊斯在美国纽约州建立了"奥乃达社区"；1871 年，戈定在盖斯建立了"千家村"（张京祥，2005）。这些实践都是空想社会主义时期对理想城市的微观尝试，但受到当时薄弱的社会经济基础、封闭系统的限制，这些实践均以失败告终。相比于空想社会主义时期，元宇宙的诞生有赖于物质的极大丰富、信息技术的高度发展，能够觉察到元宇宙似

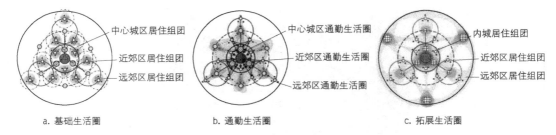

　　a.基础生活圈　　　　　　　　　　b.通勤生活圈　　　　　　　　　　c.拓展生活圈

图 9　不同层级的生活圈理想模式

资料来源：柴彦威等（2015）。

乎不只局限于互联网新形态的探索，在摆脱物理限制（即新建主义）和权威限制（即去中心化）后，元宇宙在接续"乌托邦"时代的努力，以平等竞争、服务与被服务的方式建立起一个点对点的社会网络关系（图 10）。当然，我们也应警惕新的无政府主义的冒进及其潜在危害。

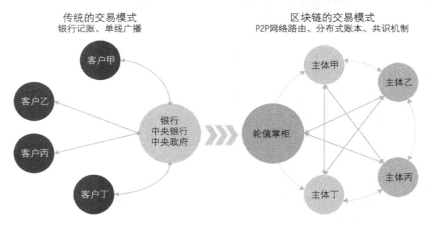

图 10　元宇宙中平等竞争、相互服务的社会网络关系

4　结论与讨论

　　数字孪生城市与元宇宙在技术领域和数据领域实质上有一定的关联（图 2、图 3），甚至在早期的应用场景中，二者并没有表现出显著的差异。例如，2023 年发布的福元宇宙 APP[③]，既是数字孪生城市的阶段性产物，提供云化、云游、云境服务，又是城市元宇宙应用场景开发的统一入口，但二者在底层逻辑和上层建筑构建上有着根本的不同，在进化升级的过程中必然出现分野的情况。本文将二者引入未来理想城市建设的研究领域作比对研究，可以得出以下结论：①数字孪生城市侧重对实体城市改良来实现理想城市，而元宇宙则侧重在数字虚拟世界对理想城市的想象和新建；②数字孪生城市建

立的依然是中心化下的空间秩序和管理模式，而元宇宙则倾向于实现一个去中心化的虚拟社会形态；③数字孪生城市对理想城市的实践依然需要回归到空间生产层面，而元宇宙的实践暗含着对社会关系重组的探索。上述差异应得到业界、学界和政府的正视，避免因认识混淆而阻碍了各自的发展。相较于数字孪生城市，元宇宙所依托的脑机接口技术、社会组织等概念相对激进，因此，要实现其设想的宏大愿景，除了在技术上不断突破外，在伦理规范、政府职能等社科命题上也需冲破固有认知，做大量的论证与理论革新；否则，当我们囿于路径依赖的低成本性和政府干预的必要性等前提设定时，两种趋势的取舍将自主地向数字孪生城市倾斜，而失去了开放讨论的可能性。

目前，数字孪生城市所依赖的广义遥感、深度学习、智能操控已经相对成熟，其在城市治理中初见成效（杨滔等，2023a，2023b；党安荣等，2022），这些成效将进一步提升城市的规模效应，要素将向城市地区继续集聚。同时，数字孪生技术在不同等级城镇中存在技术代差，即高等级城镇相应技术布局较早、应用更为成熟、维护投入更大，因此，这种规模效应的显现程度还将随城市等级提高表现出递增的趋势，大城市化、超大城市化将是数字孪生城市发展背景下的潜在趋势。这种趋势有可能在时空阻隔消除的元宇宙时代得到一定的改变，现实世界的个体只需要接入元宇宙便可以开展生产、工作、生活、游憩活动，集聚的必要性将得到削弱，要素根据自身偏好流到更为合适的区域。正如城市化步入后期，一些发达国家和发展中国家出现了逆城市化①的现象（Berry，1976；Mitchell，2004），部分人口在权衡集中化和分散化的利弊时做出了分散化的选择。基于上述现象，元宇宙的到来或许将使物理世界再次扁平化（图11），聚落格局也将演化为与古典分散、当前集中形态不同的全新格局。

聚落阶段一：要素分散
由于交通与通信技术落后，人和经济等要素的活动半径受限，聚落均质地分散在地理空间单元中

聚落阶段二：要素极化（城市化）
随着交通与通信技术的发展，要素的活动半径增大，在规模效应、集聚效应等影响下要素开始极化，聚落形成不同等级的中心地体系

聚落阶段三：要素再分散
随着交通与通信技术的进一步发展，时空阻隔消失，外加极化的负外部性，要素根据自身偏好分散到低等级聚落中

分散　　　　　　集中　　　　　　分散

交通与通信技术的发展

图 11　聚落体系扁平化的预想

致谢

本研究得到国家自然科学基金重点项目（52130804）、国家重点研发计划项目（2022YFC3800601）资助。感谢两位匿名专家对本文的完善提出的宝贵意见。

注释

① 古希腊时期的国多指城邦，因此，理想国在当时可理解为理想城市。

② 国在此处代指城。

③ 福元宇宙APP是福州市勘测院有限公司基于华为河图技术平台发布的全国首个城市元宇宙空间基础设施平台，作为福州市未来城市元宇宙应用的统一入口，目前仅有部分城市景点的VR、AR展示功能。

④ 逆城市化（counter urbanization），最早由美国地理学家布莱恩·贝里（Berry，1976）于20世纪70年代提出，用以描述其观测到的美国城市地区人口外迁、非城市地区人口增长的现象；滑铁卢大学的克莱尔·米歇尔（Mitchell，2004）又从动因上将逆城市化细化为郊区化（ex-urbanization）、小城市化（displaced-urbanization）、反城市化（anti-urbanization）三种类型。

参考文献

[1] ALOQAILY M, BOUACHIR O, KARRAY F, et al. Integrating digital twin and advanced intelligent technologies to realize the metaverse[J]. IEEE Consumer Electronics Magazine, 2023, 12(6): 47-55.

[2] BATTY M. The new science of cities[M]. Cambridge: The MIT Press, 2017.

[3] BATTY M, AXHAUSEN K W, GIANNOTTI F, et al. Smart cities of the future[J]. The European Physical Journal Special Topics, 2012, 214(1): 481-518.

[4] BECKER J, CHASIN F, ROSEMANN M, et al. City 5.0: citizen involvement in the design of future cities[J]. Electronic Markets, 2023, 33(1): 1-21.

[5] BERRY B J L. The counterurbanization process: urban America since 1970[J]. Urban Affairs Annual Review, 1976(11): 17-30.

[6] BETTENCOURT L. Urban growth and the emergent statistics of cities[J]. Science Advances, 2020, 6(34): 1-12.

[7] BIBRI S E, KROGSTIE J. Smart sustainable cities of the future: an extensive interdisciplinary literature review[J]. Sustainable Cities and Society, 2017, 31: 183-212.

[8] CHEN L, XU F, HAN Z, et al. Strategic COVID-19 vaccine distribution can simultaneously elevate social utility and equity[J]. Nature Human Behaviour, 2022, 6(11): 1503-1514.

[9] HAN Y, NIYATO D, LEUNG C, et al. A Dynamic hierarchical framework for IoT-assisted digital twin synchronization in the metaverse[J]. IEEE Internet of Things Journal, 2023, 10(1): 268-284.

[10] HUYNH D V, KHOSRAVIRAD S R, MASARACCHIA A, et al. Edge intelligence-based ultra-reliable and low-latency communications for digital twin-enabled metaverse[J]. IEEE Journal on Selected Areas in Communications, 2022, 11(8): 1733-1737.

[11] JABAREEN Y. Planning the resilient city: concepts and strategies for coping with climate change and environmental risk[J]. Cities, 2013, 31: 220-229.

[12] JAVIDROOZI V, CARTER C, GRACE M, *et al*. Smart, sustainable, green cities: a state-of-the-art review[J]. Sustainability, 2023, 15(6): 5353.

[13] LEYK S, UHL J H, CONNOR D S, *et al*. Two centuries of settlement and urban development in the United States[J]. Science Advances, 2020, 6(23): 1-12.

[14] MITCHELL C J A. Making sense of counterurbanization[J]. Journal of Rural Studies, 2004, 20(1): 15-34.

[15] NAKAMOTO S. Bitcoin: a peer-to-peer electronic cash system[EB/OL]. (2008-10-31) [2023-12-18]. https://bitcoin.org/bitcoin.pdf.

[16] ORFEUIL J P, MIREILLE A M. Cities and the Invasion of the autonomous vehicle[J]. Shanghai Urban Planning Review, 2018(2): 11-17.

[17] SAEED Z, MANCINI F, GLUSAC T, *et al*. Future city, digital twinning and the urban realm: a systematic literature review[J]. Buildings, 2022, 12(5): 685.

[18] WENG Y, WANG J, YANG Y, *et al*. Urban greenspace layout using a behavior-integrated framework: case study of the masterplan of Huairou science city urban design[J]. Journal of Urban Planning and Development, 2023, 149(2): 1-15.

[19] XU Y, OLMOS L E, ABBAR S, *et al*. Deconstructing laws of accessibility and facility distribution in cities[J]. Science Advances, 2020, 6(37): 1-10.

[20] 白千可, 彭晓烈. 元宇宙在城市规划中的应用及可能存在问题[C]//中国城市规划学会. 人民城市, 规划赋能——2023中国城市规划年会论文集(05 城市规划新技术应用). 北京: 中国建筑工业出版社, 2023: 6.

[21] 柴彦威, 李春江. 城市生活圈规划: 从研究到实践[J]. 城市规划, 2019, 43(5): 9-16.

[22] 柴彦威, 张雪, 孙道胜. 基于时空间行为的城市生活圈规划研究——以北京市为例[J]. 城市规划学刊, 2015(3): 61-69.

[23] 党安荣, 王飞飞, 曲葳, 等. 城市信息模型(CIM)赋能新型智慧城市发展综述[J]. 中国名城, 2022, 36(1): 40-45.

[24] 冯琦琦, 董志明, 彭文成, 等. 几种典型的虚实融合技术发展研究[J]. 系统仿真学报, 2023, 35(12): 2497-2511.

[25] 龚才春. 中国元宇宙白皮书(2022)[R]. 北京: 北京信息产业协会, 中华国际科学交流基金会, 2022.

[26] 姜爱林, 任志儒. 网格化城市管理模式研究[J]. 现代城市研究, 2007(2): 4-14.

[27] 金德鹏. 数字孪生城市[R]. 北京: 清华大学电子工程系, 2023.

[28] 冷红, 赵妍, 袁青. 城市形态调控减碳路径与策略[J]. 城市规划学刊, 2023(1): 54-61.

[29] 龙瀛. 颠覆性技术驱动下的未来人居——来自新城市科学和未来城市等视角[J]. 建筑学报, 2020(Z1): 34-40.

[30] 龙瀛, 李伟健, 张恩嘉, 等. 未来城市的空间原型与实现路径[J]. 城市与区域规划研究, 2023, 15(1): 1-17.

[31] 龙瀛, 毛其智. 城市规划大数据理论与方法[M]. 北京: 中国建筑工业出版社, 2019.

[32] MBA 智库百科. 元宇宙[EB/OL]. (2022-12-08)[2023-12-12]. https://wiki.mbalib.com/wiki/%E5%85%83%E5%AE%87%E5%AE%99.

[33] 任兵, 陈志霞, 张茂茂. 迈向数智时代的城市元宇宙: 概念界定与框架构建[J]. 电子政务, 2023(6): 88-99.

[34] 沈玉麟. 外国城市建设史[M]. 北京: 中国建筑工业出版社, 2007.

[35] 史璐. 智慧城市的原理及其在我国城市发展中的功能和意义[J]. 中国科技论坛, 2011(5): 97-102.

[36] 唐一白. Web3.0 或是元宇宙: 如何通向未来网络世界的核心?[J]. 科学中国人, 2022(1): 28-29.

[37] 翁阳. 基于时空间行为的怀柔科学城总体城市设计方案评价研究[D]. 北京: 北京工业大学, 2019.

[38] 翁阳. 基于时空行为适应性的城市设计方案评价研究——以北京怀柔科学城总体城市设计为例[J]. 城市规划, 2020, 44(3): 102-114.

[39] 翁阳, 汪坚强, 郑善文. 我国内地规划申诉制度建设探讨——基于香港的经验[J]. 国际城市规划, 2019, 34(2): 101-110.

[40] 巫细波, 杨再高. 智慧城市理念与未来城市发展[J]. 城市发展研究, 2010, 17(11): 56-60.

[41] 吴志强, 甘惟, 臧伟, 等. 城市智能模型(CIM)的概念及发展[J]. 城市规划, 2021, 45(4): 106-113.

[42] 武廷海, 宫鹏, 郑伊辰, 等. 未来城市研究进展评述[J]. 城市与区域规划研究, 2020, 12(2): 5-27.

[43] 许学强, 周一星, 宁越敏. 城市地理学[M]. 第 2 版. 北京: 高等教育出版社, 2009.

[44] 阎耀军. 城市网格化管理的特点及启示[J]. 城市问题, 2006(2): 76-79.

[45] 杨滔, 鲍巧玲, 李晶, 等. 雄安城市信息模型 CIM 的发展路径探讨[J]. 土木建筑工程信息技术, 2023a, 15(1): 1-6.

[46] 杨滔, 鲍巧玲, 李晶, 等. 苏州城市信息模型 CIM 的发展路径探讨与展望[J]. 土木建筑工程信息技术, 2023b, 15(2): 1-5.

[47] 叶超, 柴彦威, 张小林. "空间的生产"理论、研究进展及其对中国城市研究的启示[J]. 经济地理, 2011, 31(3): 409-413.

[48] 佚名. 考工记[M]. 南京: 江苏凤凰科学技术出版社, 2016.

[49] 张京祥. 西方城市规划思想史纲[M]. 南京: 东南大学出版社, 2005.

[50] 张新长, 廖曦, 阮永俭. 智慧城市建设中的数字孪生与元宇宙探讨[J]. 测绘通报, 2023(1): 1-7.

[51] 张育雄. 数字孪生城市技术体系框架初探[EB/OL]. (2019-04-01)[2023-12-16]. http://mp.weixin.qq.com/s?__biz=MjM5MzU0NjMwNQ==&mid=2650767237&idx=1&sn=d986950a1db59a896c2ae0d3b7a8cf5& chksm=be9eb6ab89e93fbd1c8a048302376ae1c2e19f591f5eec7b3bfa79cd17f9551115d89c60a0f8#rd.

[52] 赵燕菁. 城市的制度原型[J]. 城市规划, 2009, 33(10): 9-18.

[53] 中共河北省委, 河北省人民政府. 河北雄安新区规划纲要[R]. 2018.

[54] 中国信息通信研究院, 中国互联网协会, 中国通信标准化协会. 数字孪生城市白皮书(2022 年)[R]. 北京: 中国信息通信研究院, 2023.

[55] 周瑜, 刘春成. 雄安新区建设数字孪生城市的逻辑与创新[J]. 城市发展研究, 2018, 25(10): 60-67.

[56] 自然资源部. 社区生活圈规划技术指南: TD_T 1062-2021[S]. 2021.

[欢迎引用]

翁阳, 党安荣, 李翔宇, 等. 理想城市的演进: 基于数字孪生城市和元宇宙的思辨[J]. 城市与区域规划研究, 2024, 16(1): 1-14.

WENG Y, DANG A R, LI X Y, et al. The evolution of ideal city mode: speculation on digital twin city and metaverse[J]. Journal of Urban and Regional Planning, 2024, 16(1): 1-14.

未来城市智能技术促进多领域协同效益研究

夏静怡　庄博凯　来　源

Promoting Multi-Field Synergy Benefits Through Intelligent Technology in Future Cities

XIA Jingyi, ZHUANG Bokai, LAI Yuan
(School of Architecture, Tsinghua University, Beijing 100084, China; Technology Innovation Center for Smart Human Settlements and Spatial Planning & Governance, Ministry of Natural Resources, Beijing 100084, China)

Abstract Since its proposal in 1970s, synergy theory has received widespread attention in natural and social sciences. As the basic spatial unit of a complex urban macrosystem, a community cannot do without the synergy between multiple fields in its planning, construction, operation, and governance. With the advancement and application of intelligent technology, more and more efficient or emerging synergy approaches are gradually becoming possible in smart communities. However, the specific embodiment and benefits of these synergy approaches still need to be clarified in academia and industry, and there are still problems, such as resource waste, inefficient construction, and imbalanced layout. Based on the synergy theory, combined with the experience of smart community planning and construction at home and abroad and innovative application cases of smart technology, this paper analyzes the nature, mechanism, and benefits of multi-field synergy in smart communities and summarizes the three characteristics shown in community synergy mechanisms under the influence of intelligent technology: spatial dependence, humanistic orientation and efficiency improvement. Also, this paper preliminarily explores the guiding ideas for future community planning and construction from the perspective of synergy benefits.

Keywords smart communities; multi-field; synergy benefits

作者简介

夏静怡、庄博凯、来源（通讯作者），清华大学建筑学院，自然资源部智慧人居环境与空间规划治理技术创新中心。

摘　要　协同理论自 20 世纪 70 年代被提出以来得到自然科学与社会科学研究领域的广泛关注，而社区作为复杂城市巨系统的基本空间单元，其规划、建设、运营、治理的过程离不开多领域之间的协同。随着智能技术进步与应用推广，越来越多更高效或新兴的智慧社区协同方式逐渐成为可能，然而目前学界与业界对这些协同方式的具体体现及效益尚不明确，仍存在资源浪费、建设低效、布局失衡等问题。文章以协同理论为基础，结合国内外智慧社区规划建设经验与智能技术创新应用案例，剖析了智慧社区多领域协同的本质、机理与效益，总结出智能技术影响下社区协同机制所体现出的空间依托、人本导向、效率提升三大特征，并初步探讨了协同效益视角下未来社区规划建设的指导思路。

关键词　智慧社区；多领域；协同效益

1　引言

智慧社区规划聚焦居民的日常生活，作为智慧城市建设的必要途径和多种智慧技术应用的热点领域，已在智慧规划、个性服务、社会活动、信息管理等多个方面开展了探索（申悦等，2014）。近年来，全球各国逐步开展了相关的政策制定、科学研究与试点项目建设。我国住房和城乡建设部办公厅 2014 年印发《智慧社区建设指南（试行）》，提出了"基础设施智能化，社区治理现代化，小区管理自主化，公共便民服务多元化"的总体目标，构建了"6 个一级指标，23 个二级指标，87 个三级指标"的智慧社区评价体系。美国国家科学基金会（National Science Foundation）于 2016 年推出"智联社区"（Smart and Connected Community，S&CC）计划，鼓励从信息技术与社会科学两大维度推动融通规划学、工程学、数据科学与社会科学的未来人居环境科学（National Science Foundation，2016）。

"多领域"指多元的部门、专业、行业、活动范围、知识、技术等，相应的英文翻译包括 multidisciplinary，multisectoral，multi-domain，multi-fields 等。鉴于城市社区在智能技术驱动下所形成的复杂结构，本文从以下视角对"多领域"展开梳理。①多系统。吴良镛（2001）提出由五大系统——自然系统、人类系统、社会系统、居住系统、支撑系统所构成的人居环境科学，涉及地理、生态、经济、交通、历史、土木、建筑、心理等多学科领域知识，智能技术应用为实现和促进这些子系统之间交互联动提供了重要支撑。②多技术。自 1999 年麻省理工学院 Auto-ID 实验室提出物联网概念以来，各类嵌入式设备、传输网络、智能处理云平台等技术迅速发展，全面渗透进城市空间各个领域并被引入智慧社区建设和运营之中（刘强等，2010）。具体而言，智能家电、智慧安防、智慧医疗、智慧物业、一卡通管理等应用服务充分融合了传感器、全球定位系统（GPS）、射频识别技术（RFID）等多项技术与产品，在服务个人智慧家居生活和智慧社区管理中发挥了重要作用（宫艳雪等，2014）。③多信息。智能技术的推广应用产生了大量人流、车辆、消费、安全、用电等多源数据，促进了数字化管理和多源数据信息的利用，为实时了解社区动态提供了数据来源与实证依据。

目前已有的研究较多从智能技术和数据信息的视角关注智慧社区规划建设中的技术应用与设施部署，但在一定程度上忽视了居民的真实诉求，带来了技术资源浪费与供需匹配错位的风险（毛佩瑾、李春艳，2023）。"信息孤岛"现象在智慧人居建设中持续存在，实现多领域高效协同仍面临挑战和困难，主要体现在以下三个方面。①系统优化的局限性。部分优化决策往往局限于单一系统的改进，而忽视了对其他子系统可能产生的负面影响。例如，智能导航系统在进行路径推荐时，可能因优先考虑减轻主干道交通压力而将车辆引导至邻近居住区域，从而给居民带来污染与噪声等（Kulynych et al.，2020）。②信息技术与社会需求的差距。智慧技术应用难以有效应对现实需求，导致协同效应难以形成。例如，由 Sidewalk Labs 提出的加拿大 Quayside Toronto 智慧社区开发方案被批评为"技术理想主义的失败"，其因过度关注技术应用而忽视了当地居民的实际需求，从而导致方案最终未能落地实施（Berger，2020；Dai et al.，2022）。③数据融合与联动的不足。在智慧服务的发展过程中，数据信息的整合与联动显得尤为重要。2020 年，国家信息中心明确提出我国智慧城市建设面临由于城市数据融合不足而导致的协同治理能力低下问题，使得跨地域、跨系统的服务效率低下，难以及时响应城市的多元化需求（唐斯斯等，2020）。

鉴于以上问题，本文从协同理论及应用的研究视角入手，对人居环境建设中的协同效益和本质进行系统梳理，提出了智能技术在协同效益中的作用机理。笔者从协同理论的视角解读国内外智慧社区建设实践，总结社区尺度的多领域协同及其效益，从空间和社会两大系统探讨智能技术支撑社区协同的模式与效益，以期为未来智慧社区建设、运营和治理提供理论参考与技术指导。

2 多领域协同效益的基本内涵与逻辑

2.1 多领域协同理论

关于协同理论的溯源，著名物理学家赫尔曼·哈肯（Hermann Haken）于 1971 年首次提出协同概念并初步探讨了协同学（Synergetics）。协同理论作为系统科学理论的重要分支，横跨自然科学与社会科学，研究"系统从无序到有序转变的规律和特征"（张纪岳、郭治安，1983），认为整体环境中各系统相互影响又相互合作（邱国栋、白景坤，2007）。协同效益指系统内部各子系统由于相互协同而产生的超越原有单一子系统所无法形成的集体效益（王剑锋，2017），已广泛应用于企业管理、公共治理等复杂系统中，也适用于城市复杂巨系统。相关学者从不同领域视角对协同理论开展了探讨，包括都市圈创新网络协同（解学梅，2013）、城市群协同发展（吴冠秋等，2024）、城市设计协同管理（王剑锋，2017）、城市公共安全协同治理（王莹，2017）等方面。

协同理论可指导人居环境规划建设中多种措施的融合与匹配，使多个领域的不同行动和过程保持一致，从而带来更大范围的经济、环境与社会复合效益。"效益"具体包含效果与利益，可分为经济效益（财富增加和损失减少）、环境效益（环境、气候、生活环境改善）、社会效益（社会安定、人民福祉、社会发展）等。近年来，有关协同效益参数与协同机理的研究为计量化分析协同效益提供了基础。例如，瓦尔达卡斯（Vardakas）等的研究表明，当步行活动空间增加 50% 时，会带来 28% 的空气质量提升和 3% 的声音舒适度提高的综合效益（Vardakas *et al.*，2018）。陈琦等发现节约标煤 30% 以上，在减排二氧化碳的同时亦可降低 1.5℃ 的城市热岛效应（陈琦等，2021）。综上，本文将人居环境的多领域协同效益定义为"人居系统内部各子系统由于相互协同而产生超越原有单一子系统所无法形成的经济、环境、社会复合效益"。

2.2 典型协同效益

通过对已有研究的梳理总结，本文对以下几类典型的人居环境多领域协同展开介绍。

2.2.1 碳霾协同

碳霾协同是指在进行大气污染治理和气候变化应对中，实现减少温室气体排放和降低大气污染物排放之间的协同（刘毅，2020）。温室气体和大气污染物同根同源，因此，碳中和行动与清洁空气行动存在协同治理的可能（吴建平等，2019）。我国《碳中和与清洁空气协同路径年度报告》（2021 年）表明，2015—2020 年，工业部门对产业结构的系列调整措施带来了二氧化碳排放与主要污染物（如 $PM_{2.5}$、SO_2、氮氧化物）排放的协同下降。电力、供热、民用、交通四个部门虽然实现了主要污染物排放量的下降，但二氧化碳排放量依然上升。对此，生态环境部（2022）提出要以"减污降碳协同增效"为抓手，从源头进行防控，强化污染防治与碳排放治理的协调性。在多个部门与领域开展碳霾协同的措施不仅能带来环境效益，还能促进产生潜在的协同效益。以交通部门为例，减碳降霾目标要求城市减少私人机动车出行并增加更多的公共绿色化出行（如自行车、绿色公交和步行等），这些措施在减少碳排放和污染物排放的同时还能促使人们进行体力活动，从而带来积极的健康目标与社会效益（Nieuwenhuijsen，2020）。因此，碳霾协同的效益不仅体现在环境层面的减碳降霾上，还包括提升居民健康行为等社会层面的效益。

2.2.2　废弃生物质与能源协同

废弃生物质与能源协同是指将废弃生物质资源转化为能源，实现废弃生物质的有效利用和能源的可持续供应（王双等，2019），广泛存在于城市、社区、家庭等多个尺度。废弃生物质通常包括固体废物的有机部分、家庭厨余垃圾、园林绿化垃圾、食品加工废料等。研究表明，废弃生物质具有更低的碳足迹，例如生物塑料每千克产生的二氧化碳量最少仅为同等石油基塑料的 5/16（Abraham *et al.*，2021）。因此，由废弃生物质产生的能源属于可调度的碳中性能源，可作为间歇性可再生电力补充供给城市能源系统（Vázquez-Canteli *et al.*，2019）。在城市垃圾固废处理领域，尤其是废弃生物质垃圾与城市能源系统之间，也存在协同的可能性。通过减少垃圾焚烧处理增加对于生物能源的转换并高效输送至城市能源网络中，既能减少碳霾排放并提升环境效益，又能创造循环经济效益并提高资源利用效率（Lai，2022）。综上，废弃生物质与能源的协同效益主要体现于环境减碳降霾和社会经济层面的协同。

2.2.3　建筑与能源协同

建筑与能源协同是指在建筑设计、施工和运营过程中，通过整合建筑家居和能源系统，实现能源效率最大化和碳排放最小化（Yu *et al.*，2023）。随着人民生活水平日益提高，智慧家居逐渐受到关注与市场化普及。智慧照明、智慧电器、智慧传感等应用设备不仅能改善室内温度、空气质量、照明环境等舒适度相关因素，还能提供更加人性化、智能化的服务以提升居住体验。同时，使用智能设备可能会消耗更多能源，从而影响社区的能源调配和资源节约。相关实验发现，使用传感器和智能手机对室内数据进行收集与提供可以促使居家者主动调控相关电器的使用，在保持室内舒适度的同时减少家庭用电量（Matsui，2018）。瓦尔达卡斯等以西班牙巴塞罗那超级街区为例提出了合作能源管理方案，认为在一组能源消耗模式不同的建筑群中，内部能源的自主调配和电交换比主网统一调配时效率更高、经济成本更低、碳排放量也更低（Vardakas *et al.*，2018）。由此可见，无论是建筑内部智能家居的使用，还是建筑群之间基础设施系统的搭建，都可以通过更加高效的组织和信息传输方式与能源系统开展协同合作，更好地实现节能减排并形成更加健康的生活方式以增强幸福感，从而获得显著的经济效益与社会效益。

2.2.4　多主体治理协同

多主体治理协同是指在社会治理的过程中，通过整合多方资源要素、协调多元主体行动来实现更有效和可持续的治理效果（李秋芳等，2024）。政府、企业、社会组织、规划建设者、公民等多主体多领域跨界问题（郭明雯、闫建，2023）已成为当前人居发展建设的工作重点。然而在现实情况中，多主体之间的利益不对等、信息不对称、沟通不到位、边界不清晰为实现协同治理带来了巨大阻碍。智能技术可在一定程度上应对这些难题，例如可通过构建城市信息模型（City Information Modeling，CIM）

展示城市宏观微观一体化信息（章啸程、马烨贝，2023），为政策制定、规划建设、服务提供、居民需求等全周期环节提供透明的信息数据，以促进各方主体的协同。社区层面则通过线上社交平台、网络问卷调查、实时数据反馈等方式协助居民与建设管理人员沟通，打通需求方与供给方的信息差以实现协同治理。综上，网络信息平台的联通可促进资源配置优化，促进不同主体的行为和利益之间产生协同，从而带来更高的社会与经济效益。

2.3　智能技术驱动协同效益的机理

　　基于以上研究发现，本文进一步梳理了智能技术下人居环境多领域协同效益的本质与机理（图1）。从城市系统工程的视角来看，城市人居系统是物理系统、社会系统、赛博系统的三元耦合（来源等，2023）。无论是能源、环境、建筑还是治理方面，人居环境多领域协同的本质是基于自然资源的物理系统与基于人类活动关联的社会系统之间的互动。例如，碳霾协同是基于各类物理空间，如工业空间、

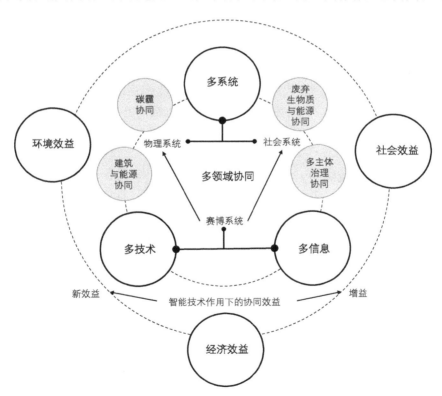

图 1　智能技术驱动下多领域协同效益机理

交通空间、住宅空间等空间资源利用的协同，而建筑与能源协同本质是人类生活行为与物理资源和物理空间的协同。智能技术作为赛博系统的数字手段，贯穿于物理系统与社会系统的互动之中。由于智能技术本身具备的多技术领域和多信息领域特征，可通过各类新型的智能设备应用和信息数字平台，在"物理系统-物理系统""物理系统-社会系统""社会系统-社会系统"之间产生深度协同。

智能技术对于物理系统和社会系统协同效益的作用机理可归纳为以下两类：①"增益"，指应用某项智能技术对于协同效益增加的程度。以交通领域的碳霾协同为例，鼓励人们使用绿色化交通工具本身既能降低二氧化碳和污染物的排放，同时又能提高绿色出行比例（邓红梅等，2023）。此外，共享单车与智慧公交出行平台的应用还可以进一步鼓励促进更为便捷的绿色出行方式，提高公交使用效率，降低尾气排放量，从而带来更大的环境效益。②"新效益"，指应用智能技术之后产生了新的协同所带来的综合效益。例如，建筑与能源协同只有在使用智慧家居设施并将其接入物联网平台系统时，才能实现节能和舒适度提升之间的协同并产生新的经济效益与社会效益。

3 社区尺度的多领域协同及其效益

基于对人居环境多领域协同效益、本质和机理的梳理，本文展开探讨国内外智慧社区实践中的多领域协同，并总结社区尺度的协同模式与典型效益。根据先前对智能技术在物理系统和社会系统中作用机理的研究，以及由此产生的"物理系统-物理系统""物理系统-社会系统""社会系统-社会系统"之间的协同效应，本文从物理和社会两个维度出发，对社区内多领域协同进行深入的综合分析。

3.1 空间层面的多领域协同

社区定义的多种表述呈现出复杂多样的主体，但构成社区的核心要素主要是人（居民个体和邻里组织）、地、物、事（赵蔚、赵民，2002；申悦等，2014；《中国大百科全书》总编委会，2021）。社区的核心在于其"共同性"和"共享性"，即作为具有相同感受、相同诉求甚至相同命运的群体集（费孝通，2002）。社区空间规划以满足居民日常生活需求为目标，涵盖居住、购物、教育、社区服务等多项功能（李萌，2017）。社区协同可划分成两个主体部分，包括物质空间协同（基于地理环境）和社会协同（基于人）（徐一大、吴明伟，2002）。通过对国内外智慧社区实践及相关理论研究的总结，空间层面的多领域协同模式可归纳为"物质-地理环境"协同。地理环境空间作为具有稀缺性和承载力的空间实体，不仅是城市规划研究的物质背景和实践场所，也是规划实践中调整与优化社会资源配置的关键要素（刘泉，2021）。"物质-地理环境"协同与城市规划中的空间布局密切相关，即通过物质的合理分配实现物质之间以及物质和环境的协同。然而这一过程通常面临诸多挑战，尤其是在确保多样化的物质资源与地理环境之间实现有效适配方面。

信息技术主要基于感知传导的能力来支持空间协同，通过获取物质空间和地理环境信息以及利用物联网、云计算等技术实现万物互联，以了解和掌握更全面详尽的社区情况来支持科学化、精细化治理（李伟健、龙瀛，2022）。以韩国智慧城市项目 Smart City Korea 为例，其基础平台构架重点建设城市感知与数据传导功能，支持包含交通、环境、安全、能源、经济、生活福利的人居多领域协同（Korea Ministry of Land, Infrastructure and Transport，2019）。又如，我国天津的中新生态城社区通过多种环境传感器对居住环境品质进行综合评估，利用多源实时数据量化评估指标以支持当地社区物质-地理环境协同效益监测和评价，从而为社区治理提供数据支持和科学依据（陈汝宁，2021；Korea Ministry of Land, Infrastructure and Transport，2019）。此外，实现多源数据的相互传导对于提升物质与地理环境的协同也至关重要。例如，上海田林街道综合治理中心整合了市、区、街道的 26 个不同数据库，采用数据收集、预处理、协同分析和预警协调等方法促进数据驱动协同，不仅有助于实现空间利用效率优化，还能提高应急响应速度和社区服务品质（上海经信委等，2019；李鸣，2021）。

空间协同效益的提升主要体现在增强"可模拟性"与"自主决策/执行能力"两个层面，通过构建信息模型进行效益模拟，配合完整的闭环逻辑决策层以实现无人服务的优化体验。例如，日本的"编织城市"（Woven City）项目代表了强调以科学验证为基础的规划理念，旨在使用先进的无人技术创建一种持续完善的社区发展模式（Woven City，2023）。北京中关村软件园通过利用无人清扫车、巡逻车和贩卖车等智能化设施，实现对传统设施空间布局的实时分配调整，有效提升了空间协同效益（张默，2021）。南京紫云广场通过全要素数字孪生互联综合体来提高智能运维决策的效率，在充分收集设备使用信息和空间使用状态后优化了设备运作指令，从而降低了碳排放并提升了园区效率（南京市发展和改革委员会，2021）。青岛海尔云谷园区集合内外部包括智慧安全、出行、办公、消防、能源、环境和建筑等地理环境和物联智能设施信息，通过提升园区自动化率以改善空间运营体验和协同效率（李鸣，2021）。美国芝加哥市在部分社区测试了城市传感测量系统（Array of Things）以用于收集城市环境、基础设施和活动等多源实时数据（Catlett *et al.*，2017）。由此可见，空间协同的效益提升是未来城市发展的重要趋势。随着技术进步，城市空间正往更加智能化、高效化的方向发展，不仅将提高城市管理效率，也将为居民提供更加舒适便利的生活环境。

3.2 社会层面的多领域协同

随着人民对高品质生活质量的需求提升与"人民城市"理念的发展，以"重物轻人"（即重视物质建设而忽视人的需求）为价值导向的传统规划方法难以满足城市居民需求（于一凡，2019）。当智慧社区建设以"以人为本"作为空间规划和资源调控的基本原则时，居民是社区协同规划所关注的核心主体（来源、庄博凯，2023）。在"人民城市人民建，人民城市为人民"的理念指导下，社会层面的多领域协同可以从"信息-治理"协同和"行为-资源"协同这两类模式进行解读（刘士林，2020；谢坚钢、李琪，2020）。

"信息-治理"协同是指在现有传感器形成的空间感知和模拟基础上，应进一步发展出易于居民理解和参与的信息传播与治理模式，从而充分调动广大居民的参与积极性。以日本政府提出的社会 5.0（Society 5.0）为例，基于信息基础的社会形态能够缩小年龄、种族和地域所带来的差异，同时多元主体参与可促进更加公平的城市服务（Director General for Science，Technology，and Innovation of Japan Cabinet Office，2016）。在我国智慧社区实践探索中，广州三眼井社区通过构建城市信息模型（CIM）实现了社区评估状态计量化和信息可视化，以帮助社区居民更易理解社区的人口健康状况，同时通过移动端社区智慧管理平台促进居民参与，利用智能技术支撑多元主体协同治理（李天研，2023）。杭州杨柳郡社区亦通过手机移动端 APP 的形式推广社区信息和管理功能集成应用，目前平均每月超过 50%的社区居民通过该形式与物业进行沟通（祝婷兰，2021）。由此可见，这种可理解、可参与的"信息-治理"协同模式是促进实现"人民城市人民建"理想愿景的重要途径。

在"行为-资源"协同模式中，基础性的"可模拟、自主决策/执行"已经取得了显著成果。尽管当前规划研究人员已经开始注重优化空间使用效率，但由于"可适应"和"可评估"的动态评估过程与运营执行能力的缺乏以及居民需求的不断演变，仍未实现以人为本的理念目标（盖尔、孙璐，2018）。针对此，腾讯未来城市 WeSpace 项目提出了由数字信息基础、虚拟空间、实体空间三层主体构成的未来城市空间模型。数字信息基础作为实体和虚拟空间的接口，实现空间信息的实时传递和自适应反馈。虚拟空间则通过仿真场景评估成本和风险实现设计理念中数字信息增强空间的目标（龙瀛，2020）。该项目不仅优化了空间使用效率，还实现了与居民行为模式的紧密结合，更加贴近以人为本的设计理念。在深圳微棠新青年社区，开发者紧密结合当地青年的消费和居住习惯，配备了食堂、自习室、公共活动室、洗衣房等设施，从而减轻了年轻人在时间、租金和社交方面的压力（罗珊珊等，2021）。该社区通过移动支付和线上预约等便捷手段提供了高效的服务，还满足了年轻人对便捷性及时性的高需求，进一步提升了居住体验。此外，广州平云广场试点社区的社区管理服务平台通过整合人、地、物、情、事、组织、房屋七类关键信息，为居民提供了评价社区多系统协同效益的渠道（广州市住房城乡建设局，2023）。综上，这种数据驱动精细化治理的模式不仅适应居民生活新需求，还将推动更加智能化和人性化的社区治理，为实现"人民城市为人民"的愿景贡献力量。

以上案例表明，智慧社区建设正逐步从简单的空间优化转向关注居民需求与行为模式的综合性发展。这些实践探索不仅展示了技术在提升空间效率方面的作用，更体现了对以人为本理念的深入理解和不断追求，形成了在社会、经济层面的社区智能协同效益。综上，社区尺度的多领域协同从本质上可分为"物质-地理环境""信息-治理""行为-资源"三类协同模式，智能技术在其中起到了重要的推动与联通作用，促进环境、社会和经济方面的多种协同效益（图 2）。多系统自身的复杂性给社区融通多领域建设带来了难题，厘清多领域协同模式与效益将为解决这些难题提供基本思路。

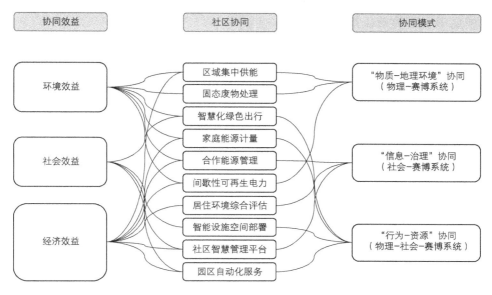

图 2　社区多领域协同的效益与模式

4　多领域协同效益对未来社区规划的启示

4.1　智能技术作用下的协同机制

　　智能技术作用下的协同机制呈现出以下特征。①空间依托。物理空间作为承载环境与行为数据的关键平台，构成了城市感知系统的基础架构。部署智能设备需要依托于实体空间，因此对城市空间的统筹规划可组织更高效合理的感知网络布局与技术构架。"物质-地理环境"协同，通常直观表现为各类资源在物理空间上的协同配置与优化。而"信息-治理"和"行为-资源"的协同，通过利用数字化的物理与社会空间，也部分促进了物理空间关系的优化和调整。②人本导向。智能技术的应用显著推动了人机交互的实现。在这一过程中，用户能够基于个人体验主动调整服务的使用模式，以满足其个性化需求。同时，信息的互联互通将用户转变为创新服务系统中的关键参与者，使得他们可以将使用需求作为出发点，挖掘新的协同潜力。这种以用户为中心的交互参与模式，不仅促进了使用者与服务提供者之间的协同合作，而且为社会带来了更广泛的效益。③效率提升。智能设备与信息基础设施通过功能集成以提高城市感知的效率。新型智能平台可根据统一标准化的物联实体编码，实现多领域知识和信息的高效融合与流转（陈锐等，2015），并通过城市智能与人工智能快速导出协同措施方案，避免资源浪费和过度配置。综上，未来社区多领域协同机制由环境与行为的输入、信息与数据的转化以及决策与服务的整体优化共同构成，智能技术则贯穿于全周期过程之中。

4.2　规划牵引下的效益指标构建

城乡规划作为人居环境科学直接作用于物理空间的三大核心学科之一，在未来社区多领域协同中发挥着统筹牵引的重要作用（毛其智，2019）。相关学者提出应以多系统可持续、以人为本、信息完整的技术规划原则作为规划牵引的指导思路（来源等，2023）。本文进一步探讨了规划牵引下的效益指标构建流程，明确了可指导不同规划场景的具体指标。首先，社区物理环境数据和居民时空行为数据作为基础输入信息，从物理空间建设的角度明确了规划目标与需求；其次，通过"物理–社会–赛博"系统中各类协同效益指标的综合分析，可明确多种效益指标所对应的具体子系统与主体；最后，基于多领域协同联结点的识别，最终确立各领域子系统目标（图3）。

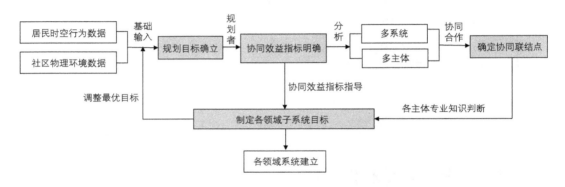

图3　未来社区多领域协同流程

智能技术在多领域协同中的应用广泛，涉及感知、输送、优化、决策等多个环节，在不同的技术部门中具有多元的效率评估方式与指标。鉴于多学科、多系统协同往往涉及复杂主体间的沟通合作，通过构建协同效益指标和总体规划牵引目标将有利于打破行业壁垒，明确各系统子目标及相互影响关系，从而协调局部关联以达成整体优化（图4）。例如，若多个领域在优化过程中都涉及同一个协同效益指标的变化，且每个领域对该指标的影响各不相同，那么这些领域必须在各自目标的指导下相互协作，共同将该效益指标（即图3中的"协同联结点"）维持在合理的区间范围内。

智慧社区的规划目标可根据空间规模大致分为单体建筑、外部空间、社区总体规划等层次：单体建筑层次包括建筑户型、面积、规模、建筑能源系统、智慧家居系统、垃圾处理系统等规划目标，涉及室内环境舒适度、用电量、废弃物再利用率、经济成本等协同效益指标；外部空间层次包括道路交通规划、公共空间智能规划等建设目标，涉及出行便捷度、绿色出行率、碳排放量、室外活动时长、社交活跃度等协同效益指标；社区总体规划层次包括土地利用规划、能源与基础设施规划、用地面积管控、绿地规划等建设目标，涉及节能效率、垃圾再利用效率、社区活力等协同效益指标。

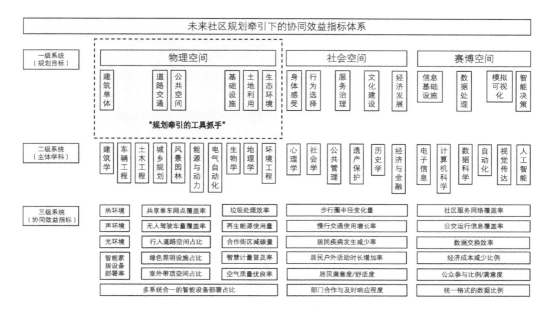

图 4　未来社区规划牵引下的协同效益指标体系

在以人为本的理念影响下，未来智能技术应用将更加关注人类社会空间中与人的行为、活动、情感相关联的协同效益指标。然而，在以多源数据驱动构建协同效益指标时，需要注意不同频率数据的合理利用。低频数据（例如人口普查、地理信息、基础设施等）为规划牵引提供了基础保障，可支持对齐各系统目标以达成空间预留、资源配置协同，有利于社区长期规划和趋势预测（Constantine，2018）。随着城市多源数据的增长，即时、高频的数据能够直接促进资源在不同系统间的实时转移和供需匹配，为短期协同提供支持（沈尧，2022；龙瀛、张恩嘉，2021）。然而，多数高频数据源自具体业务服务（如社交媒体、可穿戴设备、用户反馈等），需要确保合理利用高频数据支持规划决策，并提出对其可靠性的验证方法。因此，如何整合此类多源高频城市信息以支撑规划牵引促进协同效益，未来仍需要更加深入的探究（沈尧，2022）。

5　结语

本文从协同理论的研究视角出发，结合国内外智慧社区实践探索经验，总结提出智能技术影响下社区尺度的"物质-地理环境""信息-治理""行为-资源"三类多领域协同模式及其相关的环境、社会、经济复合效益；从未来社区高效建设、以人为本的目标出发，阐述了智能技术影响下社区协同机制中空间依托、人本导向与效率提升的特征，并从空间规划视角出发，在技术指导思路层面提出规划牵引与协同效益指标构建流程，以期为未来社区建设和运营提供理论依据与指导思路。

致谢

本研究得到国家自然科学基金面上项目（72274101）、国家重点研发计划项目（2022YFC3800603）资助。

参考文献

[1] ABRAHAM A, PARK H, CHOI O, et al. Anaerobic co-digestion of bioplastics as a sustainable mode of waste management with improved energy production—a review[J]. Bioresource Technology, 2021, 322: 124537.

[2] BERGER B. Sidewalk Lab's failure and the future of smart cities[EB/OL]. (2020-06-16)[2024-01-28]. https://www.triplepundit.com/story/2020/sidewalk-labs-failure-smart-cities/120616.

[3] CATLETT C E, BECKMAN P H, SANKARAN R, et al. Array of things: a scientific research instrument in the public way: platform design and early lessons learned[C]//Proceedings of the 2nd international workshop on science of smart city operations and platforms engineering. New York: Association for Computing Machinery, 2017: 26-33.

[4] CONSTANTINE E K. Urban informatics in the science and practice of planning[J]. Journal of Planning Education and Research, 2018: 1-14.

[5] DAI Y, ZHONG H, SHENG W, et al. The sidewalk toronto project and its dilemma of technologism[J]. Global Cities Research, 2022(3): 129–142+193.

[6] DIRECTOR GENERAL FOR SCIENCE, TECHNOLOGY, AND INNOVATION OF JAPAN CABINET OFFICE. Photonics and quantum technology for society 5.0[R/OL]. Science and Technology Policy, Council for Science, Technology and Innovation. (2019-08-08)[2024-01-28]. https://www8.cao.go.jp/cstp/english/society5_0/.

[7] KOREA MINISTRY OF LAND, INFRASTRUCTURE AND TRANSPORT. Smart city comprehensive plan[R/OL]. (2019-10-17)[2024-01-28]. https://smartcity.go.kr/en/%ec%a0%95%ec%b1%85/%ec%8a%a4%eb%a7%88%ed%8a%b8-%eb%8f%84%ec%8b%9c%ea%b3%84%ed%9a%8d/%ea%b5%ad%ea%b0%80%ea%b3%84%ed%9a%8d/.

[8] KULYNYCH B, OVERDORF R, TRONCOSO C, et al. POTs: protective optimization technologies[C]//Proceedings of the 2020 Conference on Fairness, Accountability, and Transparency. 2020.

[9] LAI Y. Urban intelligence for carbon neutral cities: creating synergy among data, analytics, and climate actions[J]. Sustainability, 2022, 14(12): 7286.

[10] MATSUI K. An information provision system to promote energy conservation and maintain indoor comfort in smart homes using sensed data by IoT sensors[J]. Future Generation Computer Systems, 2018, 82: 388-394.

[11] NATIONAL SCIENCE FOUNDATION. Smart and connected communities(S&CC)[EB/OL]. (2016-09-26)[2024-01-28]. https://www.nsf.gov/pubs/2016/nsf16610/nsf16610.htm.

[12] NIEUWENHUIJSEN M J. Urban and transport planning pathways to carbon neutral, liveable and healthy cities: a review of the current evidence[J]. Environment International, 2020, 140: 105661.

[13] VARDAKAS J S, ZENGINIS I, ZORBA N, et al. Electrical energy savings through efficient cooperation of urban buildings: the smart community case of superblocks' in Barcelona[J]. IEEE Communications Magazine, 2018, 56(11): 102-109.

[14] VÁZQUEZ-CANTELI J R, ULYANIN S, KÄMPF J, et al. Fusing tensor flow with building energy simulation for intelligent energy management in smart cities[J]. Sustainable Cities and Society, 2019, 45: 243-257.

[15] WOVEN CITY. TOYOTA Woven City[R/OL]. Woven City Press. (2023-08-25)[2024-01-28]. https://www.woven-city.global/.

[16] YU Y, XIAO Y, CHOU J, et al. Dual-layer optimization design method for collaborative benefits of renewable energy systems in building clusters: case study of campus buildings[J]. Energy and Building, 2023, 303: 112802.

[17] 陈琦, 张曦, 林俊光, 等. 未来社区低碳场景建设方案效益分析[J]. 能源研究与管理, 2021(2): 18-22+53.

[18] 陈汝宁. "无处不智慧"——智慧社区点亮城市生活 [EB/OL]. 津云. (2021-04-26)[2024-01-28]. https://m.thepaper.cn/baijiahao_12398718.

[19] 陈锐, 贾晓丰, 赵宇. 智慧城市运行管理的信息协同标准体系[J]. 城市发展研究, 2015, 22(6): 40-46.

[20] 邓红梅, 梁巧梅, 刘丽静. 交通领域减污降碳协同控制研究回顾及展望[J]. 中国环境管理, 2023, 15(2): 24-29+23.

[21] 费孝通. 对上海社区建设的一点思考——在"组织与体制: 上海社区发展理论研讨会"上的讲话[J]. 社会学研究, 2002(4): 1-6.

[22] 宫艳雪, 武智霞, 郑树泉, 等. 面向智慧社区的物联网架构研究[J]. 计算机工程与设计, 2014, 35(1): 344-349.

[23] 广州市住房城乡建设局. 广州市公布新型智慧城市和"新城建"十大标杆应用场景[EB/OL]. (2023-11-06)[2024-01-28]. https://www.gz.gov.cn/xw/zwlb/bmdt/content/mpost_9304846.html.

[24] 郭明雯, 闫建. 低碳城镇化"四位一体"多元协同治理研究[J]. 安徽建筑大学学报, 2023, 31(6): 78-85.

[25] 来源, 郑筱津, 夏静怡. 城市系统视角的智慧人居理论与技术规划原则[J]. 城市规划, 2023, 47(12): 89-96.

[26] 来源, 庄博凯. 人民城市理念下的智慧城市规划价值导向思考[J]. 北京规划建设, 2023(2): 20-24.

[27] 李萌. 基于居民行为需求特征的"15分钟社区生活圈"规划对策研究[J]. 城市规划学刊, 2017(1): 111-118.

[28] 李鸣. 学区＋园区＋社区, 海尔·云谷打造"四新"经济创新示范区[EB/OL]. 澎湃. (2021-12-27)[2024-01-28]. https://m.thepaper.cn/baijiahao_16025142.

[29] 李秋芳, 汪文雄, 崔永正, 等. 组织关系视角下全域土地综合整治多元主体协同治理的逻辑框架与网络形式[J]. 自然资源学报, 2024, 39(4): 912-928.

[30] 李天研. 广州这个老旧小区变"聪明", 白蚁咬树电梯困人等问题都能及时发现[EB/OL]. 广州日报. (2023-03-07)[2024-01-28]. https://new.qq.com/rain/a/20230307A0436Y00.

[31] 李伟健, 龙瀛. 空间智能体: 技术驱动下的城市公共空间精细化治理方案[J]. 未来城市设计与运营, 2022(1): 61-68.

[32] 刘强, 崔莉, 陈海明. 物联网关键技术与应用[J]. 计算机科学, 2010, 37(6): 1-4+10.

[33] 刘泉. 技术产品应用视角下智慧社区分类及综合发展[J]. 国际城市规划, 2021, 36(6): 71-78.

[34] 刘士林. 人民城市: 理论渊源和当代发展[J]. 南京社会科学, 2020(8): 66-72.

[35] 刘毅. 贺克斌院士: 治霾与减碳的目标须协同实现[EB/OL]. 人民网. (2020-11-09)[2024-04-16]. http://env.people.com.cn/n1/2020/1109/c1010-31923941.html.

[36] 龙瀛. WeSpace·未来城市空间[J]. 中国建设信息化, 2020(21): 22-23.

[37] 龙瀛, 张恩嘉. 科技革命促进城市研究与实践的三个路径: 城市实验室、新城市与未来城市[J]. 世界建筑,

2021(3): 62-65＋124.

[38] 罗珊珊, 刘新吾, 王珂. 智慧社区 便民惠民 [EB/OL]. 人民日报. (2021-06-04)[2024-01-28]. https://www.gov.cn/xinwen/2021-06/04/content_5615428.htm.

[39] 毛佩瑾, 李春艳. 新时代智慧社区建设: 发展脉络、现实困境与优化路径[J]. 东南学术, 2023(3): 138-151.

[40] 毛其智. 中国人居环境科学的理论与实践[J]. 国际城市规划, 2019, 34(4): 54-63.

[41] 南京市发展和改革委员会. 秦淮区启用全市首家智能化物联网总部园区[EB/OL]. (2021-07-23)[2024-01-28]. http://fgw.nanjing.gov.cn/gzdt/202107/t20210719_3078108.html.

[42] 邱国栋, 白景坤. 价值生成分析: 一个协同效应的理论框架[J]. 中国工业经济, 2007(6): 88-95.

[43] 上海经信委, 徐家汇街道, 田林街道. 沪首批智慧社区(村庄)建设示范点名单公布, 徐汇这两个街道上榜! [EB/OL]. 网易. (2019-11-20)[2024-01-28]. https://www.163.com/dy/article/EUFBNNTL05149R72.html.

[44] 沈尧. 协频城市: 时空数据增强设计中的频度协同[J]. 上海城市规划, 2022(3): 8-13.

[45] 申悦, 柴彦威, 马修军. 人本导向的智慧社区的概念、模式与架构[J]. 现代城市研究, 2014(10): 13-17＋24.

[46] 生态环境部. 关于印发《减污降碳协同增效实施方案》的通知[EB/OL]. (2022-06-10)[2024-01-28]. https://www.gov.cn/zhengce/zhengceku/2022/06/17/content_5696364.htm.

[47] 唐斯斯, 张延强, 单志广, 等. 我国新型智慧城市发展现状、形势与政策建议[J]. 电子政务, 2020(4): 70-80.

[48] 王剑锋. 城市设计管理的协同机制研究[D]. 哈尔滨: 哈尔滨工业大学, 2017.

[49] 王双, 任红梅, 曹琼, 等. 生物质能与多种能源协同发电[J]. 能源技术与管理, 2019, 44(2): 3-5.

[50] 王莹. 城市公共安全协同治理的模式构建与路径探索[D]. 徐州: 中国矿业大学, 2017.

[51] 吴冠秋, 党安荣, 马琦伟. 基于流数据的珠三角城市群协同发展研究[J]. 城市问题, 2024(3): 34-45.

[52] 吴建平, 李彦, 杨小力. 促进温室气体和大气污染物协同控制的建议[J]. 中国经贸导刊(中), 2019(8): 39-41.

[53] 吴良镛. 人居环境科学的探索[J]. 规划师, 2001(6): 5-8.

[54] 谢坚钢, 李琪. 以人民城市重要理念为指导推进新时代城市建设和治理现代化——学习贯彻习近平总书记考察上海杨浦滨江重要讲话精神[J]. 党政论坛, 2020(7): 4-6.

[55] 解学梅. 协同创新效应运行机理研究: 一个都市圈视角[J]. 科学学研究, 2013, 31(12): 1907-1920.

[56] 徐一大, 吴明伟. 从住区规划到社区规划[J]. 城市规划汇刊, 2002(4): 54-55＋59-80.

[57] 杨·盖尔, 孙璐. 人性化的城市: 哥本哈根的经验与启示——杨·盖尔访谈[J]. 北京规划建设, 2018(3): 186-196.

[58] 于一凡. 从传统居住区规划到社区生活圈规划[J]. 城市规划, 2019, 43(5): 17-22.

[59] 张纪岳, 郭治安. 哈肯学派简介[J]. 自然杂志, 1983(6): 411.

[60] 张默. 建数智园区, 中关村软件园打造新技术、新产品的试验场! [EB/OL]. 北京卫视. (2021-07-05) [2024-01-28]. https://www.zpark.com.cn/news/park/83.html.

[61] 章啸程, 马烨贝. CIM 基础平台在智慧城市建设中的应用研究[J]. 城市建设理论研究(电子版), 2023(31): 226-228.

[62] 赵蔚, 赵民. 从居住区规划到社区规划[J]. 城市规划汇刊, 2002(6): 68-71＋80.

[63] 《中国大百科全书》总编委会. 中国大百科全书: 第三版[M]. 北京: 中国大百科全书出版社, 2021.

[64] 中国碳中和与清洁空气协同路径年度报告工作组. 中国碳中和与清洁空气协同路径2021[R/OL]. 中国清洁空气政策伙伴关系. (2021-10-20)[2024-01-28]. https://www.efchina.org/Reports-zh/report-cemp-20211020-zh.

[65] 中华人民共和国住房和城乡建设部. 智慧社区建设指南(试行)[S/OL]. (2014-05-14)[2024-01-28]. https://www. mohurd.gov.cn/gongkai/zhengce/zhengcefilelib/201405/ 20140520_217948.html.

[66] 祝婷兰. 上城: "数字"赋能 撬动优质服务多地共享[EB/OL]. 杭州日报. (2021-09-06)[2024-01-28]. https://www. hangzhou.gov.cn/art/2021/9/6/art_812262_59041399.html.

[欢迎引用]
夏静怡, 庄博凯, 来源. 未来城市智能技术促进多领域协同效益研究[J]. 城市与区域规划研究, 2024, 16(1): 15-29.
XIA J Y, ZHUANG B K, LAI Y. Promoting multi-field synergy benefits through intelligent technology in future cities[J]. Journal of Urban and Regional Planning, 2024, 16(1): 15-29.

城市实验室：基于新数据、新要素及新路径的批判与展望

龙　瀛　张恩嘉

City Laboratory: Criticism and Prospect Based on New Data, New Elements, and New Pathways

LONG Ying, ZHANG Enjia
(School of Architecture, Tsinghua University, Beijing 100084, China)

Abstract Over the past decade, disruptive technologies have profoundly impacted various aspects of cities, changing the methods, subjects, and pathways of urban research and practice, and reshaping the connotation and extension of the concept of city laboratory. Based on the development of disruptive technologies in the Fourth Industrial Revolution, this paper analyses the influence of disruptive technologies on the research of city laboratory from the perspectives of methodology, ontology, and practice and also criticizes the limitations of current studies in terms of data analysis, research perspectives, and practical applications. This paper further proposes and anticipates, through practical cases, the potential, future development trends and opportunities of city laboratory in developing active urban sensing methods, studying new lifestyles and spatial structures, and empowering planning, design, and management policies through digital innovation technologies. Finally, we call for the integration of the above three new opportunities to address new urban spatial problems and challenges such as urban renewal and shrinking cities under the background of socioeconomic development, aiming to provide new perspectives and references for the development of disciplines related to human settlement environment.
Keywords disruptive technology; city laboratory; urban science; active urban sensing; reshaped urban space; digital innovation

摘　要 过去十年间，颠覆性技术深刻地影响了城市各个方面，改变了城市研究与实践的方法、对象及路径，也对城市实验室这一概念的内涵与外延进行了重塑。文章基于第四次工业革命颠覆性技术的发展，从方法论、本体论及实践论层面分析了颠覆性技术对城市实验室研究工作的影响并批判了目前研究在数据分析、研究视角及实践应用方面的局限，进而通过实际案例提出并展望了城市实验室在发展主动城市感知方法、研究新的生活方式和空间结构以及通过数字创新技术赋能规划设计和管理的潜力、未来发展趋势及机遇。最后，文章呼吁整合以上三种新机遇解决社会经济发展背景下的城市更新、收缩城市等城市空间新问题和新挑战，以期为人居环境相关学科的发展提供新的视角和参考。

关键词 颠覆性技术；城市实验室；城市科学；主动城市感知；空间重塑；数字创新

作者简介
龙瀛、张恩嘉，清华大学建筑学院。

1　引言

回顾城市发展历史，每一次工业革命就是一个转折点，伴随着技术演进，城市研究和实践的方法与手段不断革新。将城市视为研究对象的思想被广泛地应用到城市研究和城市科学的发展中。一些学者强调新技术发展对城市形态的影响，提出了田园城市、邻里单元、明日之城、边缘城市等城市形态理论；一些学者则从研究方法的角度发展了用于城市社会经济演变模拟和分析的重力模型、投入-产出模型、元胞自动机等定量分析模型。

近年来，在第四次工业革命的背景下，信息通信技术、大数据、无人驾驶、机器人、人工智能等前沿科技蓬勃发展。这些颠覆性技术不仅影响了城市相关教育、科研和实践工作者的工作与思维方式，也重新定义了城市空间和日常生活，塑造了城市的未来（Mitchell，2000）。城市开始面临新的机遇和挑战。在此背景下，以圣塔菲研究所、UCL高级空间分析中心、MIT感知城市实验室、斯坦福城市信息学实验室、ETH未来城市实验室、北京城市实验室为代表，将城市视为实验室的研究中心和机构逐渐崭露头角，其目标是通过利用数据、计算等前沿技术认知和解决城市问题，提高城市的可持续性、运行效率和居民生活质量。本文旨在厘清城市实验室的概念、特征及其在第四次工业革命中的发展机遇，并通过对城市实验室当下和过去十年研究工作的批判性分析，展望城市实验室如何利用新的发展契机开展研究及实践（龙瀛、张恩嘉，2021），以期为人居环境相关学科的发展提供新的思路和参考。[①]

2 城市实验室的概念

城市实验室是一种将城市视为实验室，通过数据分析、创新研究和实地试验来改善城市规划、设计、管理的科学研究与实践框架。[②]其概念起源于与生物实验室的类比，生物实验室的研究方法和思维方式也可被应用到城市分析与研究中（Kohler，2002）。芝加哥学派（Chicago School，1918—1932）是最早将城市视为实验室的组织（Park，1929；Smith and White，1929），该学派将芝加哥城市作为研究对象和分析地点，通过标准化单元的数据收集与分析，描述与解释城市扰动和适应、竞争和演替的动态发展理论（Gieryn，2006）。随着城市面临越来越复杂的挑战，越来越多的学者使用"实验室"一词来描述城市研究和实践（Waste，1987）。肯普和斯科尔（Kemp and Scholl，2016）对城市实验室的定义做了进一步的界定，强调城市实验室作为一种城市生活实验室（urban living lab）更关注地方管理和规划过程的创新，比设计实验室（design lab）更强调技术应用和制度创新，比创新中心（innovation hubs）更关注规划过程和解决城市挑战及社会问题。城市实验室有潜力成为了解城市规划新形式以及加强地方城市规划过程创新潜力的工具（Kemp and Scholl，2016），扮演着提供者、赋能者、使用者和推动者的不同角色（Capdevila，2015），并涉及具体的城市情景，立足于城市的演变和变化，同时关注偶然性和持续性要素（Karvonen and Van Heur，2014）。然而，城市的开放性和复杂性使得基于城市的研究难以实现严格的控制变量与对照实验，因此，相关研究学者认为，城市实验室与生物实验室相似，相较于化学实验室、物理实验室等而言，兼具田野工作（field-site）和实验室（laboratory）的特征，既具备被自然观察的特点，也能被改变、干预和创造，研究结果既具有在地性和特殊性，也具有一定的普适性和推广性（Gieryn，2006；Karvonen and Van Heur，2014）。

综合而言，城市实验室的核心内涵包括：①城市环境是其研究对象和地点，真实城市环境的系统开放性对研究和实践的影响更加复杂；②数据与空间分析计算和基础理论知识是其支撑，用以分析城市各要素的时空关系与变化规律；③城市规划设计实践和政策优化是其应用（图 1）。

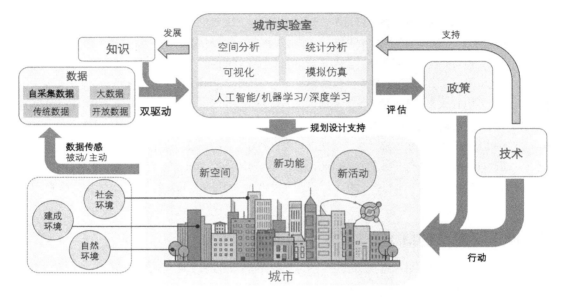

图 1　城市实验室概念示意

资料来源：改绘自 Long and Zhang（2024）。

　　研究对象方面，城市实验室将城市视为科学研究的特定城市环境空间，涵盖建成环境、自然环境和社会环境三个方面。建成环境指城市中的人造空间，如地面铺装、建筑物等；自然环境包括噪声水平、光照程度及空气质量等；社会环境则关注个体属性及其在城市中的各类活动，包括人群的性别、年龄、社会经济水平、出行及活动等。

　　研究方法方面，在基础理论知识的指导下，数据的收集与分析为认识城市的动态发展及特征提供了实证依据。第四次工业革命带来的技术进步给城市研究提供了数据和方法层面的新机遇。城市运行中产生的大量数据，如高分辨率的遥感影像、街景图片、各类交通工具产生的活动轨迹、手机应用中的用户评论等，为城市实验室的分析和研究提供了精细化的视角（龙瀛、刘伦，2017）。城市实验室通过空间分析、统计分析、可视化、模拟仿真、机器学习和深度学习等一系列技术方法对城市建成环境、自然环境及社会环境的数据进行分析，将数据与现有研究整合，验证、更新或拓展已有的知识体系，从而为城市科学的发展奠定基础。

　　实践应用方面，城市实验室不仅通过现状和历史数据分析评估政策及规划实践情况来直接支持城市规划、设计、管理政策的制定，还基于数据分析和研究支持城市领域基础知识的发展，从而通过新知识进一步推动城市规划及设计实践和政策制定更好地匹配新时代的需求（龙瀛、张恩嘉，2019）。

　　本文关注城市实验室在第四次工业革命背景下的发展趋势和特征，强调利用新数据和新计算方法，以城市（空间）为实验对象，通过实证观察、诊断、分析、模拟等技术手段，支持城市理论发展，用以支撑实践应用。相较于传统城市研究的方法和视角而言，本文关注的新时期的城市实验室的主要特征体现在：①主动收集数据并基于新技术手段研究和认识城市；②关注时代发展情景及需求变化趋势；③利用数字创新技术开展实践应用。具体来讲，在研究方法层面，除了数字化附带的新兴数据以外，各类传感器的发展为主动城市感知提供了新机遇，结合人工智能的发展为城市研究提供了方法论层面的积极影响。在研究对象层面，一系列颠覆性技术改变了城市生活和城市空间，新空间、新功能和新活动在城市中大量涌现，诸如"城市是什么""城市具有怎样的功能""城市扮演怎样的角色"等城市本体论层面的研究问题不断涌现，这体现了技术对城市本体论层面的影响。在城市规划及设计实践层面，新兴技术为规划及设计工作者提供了新的规划及设计方法和流程，为城市空间实践提供了空间干预以外的新思路和方法，这体现了新技术对城市实践论层面的影响。接下来，本文将围绕以上三个方面展开。

3　新数据：基于主动城市感知的数据获取新方式

3.1　新数据环境背景下的研究机遇及局限

以大数据与开放数据为代表的新数据环境的诞生给城市研究带来新机遇，推动城市研究进入数据密集型的第四代科研范式（Hey et al., 2009）。相较于传统城市研究使用的如政府报告、统计年鉴等更新频率及空间精度较低的数据，高时空分辨率的新数据为城市实验室提供了从空中（如白天及夜晚遥感影像等）和地面（如街景图片等）认知建成环境与自然环境，以及通过社会感知（如手机轨迹、公交刷卡数据等）认知社会环境的机遇（Liu et al., 2015）。在此背景下，数据密集型科研范式成为继经验科学、理论科学、计算科学（模拟仿真）之后的第四代科研范式，其显著特征是基于人工智能、统计学、数据挖掘、模式与异常检测等技术分析时间高频、空间高精度（大）数据。北京城市实验室作为国内城市规划领域大数据分析研究方面的先驱之一，曾使用各类活动数据精准识别城市空间模式、刻画人群行为特征。例如，基于百度人口数据识别中国鬼城（Jin et al., 2017），利用滴滴出行数据识别中国功能性城市地域（Ma and Long, 2020），根据美团消费数据划定多个城市商圈③，通过公交刷卡记录刻画北京通勤特征（Long and Thill, 2015），使用摩拜单车数据评价城市可骑行性（Zhang et al., 2023），以及借助咕咚运动数据分析中国主要城市休闲性体力活动（Chen et al., 2022）等。

然而，既有大数据仍存在数据空间分辨率不足、时效性不够、覆盖度有限、匹配度不高等方面的局限。首先，数据分辨率方面，尽管许多数据已达到街道和地块尺度，但少有数据能达到建筑物或更精细尺度。例如，手机数据通常以基站（间距平均为 200 米）为尺度；公共交通刷卡数据以公交站为粒度（间距约 500 米）；遥感数据尽管最小分辨率可达 0.5 米，但高精度遥感的使用通常受到国家法规的限制，在实际分析场景中常为 30 米或 90 米。其次，数据时效性方面，多数用来刻画建成环境的影像数据更新频率较低。例如，近年来最常被使用的街景图片，全国实体城市中仅有 1.14% 的街景图片是在 2021 年及以后拍摄的④；开放遥感影像多为至少一年之前拍摄；而原本更新频率较高的社会感知数据，如手机信令及公交刷卡等数据，受隐私保护、数据购买及合作周期等约束，通常不能兼顾时间和空间范围的高精度。再次，数据覆盖度方面，由于城市之间设施服务水平的差异，数据的覆盖度也存在显著差异。例如，小城市、乡镇和偏远地区通常缺乏相关数据或现有数据老旧且分辨率不足、更新不及时等。最后，数据匹配度方面，由于一些数据并非专门为城市研究工作量身定制，而是在其他运营过程中产生的，因此，数据属性与研究需求存在错配。例如，手机数据是在运营商服务过程中产生的附加产物、副产品或增值服务，因此，有关人群个人属性（如收入、职业、家庭关系等）缺乏，限制了更具针对性的控制实验和分析研究。

3.2　主动城市感知：数据获取新方式

为解决以上问题，本研究团队提出了"主动城市感知"（active urban sensing）这一主动获取数据的方法框架和流程，为补充现有大数据提供了一种解决方案。具体来讲，主动城市感知以工程、研究及教学需求为目的搭建数据采集平台，通过固定感知、移动感知及耦合感知的框架，主动收集城市建成环境、自然环境和社会环境数据，以提升数据的精度、时效性、覆盖度及匹配度。固定感知采用构建监测站的方式，设置若干固定监测站点，实现对高频变化要素（如社会环境）的实时监测，关注传感器的布局选址及数量；移动感知通过无人机、车队、骑行者、行人等传感器载体实现对低频变化要素（如建成环境）的大范围监测，强调路径规划及载体选择；耦合感知则同时设置固定感知和移动感知模式，通过两者数据的耦合实现对监测要素环境场的构建，关注数据和知识双驱动的环境场的构建，主要针对知识体系相对完善的自然环境的感知（Hao et al., 2023）。主动城市感知的关键技术包括传感器选择、感知方式、传感器布置及后续的数据融合处理分析。在实际研究和工程项目中，主动城市感知的主要流程包括研究范围确定、采集指标明确、采集平台搭建、感知方案制定、数据处理分析及结果可视化等。

本文通过北京城市实验室的西宁城市更新评估项目、北京四环可骑行性研究工作以及清华大学校园体检评估工作，介绍以摄像头移动感知为主的主动城市感知在实际研究和实践项目中的应用。⑤三个项目分别以汽车、自行车、电动车/自行车为载体搭建 GoPro 等环境传感器，采集了西宁市主要城市道路、北京四环内城市道路以及清华大学校园内部道路的影像数据，然后通过视频抽帧的方式提取图片并与 GPS 点位进行匹配，获取观测点的多视角图像数据，从而基于图像深度学习和人工审计的方法实现对城市更新、道路可骑行性及校园环境等的评估。西宁城市更新评估项目通过对建筑、沿街商业、环境绿化、道路、基础设施的评估诊断城市空间问题，支持城市政策和规划的制定；北京四环可骑行性研究通过对动态及静态的自行车骑行环境风险因素识别，发现交通拥堵和自行车安全隐患要素，支持城市骑行环境的优化（吴其正等，2024）；校园体检评估通过对建筑立面、道路质量、道路使用、绿化环境及基础设施的定量评估，辅助校园环境的问题诊断和优化（图 2）。

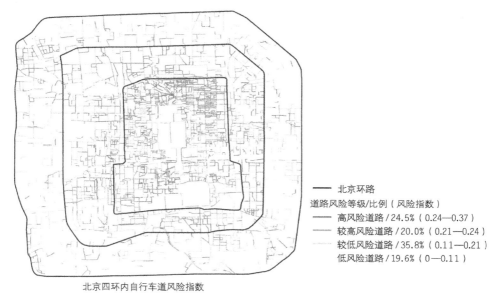

北京环路

道路风险等级/比例（风险指数）
高风险道路 / 24.5%（0.24—0.37）
较高风险道路 / 20.0%（0.21—0.24）
较低风险道路 / 35.8%（0.11—0.21）
低风险道路 / 19.6%（0—0.11）

北京四环内自行车道风险指数

a. 北京四环可骑行性研究结果

b. 清华大学校园体检评估结果

图 2　主动城市感知概念及实践应用示意

资料来源：a 图改绘自吴其正等（2024）。

随着各类技术的发展，主动城市感知具有较大的发展前景。首先是传感器选择方面，建成环境虚拟审计与在线系统性社会观察辅助调研工具如路见、猫眼象限，采集设备如 Wi-Fi 探针、眼动仪、无人机、打猎相机、穿戴式设备等，都具有开阔的应用场景。⑥其次是感知方式及传感器布置方面，基于无人机的数据采集方式也会进一步拓展为无人机、无人驾驶、机器人等耦合的自动化移动感知；基于 APP 的城市实验，采用随机对照试验的方法实现动态的个体选择和心理活动感知。⑦最后是数据融合处理分析方面，许多支持数据分析的新方法也在发展，包括数据可视化工具，如 Tableau、Power BI、自然语言处理、计算机视觉与深度学习模型等，都将辅助城市研究者"测度不可测度"（measuring the unmeasurable）（Ewing and Handy，2005），从而通过先进的传感技术和计算能力，更准确地测量并分析城市脏乱差、自行车风险等日常问题，为城市规划和管理提供更科学、可持续的解决方案。

4　新要素：基于技术进步重塑城市的研究新视角

4.1　新技术对个体行为与城市空间的影响及研究局限

新技术的发展不仅提供了新的数据和方法，更重要的是从本体论层面影响着城市。这不仅体现在多任务、碎片化、屏幕使用、远程办公等个体活动层面（李春江、张艳，2022），也体现在无人工厂、共享经济、线上线下融合（online to offline，O2O）服务等服务层面（张恩嘉、龙瀛，2022），还体现在共享居住、共享办公、直播基地、外卖工厂等新的空间形式层面（罗震东等，2022）。MIT 建筑学院前院长米切尔（Mitchell，2000）在 21 世纪初通过展望远程办公、远程及灵活布局的服务、在场经济等生活形式，强调了信息通信技术对人们传统日常生活的重塑以及对公共场所、乡镇和城市的重构。未来学者凯利（Kelly，2016）关注信息通信技术、脑机接口等颠覆性技术对人们生活方式与合作组织形式的影响，强调数字技术对物品和信息使用方式的重新定义以及对共享、互动等新活动方式的构建，进而强调其对人们记录生活、认知和参与世界方式的重构。国内建筑批判学者、清华大学周榕（2016）则从空间的视角提出了"硅基城市"的概念，认为未来城市是碳基和硅基的混合体，城市深处的魅力将被数字信息发掘。英国皇家科学院院士巴蒂（Batty，2018）更多关注技术进步对城市空间理论的影响，通过实证分析探讨新城市科学视角下的若干城市原则，鼓励城市规划、设计和研究者更新传统城市理论以适应新时代的发展需求。

然而，目前针对城市空间的研究更多关注基于新数据对传统城市问题和现象的讨论，而对城市本体论层面变化的新城市的研究相对较少。此外，受新技术的普遍性和深入程度的影响以及数据可获取性的约束，以往与新城市相关的研究也存在尺度、方法及领域等方面的局限性。在研究尺度方面，以往研究以区域层面和城市整体结构为主，强调新技术对区域联系、城市结构集中与分散等方面的影响，而对城市内部及个体行为空间的研究相对较少；在研究方法方面，以往研究以个案研究和理论展望为主，基于数据分析和模拟的实证研究较少；在研究领域方面，以往研究更关注信息化对企业的全球和区域布局、跨区域旅游和出行的影响，且更多受经济、社会、教育、旅游等领域学者的关注。近年来，随着信息通信技术对城市空间形态及功能的影响逐渐凸显，针对居住、交通、游憩、服务等各个方面的研究开始兴起，但仍然处在初级阶段，尚未形成学术共识和城市空间新理论。

4.2 针对新行为与新空间的研究：城市研究新视角

近年来，越来越多的学者开始关注城市内新的居住、工作、交通、游憩及服务方式，例如，对远程办公、共享办公、第三空间办公等灵活办公方式的关注，对以短租、长租等形式存在的共享居住模式的探讨，对共享单车、共享电单车、共享滑板车等共享微出行影响的分析，以及对外卖、线上线下服务、无人超市等新兴服务形式的探索等。

国内一些学者和团队也关注新技术对城市生活与空间的影响。例如，南京大学甄峰团队一直致力于研究信息通信技术对城市的影响，尤其是对城市空间结构的影响；同济大学王德团队和北京大学柴彦威团队则关注人们 24 小时日常生活的虚实空间及时空间行为规划（柴彦威等，2022；罗震东等，2023；王德、蔚丹，2023）；中山大学李郇团队一直研究机器替代人类的现象（秦小珍等，2021）；南京大学罗震东团队则专注于研究淘宝村和外卖工厂，探讨物流系统和食物系统在城市中的空间重组（罗震东等，2022）；武汉大学牛强团队研究数字时代 O2O 新兴业态（牛强等，2022）。尽管新技术在出现的初期总会受到一些批判，但我们应当高度重视第四次工业革命对城市的重塑，并顺应时势，趋利避害，善用新技术的有益方面，进行借鉴、拥抱和呼吁；对于不利的方面，则需要进行调整和修正。

北京城市实验室近年来也关注新技术对个体行为和城市空间的影响，围绕城市中涌现的新要素空间，与腾讯每两年发布一次《未来城市空间 WeSpace》报告[⑥]，关注技术发展趋势下的城市居住、工作、交通、游憩行为及空间组织形式（龙瀛等，2023）。此外，其通过系统性文献综述分析信息通信技术对城市空间影响的量化研究进展、数字化对城市低碳的影响（李文竹、梁佳宁，2023）等。在实证研究方面，北京城市实验室一方面探索了新的活动方式，例如，利用穿戴式相机研究人们的屏幕使用行为，探讨屏幕使用的日常模式及其与用户身份、使用时间和场景等因素的关系（Su *et al.*，2024）；通过 AnyLogic 多智能体模型模拟校园末端物流无人化场景，识别末端物流现状需求和潜力空间、进行多情景比选及多层次空间规划应对，实现校园物流无人化情景模拟和对应措施的规划设计。另一方面，北京城市实验室通过定量分析识别和刻画了新的空间使用与功能组织模式，例如，利用手机信令和其他多源数据识别远程办公的第三空间，并探索其受欢迎程度与建成环境的关系（Li *et al.*，2024）（图3）；基于多年大众点评 POI 数据，识别水平和垂直渗透的城市休闲消费空间的布局及发展趋势，并分析其形成机制和影响要素（张恩嘉、龙瀛，2024）。

中国由于其信息通信技术影响深刻而呈现出更加显著的个体行为和空间结构重塑的特征。因此，针对中国的新城市行为与空间的研究，不仅具有国内的领先地位，还具有国际的启发意义。尽管如此，目前的研究更多关注对新行为和空间现象的识别与刻画，尚未形成数字时代的城市空间新理论。因此，相关研究应关注新的空间对象和研究议题，不断发展和更新城市空间理论，进而更新面向未来的规划设计规范和原则。此外，新技术发展引导的新行为与空间也会带来新的空间问题和挑战。例如，Airbnb的发展带来管理边界模糊、绅士化现象、邻里矛盾、安全风险等问题。因此，针对新行为和空间的负

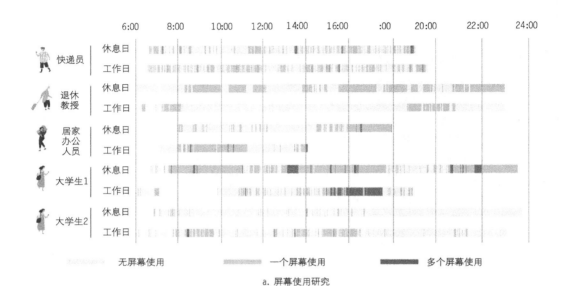

a. 屏幕使用研究

b. 第三空间远程办公研究

图 3　针对新个体行为及新活动空间的研究

资料来源：a 图改绘自 Su *et al.*（2024）；b 图改绘自 Li *et al.*（2024）。

外部性的研究也需提上日程。例如，新时代的空间分异和社会公平问题、城市空间碎片化和商业渗透带来的邻里矛盾、公共空间的使用和公共性、网红空间的交通组织和消防问题等。面对这些变革和挑战，规划设计者、建筑设计师、室内设计师和城市科学研究者将会迎来更多机会。

5　新路径：数字创新赋能的城市空间设计新方法

5.1　空间干预为核心、场所营造为支撑的传统空间设计方法

空间干预作为创造性设计的主要手段，一直是城市设计、建筑设计、室内设计、产品设计等设计领域教学和实践的核心与基础。设计师通过对空间的形状、尺寸、密度、材质等要素进行干预，塑造出不同的功能空间和边界，为各类活动的开展提供空间载体。然而，空间给人的感知和形象除了物质空间要素外，还依赖人们在空间中参与的活动所带来的归属感和亲切感。因此，一些设计师采用参与式设计或共创的形式，让人们参与到空间的设计、改造和使用等各个阶段，以此加强人们对空间的感知和认同。随着数字技术的成熟，以数字中台为核心的数字城市和智慧城市建设成为新的城市建设趋势。建筑信息模型（Building Information Modeling，BIM）及城市信息模型（City Information Modeling，CIM）通过传感器与执行器联动的硬件及软件设施，提供了用以交互、监测和管理的工具与平台。

然而，目前针对新技术支撑下的智慧城市规划设计，更多强调规划设计流程中数字工具的应用或者强化空间感知和平台管理的能力，即更侧重于软件应用和软技术解决方案在支撑城市管理智慧化方面的作用，与城市规划开发建设的实际结合并不紧密。空间干预作为规划设计的核心手段，其更新频率相对较低，调整成本也相对较高，同时场所营造也需要规划师、设计者、管理者等对活动者的活动进行现场引导，且难以获取活动者长时间连续性的使用情况反馈，从而限制了空间干预优化的针对性和精准性。因此，结合空间干预和场所营造的新技术解决方案，能够更好地实现智慧城市的空间投影，支撑规划设计的实践应用。

5.2　数字创新赋能的面向未来的智慧空间设计实践

本文呼吁软硬件结合的空间设计方法，并将这些用于赋能空间干预和场所营造的数字技术称为"数字创新"（张恩嘉、龙瀛，2020）。城市规划及设计者可以通过空间干预、场所营造和数字创新结合的手段，打造韧性、灵活、自适应的互动空间。其中，空间干预是基础，在良好的物质空间设计基础上，场所营造和数字创新是锦上添花。相反，如果空间干预设计不当，场所营造和数字创新的作用将极其有限。

北京城市实验室也曾通过系统性研究和实践参与，深入认识和探索数字创新赋能的智慧空间设计方法。针对全球排名前400的城市设计和建筑设计事务所的研究发现，全球范围内已经有近600个项目实施了智慧化的城市公共空间先锋设计，以中国和美国为显著代表。这些项目包括光电互动投影屏、自动化机器人、新能源转换步道、物联网感知系统、VR/AR/MR互动设施等（李伟健等，2023）。北

京城市实验室曾参与腾讯在深圳大铲湾新总部的科技图层规划，与建筑设计事务所、景观设计事务所共同合作，完成基于各类数字化、交互设施的数字景观设计方案，实现景观数字化和数字景观化（梁佳宁等，2023）；也通过黑河未来城市项目，以打造未来寒地边贸城市先行样板为目标，探索科技进步对黑河城市空间发展的影响，以及利用新兴技术打造产业、生活、游憩、交通空间的规划策略和布局方案（李文竹等，2023）（图 4）。值得注意的是，数字创新不是目的，而是手段，其根本目的是提供一种在空间干预基础上，与场所营造共同赋能城市空间的方法流程，以支持实现城市的韧性、可持续性、宜居性和节能性等多重目标。

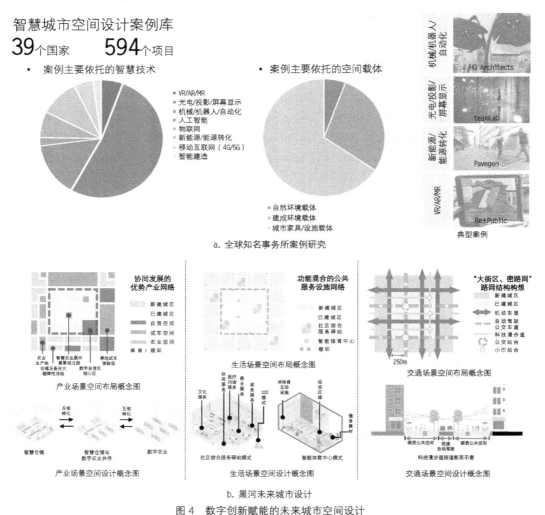

图 4　数字创新赋能的未来城市空间设计

资料来源：a 图改绘自李伟健等（2023）；b 图改绘自李文竹等（2023）。

然而，数字创新的应用在实际操作中仍面临诸多挑战，特别是在资金投入和运营维护等方面。一方面，一些仅仅为了数字化而研发的设施，由于功能与实际需求不匹配，往往难以适应人们的活动需求和习惯，这导致它们在互动、娱乐、科普等方面的功能价值难以充分展现；另一方面，这些设施的投入和长期运营需要大量的资金与人力资源，因此，在设施的选择和应用上必须进行更为谨慎的评估。为了应对这些挑战，未来的实践中，我们可以考虑对数字创新应用前后的社会及经济效益进行对比评估：通过收集使用者的主动和被动反馈，不断优化设计，以更好地实现空间干预与数字创新的融合，提升场所营造的能力，使数字创新的应用更加符合实际需求，从而实现其最大的价值。

6 基于新数据、新要素及新路径的城市发展新挑战应对

6.1 城镇化发展现状及城市发展趋势

除了新技术的发展对城市研究和实践的长期影响以外，国家宏观的社会经济发展阶段与政策制定也会深刻影响城市规划、设计及管理。从社会发展层面看，中国人口预计在 2022 年已达到峰值，而 2023 年末的城镇化率为 66.16%，表明全国城市发展普遍处在存量更新时期。因此，城市更新将成为未来城市规划及设计的主要工作。与此同时，中小城市、县城和乡镇出现人口减少的现象，收缩城市的应对也将成为新的挑战。此外，国家实施的碳达峰战略、新冠疫情等因素也将使低碳城市、韧性城市等机遇和挑战成为城市规划及设计者的重要议题。由于空间是一切社会经济活动的永恒载体，因此，无论城市是进入新的发展阶段，还是面临新的挑战，城市规划及设计者都肩负着让城市更加绿色环保、更具韧性、更可持续、更宜居的历史使命。

6.2 应对城市发展新挑战的新范式

发展的问题需要以发展的眼光解决。因此，城市实验室可以通过充分整合与利用新技术带来的三方面的新机遇，以应对社会经济发展阶段与政策影响下的城市空间新需求和城市发展新问题，共同推动城市的可持续发展。以收缩城市为例，首先，基于大数据与主动城市感知精准诊断城市问题和需求，例如，基于人口普查传统数据、百度慧眼大数据以及基于无人机、GoPro 等主动感知数据，精准识别中国的收缩城市（Meng and Long，2022）以及收缩城市在空间失序（Chen *et al.*，2023）、空置土地（Mao *et al.*，2022）、空置房屋（Li and Long，2024）等方面的空间表征；然后，梳理与当地经济发展匹配的新生活方式，例如，鹤岗吸引了远程办公的翻译、游戏设计师、插画师等创意产业工作人员，伊春在数字农业项目上取得了新进展，黑河通过直播带货和寒地试车发展新产业等；最后，应用新技术手段提出新的应对策略，例如，针对精准识别的低效用地、空置住房等，通过数字创新的方式提出响应新的生活和产业模式的居住、工作、交通、游憩空间设计方案。⑨

　　整体而言，新数据、新要素、新路径可以共同支撑应对城市新的发展阶段的需求和问题，并且在此过程中互相补充和促进。例如，新要素在发展过程中会提供和补充新数据，用以完善城市空间理论；反过来，新数据可以研究新技术对个体行为和空间的影响，从而可以更好地认识新要素。新路径由于其安装的传感器可以收集和提供实时新数据，用以研究建成环境、自然环境和社会环境的动态变化；同时，新数据可以识别城市问题，支撑规划设计应对，完善新路径中数字创新技术和设备的应用。新要素的演变会影响新路径中相应手段的更迭；同时，新路径的规划设计和管理目的也是为了更好地满足人们日新月异的新需求（图 5）。

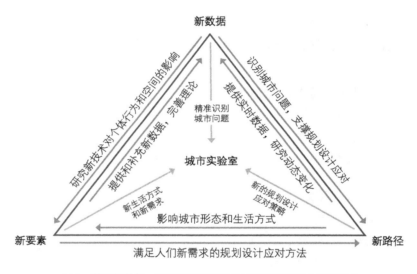

图 5　基于新数据、新要素及新路径的城市实验室整合应用范式

6.3　基于城市实验室的人居环境相关学科发展展望

　　随着我国城市化进入新的阶段，未来无论是提升品质还是顺应新生活需求的城市更新，抑或是城市发展过程中出现的各类新问题和新挑战，都离不开城市空间这一观察和实践的主体。城市实验室正在成为跨学科的城市研究与实践的框架。在第四次工业革命与社会变革并行的当代中国，人居环境相关学科的研究者、规划设计者和管理者，都迎来了前所未有的多方面、多层面的时代机遇。

　　首先，基于新数据，城市研究者对人居环境的认知能力得到了前所未有的提升与发展，使得"测度不可测度"成为可能，城市、街区、社区、建筑等人居环境领域成为新技术最广阔的跨学科应用领域。其次，基于新要素，人居环境领域正在发生新一轮的本体层面变革，这是一种新形式的"再城市化"。这一趋势为研究者提供了以中国城市为试验田的新城市研究前景，推动其更新城市规划原理与城市设计导则，同时为城市规划师、设计师提供广阔的新城市空间迭代和创造机遇，甚至推动专业法律法规层面的进一步完善。最后，基于新路径，第四次工业革命为人居环境领域创造未来空间提供了新的工作软件（生成式人工智能/混合现实/数字孪生）和设计硬件（无处不在的传感器），使其工具箱得到了前所未有的丰富。同时，技术进步带来的机会，也迎合了人们对高品质住房、社区、城市的需求和向往，推动城市规划、设计及管理的"以人为本"和"精细化治理"。

7　结语

本文阐释了城市实验室的起源、概念及内涵，强调其以城市为实验室开展科学研究、支撑实践应用的能力。重点从新数据（方法论）、新要素（本体论）、新路径（实践论）三个方面展开对城市实验室相关研究的批判、演进与展望的介绍，以期为人居环境相关学科的研究、教学和实践提供参考。在方法论层面，本文强调主动城市感知对大数据与开放数据在时空分辨率、时效性、覆盖度和匹配度方面的补充作用；在本体论层面，呼吁学界关注新的行为与空间并从研究尺度、方法和领域进行深化及拓展，以发展城市空间新理论；在实践论层面，提出数字创新对空间干预和场所营造的赋能作用，鼓励软件与硬件设施的融合。本文认为，在城市社会经济发展趋势、国家政策等背景下，综合利用颠覆性技术带来的新数据、新要素、新路径的机遇以应对城市发展新挑战和新需求，是城市规划及设计者新的工作机遇和前景。

致谢

本文受国家自然科学基金重大项目（62394331、62394335）、国家自然科学基金面上项目（52178044）资助。此外，本文的长摘要受邀发表于 2024 年 6 月的 *Environment and Planning B: Urban Analytics and City Science* 期刊。

注释

① 相较于 2021 年发表于《世界建筑》的"科技革命促进城市研究与实践的三个路径：城市实验室、新城市与未来城市"一文，本文更强调对城市实验室概念和内涵的介绍，对当前相关研究的批判，以及强调新数据、新要素、新路径共同支撑的城市发展新机遇和新挑战应对。

② 本文所指的城市实验室并非指具体的某个研究机构或科研院所，而是一种城市分析和实践框架。

③ 基于美团数据的商圈研究详见 https://www.beijingcitylab.com/projects-1/47-understanding-commercial-districts-with-meituan/。

④ 本团队曾采集全国 3 666 个实体城市 2013—2022 年的百度街景图片数据，共获取 66 777 663 张街景图片（783.7 万个采样点），覆盖了 2 655 个实体城市。其中，2021 年及 2022 年的街景图共 761 549 张，占所获取的全部街景的 1.14%。

⑤ 主动城市感知相关项目详见 https://www.beijingcitylab.com/projects-1/58-active-urban-sensing/。

⑥ 其他传感器的公共空间感知详见 https://www.beijingcitylab.com/projects-1/55-sensing-public-space/。

⑦ 基于饿了么 APP 的减盐项目研究详见 https://www.beijingcitylab.com/projects-1/62-salt-reduction/。

⑧　《未来城市空间 WeSpace》报告详见 https://www.beijingcitylab.com/projects-1/48-wespace-future-city-space/。
⑨　收缩城市相关研究及实践项目详见 https://www.beijingcitylab.com/projects-1/15-shrinking-cities/。

参考文献

[1]　BATTY M. Inventing future cities[M]. Cambridge, MA: The MIT Press, 2018.

[2]　CAPDEVILA I. How can city labs enhance the citizens' motivation in different types of innovation activities? [M]//AIELLO L M, MCFARLAND D (eds.), Social informatics. SocInfo 2014. Lecture Notes in Computer Science. Cham. Switzerland: Springer, 2015: 64-71.

[3]　CHEN J, CHEN L, LI Y, et al. Measuring physical disorder in urban street spaces: a large-scale analysis using street view images and deep learning[J]. Annals of the American Association of Geographers, 2023, 113(2): 469-487.

[4]　CHEN L, ZHANG Z, LONG Y. Association between leisure-time physical activity and the built environment in China: empirical evidence from an accelerometer and GPS-based fitness app[J]. Plos One, 2022, 16(12): e0260570.

[5]　EWING R, HANDY S. Measuring the unmeasurable: urban design qualities related to walkability[J]. Journal of Urban Design, 2009,14(1): 65-84.

[6]　GIERYN T F. City as truth-spot: laboratories and field-sites in urban studies[J]. Social Studies of Science, 2006, 36(1): 5-38.

[7]　HAO Q, HONG Q, LONG Y. Constructing high-spatiotemporal-resolution maps of multidimensional environment indicators based on stationary-mobile sensing[C]//Processing of International Conference 2023 on Spatial Planning and Sustainable Development. August 25-28, Kanazawa, 2023.

[8]　HEY T, TANSLEY S, TOLLE K. The fourth paradigm: data-intensive scientific discovery[M]. Redmond, WA: Microsoft Research, 2009.

[9]　JIN X, LONG Y, SUN W, et al. Evaluating cities' vitality and identifying ghost cities in China with emerging geographical data[J]. Cities, 2017, 63: 98-109.

[10] KARVONEN A, VAN HEUR B. Urban laboratories: experiments in reworking cities[J]. International Journal of Urban and Regional Research, 2014, 38(2): 379-392.

[11] KELLY K. The Inevitable: understanding the 12 technological forces that will shape our future[M]. New York: Penguin, 2016.

[12] KEMP R, SCHOLL C. City labs as vehicles for innovation in urban planning processes[J]. Urban Planning, 2016, 1(4): 89-102.

[13] KOHLER R E. Landscapes and labscapes: exploring the lab-field border in biology[M]. Chicago: University of Chicago Press, 2002.

[14] LI W, ZHANG E, LONG Y. Unveiling fine-scale urban third places for remote work using mobile phone big data[J]. Sustainable Cities and Society, 2024, 103: 105258.

[15] LI Y, LONG Y. Inferring storefront vacancy using mobile sensing images and computer vision approaches[J]. Computers, Environment and Urban Systems, 2024, 108: 102071.

[16] LIU Y, LIU X, GAO S, et al. Social Sensing: a new approach to understanding our socioeconomic environments[J]. Annals of the Association of American Geographers, 2015, 105(3): 512-530.

[17] LONG Y, THILL J-C. Combining smart card data and household travel survey to analyze jobs-housing relationships in Beijing[J]. Computers, Environment and Urban Systems, 2015, 53: 19-35.

[18] LONG Y, ZHANG E. City laboratory: embracing new data, new elements, and new pathways to invent new cities[J]. Environment and Planning B: Urban Analytics and City Science, 2024, 51(5): 1068-1072.

[19] MA S, LONG Y. Functional urban area delineations of cities on the Chinese mainland using massive Didi ride-hailing records[J]. Cities, 2020, 97: 102532.

[20] MAO L, ZHENG Z, MENG X, et al. Large-scale automatic identification of urban vacant land using semantic segmentation of high-resolution remote sensing images[J]. Landscape and Urban Planning, 2022, 222: 104384.

[21] MENG X, LONG Y. Shrinking cities in China: evidence from the latest two population censuses 2010-2020[J]. Environment and Planning A: Economy and Space, 2022, 54(3): 449-453.

[22] MITCHELL W J. E-topia: urban life, jim-but not as we know it[M]. Cambridge, MA: MIT Press, 2000.

[23] PARK R E. The city as social laboratory[M]//Smith T V, White L D (eds.), Chicago: An Experiment in Social Science Research. Chicago, IL: University of Chicago Press, 1929: 1-19.

[24] SMITH T V, WHITE L D. Chicago: an experiment in social science research[M]. Chicago, IL: University of Chicago Press, 1929.

[25] SU N, ZHANG Z, CHEN J, et al. Assessing personal screen exposure with ever-changing contexts using wearable cameras and computer vision[J]. Building and Environment, 2024: 111720.

[26] WASTE R J. Power and pluralism in American cities: researching the urban laboratory[M]. Westport, CT: Greenwood Press, 1987.

[27] ZHANG E, HSU W, LONG Y, et al. Understanding bikeability: insight into the cycling-city relationship using massive dockless bike-sharing records in Beijing[M]//GOODSPEED R (eds.), Intelligence for future cities. Cham. Switzerland: Springer, 2023: 109-123.

[28] 柴彦威, 李彦熙, 李春江. 时空间行为规划：核心问题与规划手段[J]. 城市规划, 2022, 46(12): 7-15.

[29] 李春江, 张艳. 日常生活数字化转向的时间地理学应对[J]. 地理科学进展, 2022, 41(1): 96-106.

[30] 李伟健, 吴其正, 黄超逸, 等. 智慧化公共空间设计的系统性案例研究[J]. 城市与区域规划研究, 2023, 15(1): 31-46.

[31] 李文竹, 梁佳宁. 新兴技术作用下未来城市空间的碳减排效益研究综述[J]. 城市与区域规划研究, 2023, 15(1): 111-128.

[32] 李文竹, 梁佳宁, 李伟健, 等. 技术驱动下的未来城市空间规划响应研究——以黑河市国土空间规划未来城市专题为例[J]. 规划师, 2023, 39(3): 27-35.

[33] 梁佳宁, 李文竹, 李伟健, 等. 数字技术驱动的城市景观应用场景与实践路径[J]. 风景园林, 2023, 30(7): 29-35.

[34] 龙瀛, 李伟健, 张恩嘉, 等. 未来城市的空间原型与实现路径[J]. 城市与区域规划研究, 2023, 15(1): 1-17.

[35] 龙瀛, 刘伦. 新数据环境下定量城市研究的四个变革[J]. 国际城市规划, 2017, 32(1): 64-73.

[36] 龙瀛, 张恩嘉. 数据增强设计框架下的智慧规划研究展望[J]. 城市规划, 2019, 43(8): 34-40+52.

[37] 龙瀛, 张恩嘉. 科技革命促进城市研究与实践的三个路径: 城市实验室、新城市与未来城市[J]. 世界建筑, 2021(3): 62-65＋124.

[38] 罗震东, 柴彦威, 王德, 等. 数字时代的城乡新空间[J]. 城市规划, 2023, 47(11): 20-24＋100.

[39] 罗震东, 毛茗, 张佶, 等. 移动互联网时代城市新空间形成机制——以"外卖工厂"为例[J]. 城市规划学刊, 2022, 270(4): 64-70.

[40] 牛强, 吴宛娴, 伍磊. 信息时代城市活动与空间的演变与展望——基于线上线下的视角[J]. 城市发展研究, 2022, 29(10): 96-106.

[41] 秦小珍, 潘沐哲, 郑莎莉, 等. 内生演化与外部联系: 演化视角下珠江三角洲工业机器人产业的兴起[J]. 经济地理, 2021, 41(10): 214-223.

[42] 王德, 蔚丹. 空间行为研究的视角与技术范式[J]. 城市规划, 2023, 47(9): 4-11.

[43] 吴其正, 苏南西, 李彦, 等. 基于自采集街景和深度学习的北京骑行环境风险评估[J]. 装饰, 2024(3):12-17.

[44] 张恩嘉, 龙瀛. 空间干预、场所营造与数字创新: 颠覆性技术作用下的设计转变[J]. 规划师, 2020, 36(21): 5-13.

[45] 张恩嘉, 龙瀛. 面向未来的数据增强设计: 信息通信技术影响下的设计应对[J]. 上海城市规划, 2022, 164(3): 1-7.

[46] 张恩嘉, 龙瀛. 城市弱势区位的崛起——基于大众点评数据的北京休闲消费空间研究[J]. 旅游学刊, 2024, 39(4): 16-27.

[47] 周榕. 硅基文明挑战下的城市因应[J]. 时代建筑, 2016(4): 42-46.

[欢迎引用]

龙瀛, 张恩嘉. 城市实验室: 基于新数据、新要素及新路径的批判与展望[J]. 城市与区域规划研究, 2024, 16(1): 30-46.

LONG Y, ZHANG E J. City laboratory: criticism and prospect based on new data, new elements, and new pathways [J]. Journal of Urban and Regional Planning, 2024, 16(1): 30-46.

城市空间数字化转型的规划框架与策略探讨

刘　超　田野佑民　陈树熙　钮心毅

An Exploration of the Planning Framework and Strategies for Digital Transformation of Urban Spaces

LIU Chao[1,2], TIAN Yeyoumin[1], CHEN Shuxi[1], NIU Xinyi[1,3]
(1. College of Architecture and Urban Planning, Tongji University, Shanghai 200092, China; 2. Key Laboratory of Spatial Intelligent Planning Technology, Ministry of Natural Resources of the People's Republic of China, Shanghai 200092, China; 3. Shanghai Tongji Research Institute for Digital City, Shanghai 200092, China)

Abstract Urban digital transformation is a crucial path for cities to enhance governance efficiency, residents' quality of life, and industrial development in an era of the information and AI. As the foundation, information and communication technology (ICT) infrastructure must be closely integrated with the city's current digital status and public needs, to promote the realization of a co-governed, shared, and ecologically friendly spatial digital transformation. This paper aims to establish a planning framework for the digital transformation of urban spaces, covering current situation analysis, goal setting, infrastructure construction, urban intelligent model construction, and diverse digital transformation strategies for living spaces, public activity spaces, and industrial spaces. Through case analysis and literature review, this paper systematically explores digital transformation strategies for various space types throughout their lifecycles, aiming to promote the digital sustainable development of cities. It also analyzes

作者简介

刘超，同济大学建筑与城市规划学院，自然资源部国土空间智能规划技术重点实验室；

田野佑民、陈树熙，同济大学建筑与城市规划学院；

钮心毅（通讯作者），同济大学建筑与城市规划学院，上海市同济数字城市研究院。

摘　要　城市数字化转型是城市在信息智能时代背景下提升治理效能、居民生活质量及产业发展水平的重要途径。城市的数字化转型离不开空间的数字化转型，以推动实现共治共享、生态友好的城市空间数字化转型。文章旨在构建城市空间数字化转型的规划框架，涵盖现状分析、目标设定、基础设施建设、城市智能模型构建，以及针对生活空间、公共空间与产业空间的多类型空间数字化转型策略。通过案例解析与文献综述，文章系统探讨了各空间类型在全生命周期内的数字化转型策略，旨在促进城市的数字可持续发展并对转型过程中可能出现的风险因素进行剖析，为我国城市空间数字化转型的实践提供可探讨的规划框架与策略。

关键词　智慧城市；数字化转型；精细化治理；城市空间；区域规划

1　引言

数字信息技术既赋能城市的高质量发展、市民的高品质生活和政府部门的高效能治理，又不断推动着城市空间的数字化转型（龙瀛，2020）。数字化转型既是当前城市精细化治理的重要手段，也是城市未来的发展方向。城市数字化转型涉及面广、参与部门多，处于起步阶段，容易出现数字化技术浅层堆砌、与需求痛点分离的问题（龙瀛，2020；龙瀛等，2020）。根据党的十九大提出的"智慧社会"理念，在数字化转型中需要结合城市发展状况和人民群众真实需求，在实体空间中进行新型基础设施建设，并在网

potential risk factors that may arise during the transformation process, providing a feasible planning framework as well as strategies for the practice of digital transformation of urban spaces in China.

Keywords smart city; digital transformation; refined urban governance; urban space; regional planning

络虚拟空间中构建数字孪生底座,同时关注空间应用场景(丁波涛,2019)。这与空间规划建设关联紧密,城市空间数字化转型的规划范式亟待研究(巴蒂,2014)。

2　概念辨析

2.1　数字化转型的起源与发展

数字化转型起源于企业借助现代数字化技术创建或调整服务方式,以适应不断变化和提升的业务需求(Nandico,2016)。随着数字化设备、技术的普及,数字化转型的概念也从企业延伸到各个方面,许多国家政府、多边组织、行业协会都确立了数字化转型发展(Ebert and Duarte,2018)。数字化转型是指信息技术、通信技术等数字技术组合,引发其属性发生重大变革从而改变实体发展的过程(Vial,2019)。其在城市空间的体现多为数字化城市的建设途径,利用信息技术来提高城市服务效率、满足居民需求、提升人民生活品质的重要方式(Tomičić et al.,2019)。数字化转型在城市应用的关键要素包括社交媒体、数据分析、云计算、移动通信以及将它们作为基础层构建而产生的物联网、大数据等数字信息技术(Tomičić et al.,2019)。

以新加坡为代表的许多国家从 20 世纪末就已经开始了城市数字化转型的规划工作。中国于 2021 年"十四五"规划首次提出加快数字化建设,提高数字政府建设水平,将数字化转型定位于发展数字经济,通过数字政府提升政府治理能力,构建城市治理新格局(孙璞,2021;张佳丽、陈宇,2021)。2023 年 3 月,十四届全国人大一次会议通过了《国务院机构改革方案》,组建国家数据局,负责协调推进数据基础制度建设,统筹数据资源整合共享和开发利用,统筹推进数字中国、数字经济、数字社会规划和建设等,协调促进城市数字化转型与数字化城市建设。

2.2 上海市的数字化转型工作

上海市是全国首个提出和落实城市数字化转型的城市，有一定借鉴意义。表 1 展示了上海市 2014 年至今的城市数字化转型建设工作。上海市政府于 2021 年明确了数字化转型的目标、路径与方式。当前，上海制定了通过数字化实现"整体性转变、全方位赋能、革命性重塑"的目标（钱学胜等，2021；靳欣威，2021；张朝，2021）。表 1 梳理近十年的政策要求，发现上海市的建设工作重点逐渐由"智慧城市建设"转变为"城市数字化转型"，其城市数字化转型工作已经包含了城市的所有空间。当中数字化内涵相差不大，但覆盖内容的广度与深度有大幅提升，还缺少在空间当中的数字化转型的深度。"数字化转型"强调的是对原有发展形态、运作方式等的转变，需要的不仅仅是硬件程度的达标，还需要制度、规则等全方位的转型（郑磊，2021）。

表 1　上海市城市数字化转型工作重点

时间	发布单位	名称	内容简介
2014.12	上海市人民政府	《上海市推进智慧城市建设 2014—2016 年行动计划》	以智慧交通作为重点，建立公共停车信息平台，实现收费电子化；推进市民健康档案信息化，将健康信息在各层医疗机构间共享利用
2016.9	上海市人民政府	《上海市推进智慧城市建设"十三五"规划》	是上海在连续三届信息化五年规划后首次提出的智慧城市五年规划，将信息化与城市发展融合，面向智慧政务、智慧地标、智慧治理、智慧经济、智慧生活五大应用
2020.2	上海市人民政府	《关于进一步加快智慧城市建设的若干意见》	聚焦智慧政务"一网通办"、智慧城管"一网统管"和数字经济的推进发展，提升城市新一代信息基础设施水平
2021.1	上海市委、市政府	《关于全面推进上海城市数字化转型的意见》	新技术在城市数字化转型中率先落地，将前沿技术与城市数字化转型融合，提升城市数字化水平
2021.1	上海市第十五届人民代表大会	《上海市国民经济和社会发展第十四个五年规划和二〇三五年远景目标纲要》	推动城市数字化转型，通过数字技术创新带动城市各方面变革，发展数字经济、营造数字生活、提高数字治理水平、推动新型基础设施建设
2022.9	上海市经济和信息化委员会	《上海市新城数字化转型规划建设导引》	关注城市空间数字化转型，注重数字时代城市空间、生活方式、生产方式、治理模式的塑造，对新城数字化转型相关"规建管用服"提出指导要求

2.3 城市空间的数字化转型

目前国内大多城市数字转型的建设都处于基础设施的预备阶段，即信息化、数字化阶段，在具有数字化基础设施的基础上，才可以通过数字化转型进一步向数字化城市发展（龙瀛等，2020）。在当前技术为主导驱动的城市发展中，传统城市空间中的不同尺度、不同功能的空间也会由于数字赋能发生变化，现实与现实空间的边界由于万物互联的拓展变得边界模糊，虚拟与现实空间由于线上线下功能空间的交互而融合，场景体验式空间将逐渐增加（龙瀛，2020）。线上化、共享化、虚拟化的数字生活将进一步改变实体空间的形式和组织方式，原有传统空间会出现落后场景，同时新的空间规划和设计会出现新的空间设计形式（龙瀛，2020），为了满足新的城市主题活动需求，城市的功能空间也将经历针对数字化的适应性转变（席广亮等，2023）。

城市空间是规划实践中的核心干预领域，因而数字化转型在规划视角中主要是通过重塑空间内数字化的空间场景来实现。这些空间场景构成了城市居民对数字化转型的直接感知，进而促进城市空间整体的数字化转型（Hatuka *et al.*, 2020）。关于数字化城市空间有以下两类认识：①从理论角度，数字化转型中的城市空间分为物理空间、虚拟空间、社会空间与精神空间，以物理空间的基础设施为底座，打造应用场景串联虚拟空间，再通过政府高效治理与市民高质参与的互动从而形成社会空间与精神空间（王英伟，2022）。也有研究者将数字化转型介入下的城市空间分为实体空间、虚拟空间和虚实空间，实体空间是基础，虚拟空间是实体空间的延伸，而虚实空间是实体空间和虚拟空间的结合（戴智妹等，2023）。以上从理论角度切入空间的视角，对物理、虚拟、社会与精神空间的划分虽逻辑清晰，却在实践层面缺乏直接的操作指引，有待进一步细化至具体空间形态与功能，以增强其对城市数字化转型规划的有效指导。②从规划的实际应用角度，面向城市数字化转型发展，有研究者将城市数字化空间分为未来社区、数字化创新空间和智慧商圈（席广亮等，2023）。针对未来城市空间在数字化转型后的活动，已经有了一系列更为具体的场景展望，包括社区生活、交通出行、消费休闲、工业生产和生态休憩等方面。从城市场景应用的角度出发，这些展望为城市规划提供了新的视角和方法（李智轩等，2021）。尽管上述研究分别从理论层面构建了数字化城市空间的多维度划分体系和从规划应用层面提出了未来社区、数字化创新空间、智慧商圈等实体化概念，以及基于面向未来规划的相关场景设想，但是在如何具体落实这些空间的全生命周期的规划实践方面，仍显得较为笼统，缺乏深度探讨与详尽策略。

综上所述，当前学术界对数字化城市空间的探讨虽已形成多元化的理论框架与应用视角，但在如何将这些抽象概念切实转化为具有可操作性的空间规划策略，以有效驱动城市数字化转型的全生命周期实践方面，研究尚显不足。本文旨在弥补这一研究空白，提出一个以空间为主线的城市数字化转型规划策略工作框架，并探讨基于该框架各类型空间的规划策略。

3　框架与策略

3.1　框架建立

在深入探讨城市数字化转型规划的构建时，有必要先厘清其与智慧城市规划之间的异同。城市数字化转型规划相较于智慧城市规划，前者在涵盖后者技术驱动型改革内容的同时，更突出全周期全流程视角、空间深度整合、以人为本与社会包容性、制度创新与生态构建等特征，旨在实现城市空间从规划到服务的全生命周期、全流程数字化转型升级，构建未来城市。根据《国务院关于印发"十四五"数字经济发展规划的通知》，智慧城市是城市数字化转型的核心组成部分，因此，智慧城市规划是城市数字化转型规划的一部分。根据国际经验以及国家"十四五"规划中提出的"加快数字化建设"和上海市 2021 年初发布的《关于全面推进上海城市数字化转型的意见》等，结合当前城市的信息化发展情况与研究，制定数字化转型框架并对生活、公共与产业空间提出数字化规划转型策略。整体框架分为现状分析、规划目标制定、策略提出和指标评价（图 1）。

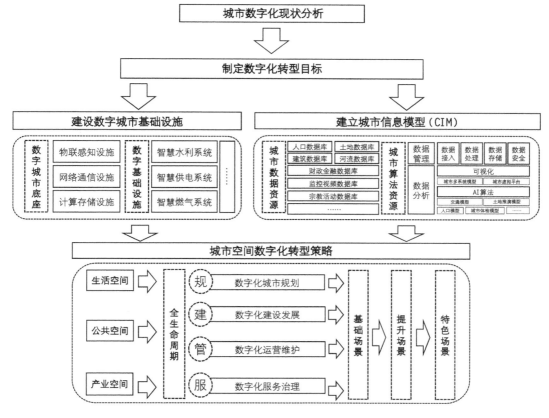

图 1　城市空间数字化转型框架

　　工作框架的第一步是分析现状和制定数字化转型的目标；第二步是建设与优化新型城市基础设施，虚拟空间上需要打造数字城市底座；第三步对数字化生活空间、数字化公共空间和数字化产业空间提出全生命周期的规划转型策略。"规建管服"全生命周期数字化转型是由数字化城市规划、数字化建设发展、数字化运营维护和数字化服务治理构成，涵盖城市发展由规划到治理的全阶段。其中三种数字空间的场景将以人人参与为出发点，分别设置基础场景、提升场景和特色场景。

3.2　现状分析

在传统空间规划进行现状分析的基础上，增加针对数字化程度的现状分析：空间规划的现状分析在生活空间应包括居住、公共服务设施，在产业空间应包括园区及配套服务，在公共空间应包括生态环境。物质空间立足于传统空间规划更新分析的若干个空间，针对适配各空间和领域的数字化设施的有无、数字化设施的智慧化水平、数据信息收集和处理情况进行评估。数字化程度的现状分析在虚拟空间层面应当确定是否有数字底座和统一的数据管理、收集、分析与可视化平台，并对其运行效率、安全程度、应用效果进行评估。

3.3　目标制定

结合地区数字化转型相关规划和空间规划，依据数字化转型要求，根据现状分析，提出具有针对性的规划目标。同时，满足本地两类规划要求，达到"多规合一"，依据空间类型提出切实可行的近期行动目标和远期目标。结合国家及地区具有指导力的文件制定规划目标。

3.4　基础设施建设

3.4.1　打造数字城市底座

数字城市底座包含孪生城市底板、城市信息模型、城市大数据库等方式。一般来说，它利用虚拟物理模型，反映城市传感器数据信息、运行数据，对城市各项数据进行分析、可视化展现，在虚拟空间建立一个城市实体空间进行映射的虚拟世界，全方位展现城市建设、治理的全生命周期过程，呈现城市全要素实况。可以利用海量数据为基础进行仿真推演、智能干预，实现精细化、数字化管理，为城市管理提供新技术方式（王聪，2021）。建立数字城市底座，需要以 5G、大数据中心、人工智能平台、物联网设施等为基础，建设完善城市 AIoT 设施，全面部署智能感知终端，优化边缘计算设施布局，为城市底座进行数据收集、存储、处理、分析，同时进行数据反馈，利用底座将城市多源数据可视化展现。

3.4.2　建设与提升数字城市设施

建设设施主要指数据传输分发网络基础设施、数据存储处理大数据中心、数据挖掘分析人工智能平台、数据收集展示如数字大屏、便携式数字设备、物联网传感器的数字化城市数字基建。在以数字基建为核心的基础上，拓展数字化新基础配套设施作为数字化与传统生活的触媒，如新能源充电桩、智能柜体等数字公共服务设施。它们既可以弥补传统基建、公共服务配套的不足，也可以利用自身数字智能设备拓展性成为城市底层的传感设备和信息发布设备。提升传统基建，是根据其服务对象、服务方式进行数字化、智能化改造，实现对于建成环境的全域感知网。通过对传统基础设施增加传感器和远程控制设备，建立与之协调控制的检测调度平台，可以实现实时数据反馈，对于异常反馈可以进行监测和预警，有助于数字化城市进行系统管理与应对实施。例如，住宅中的智能电表、智能水表以及城市、社区层面的能源监测调度系统；针对垃圾分类的智能垃圾桶、智能无人垃圾车以及与之共同建立的全流程智能化垃圾分类管理模式。

3.5 城市信息模型构建

城市是复杂的巨系统，涉及人口、土地、基础设施等多种元素，构建城市信息模型，主要用于对城市空间全要素的表达以及城市级别海量多源数据的汇聚、融合计算与分析。因此，城市信息模型的构建需要基于完善的数字化城市基础设施，进一步构建城市数据资源和城市算法资源，其中城市数据资源通过城市多源数据采集获得，城市算法资源包括数据管理和数据分析。

3.5.1 城市数据资源

城市数据资源是指存储和管理城市相关数据的集合。数据在数字化城市建设过程中起着举足轻重的作用。无论是数字化城市的宏观决策问题，还是微观流程问题，都离不开数据的支撑。城市数据资源可以为城市规划、交通管理、市政建设、公共安全等方面提供有价值的数据支持。通过对这些数据进行分析和应用，城市管理者可以更好地了解城市的运行情况和问题并制定有效的解决方案，以提高城市的质量和可持续发展。同时，城市数据资源也可以为企业、学者、研究人员等提供数据支持，以促进创新和发展。

3.5.2 城市算法资源

城市算法资源是指用于解决城市问题的算法集合。这些算法来自不同的领域，如数据科学、机器学习、人工智能、运筹学、图像处理等，可以应用于城市的各个方面，如城市规划、交通管理、能源管理、环境保护、公共安全等。通过数据管理进行数据接入、存储、管理并保障数据安全。对收集的城市多源数据进行清理、处理、结构化与整合等，将复杂的城市数据分布到不同的数据库中，形成城市数据资源。数据安全，对城市信息模型进行定期维护和更新，随着城市数据的不断增加和变化，城市信息模型也需要随之进行调整和更新，以确保其准确性和实用性。

3.5.3 模型构建流程

构建面向数字化城市的信息模型包括六个紧密相连的阶段：准备、假设、建立、求解、分析与检验、应用。六个阶段相互衔接，确保了模型的准确性和实用性。在准备阶段，需要深入了解问题的实际背景并收集相关数据；通过合理的假设和简化，在假设阶段为建模奠定基础；在建立阶段，构建数学结构来刻画复杂变量之间的关系；随后，在求解阶段，运用数学方法和算法得出结果；分析与检验阶段则是对模型质量的严格把控，确保其符合实际需求；最终，在应用阶段，将模型应用于实际问题解决中，以实现数字化城市的高效管理和决策支持，从而推动城市的智能化和可持续发展。

3.6　空间数字化转型策略

城市空间一般可分为生活空间、公共空间和产业空间。生活空间关注日常起居生活的经验空间，以居住社区为主；公共空间重点关注公共街区；产业空间聚焦产业园区。空间上按照数字化城市规划、数字化建设发展、数字化运营维护和数字化服务治理提出围绕全生命周期的数字化转型策略。策略的构建基于以下考量：

（1）空间功能定位与人群需求。城市空间功能定位各异，数字化转型应围绕其核心功能，提升效率与用户体验，如全龄化数字规划服务满足生活空间需求，智慧交通引导下的 TOD 开发激活公共空间活力（Ivan *et al.*，2020；张震宇等，2022）。

（2）可持续发展目标与政策导向。城市空间数字化转型需响应可持续发展目标，如利用数字技术推进低碳社区建造与绿色建筑，数字化服务治理提升公共服务可达性（苏建军等，2021；程龙等，2022）。

（3）科技进步与数字化趋势。当前，科技进步推动城市空间数字化转型，物联网、BIM、云计算等技术的应用为城市空间的规划、建设、运营与治理提供了新途径，如物联网提升公共活动中心智能运营水平，数字文旅塑造城区文化魅力（Lokshina *et al.*，2019；朱蓓琳，2021）。

（4）产业转型升级与经济结构优化。产业空间的数字化转型主要关注与数字经济、新型基础设施的深度融合，推进智慧工地建设，打造数字化企业服务平台，促进产业转型升级与经济结构优化（孙璟璐，2017；叶雅珍、朱扬勇，2023）。

下文以案例的形式对不同城市空间的数字化转型策略进行阐释。

3.6.1　生活空间转型策略

通过数字化技术服务导入，将全龄化人口融入生活空间的数字化转型中并重视赋能 15 分钟生活圈，以此提升智能居住的便捷性和舒适度，与线上线下融合，创建绿色生态环境，建设共治共享、生态宜居的数字生活空间。在全球范围内，众多城市在数字化转型的进程中已经有不少针对数字生活空间的创新实践案例，值得借鉴与学习。

国际上，丹麦哥本哈根也在致力于实施"气候适应性城市"计划（Copenhagen Municipality，2020），以应对气候变化带来的挑战。该计划以建设智能能源系统和智能交通系统为核心，通过高效利用可再生能源和优化交通网络，力求降低碳排放，提高能源利用效率。此外，哥本哈根还计划构建一个信息共享平台，实时发布城市环境和资源使用情况的数据，为居民提供便捷的信息获取渠道。通过这个平台，居民可以更加方便地获取关于空气质量、能源消耗、交通状况等信息，从而更好地了解和适应城市生活。这一举措有助于增强居民的环保意识，鼓励他们采取节能减排的行动，共同为城市的可持续发展贡献力量。此外，日本柏之叶智慧社区则提供了一个国际化视角下的成功案例。根据官方网站（Kashiwanoha Smart City）的介绍，该社区通过数字化转型，实现了能源的高效利用、环境的可持续发展以及健康生活模式的转变。其创新性的能源管理系统和数字化服务治理策略，不仅为居民提供了舒适、安全的生活环境，也为其他城市提供了有益的借鉴和参考。

在中国，众多城市在数字化生活空间建设方面取得了显著的成果。上海积极推进"15分钟社区生活圈"的数字化构建，这一项目已成为"数字智能中枢"的具体应用实例。居民能够通过社区服务平台方便地查询周边的各类服务设施，充分体现了数字化在生活便利性方面的贡献（上海市规划和自然资源局，2023）。杭州在未来社区的建设中引入了智能化的垃圾分类系统，这一措施有效地推动了社区的低碳环保工作，减少了资源浪费。北京在"社区线上线下共融"的实践中表现突出，居民可以通过智慧社区平台预约线下服务，实现了线上线下的顺畅连接（中国社会报，2020）。

这些城市数字化转型案例都广泛运用了数字化技术，如大数据、云计算和人工智能，以推动城市管理和居民生活的智能化。进一步地，这些成功的数字化转型案例提供了宝贵的经验和启示，引导城市更好地实施数字生活空间转型策略。正如表2所示，数字化城市规划需构建全龄化数字服务，吸引人口并打造绿色生态社区；数字化建设应推进低碳、技术支持的社区建造并加强线上线下融合；运营维护阶段需确保安全、健康、低碳的运维服务。最后，在治理方面，构建数字化生活圈和治理平台，提供便民服务，推动社区虚拟空间转型。

表2　生活空间数字化转型策略

数字化转型	数字生活空间导向
数字化城市规划	・构建全龄化数字规划服务，促进以人口导入为根本的虚拟空间转型 ・建设蓝绿融合的绿色生态社区，实现生态优先保护的实体空间转型 ・构建信息共享的社区数字智能中枢，建设虚拟空间转型中的数字底座
数字化建设发展	・数字技术推进低碳社区建造，促进社区低碳化建造的实体空间转型 ・依托物联网感知与BIM技术支持的社区建设，实现技术落地的实体空间转型 ・数字化推动社区线上线下共融，促进实体空间转型中的虚拟空间建设
数字化运营维护	・提供数字家园的安全化运维，实现以居住安全为导向的实体空间转型 ・提供数字家园的健康化运维，实现以生活健康为导向的实体空间转型 ・提供数字家园的低碳化运维，实现以绿色低碳生活为导向的实体空间转型
数字化服务治理	・构建数字服务的15分钟生活圈 ・打造数字化社区治理服务平台，实现以和谐治理为导向的社区虚拟空间转型 ・提供数字化社区生活服务，实现以便民服务为导向的社区虚拟空间转型

3.6.2　公共空间转型策略

本策略旨在构建一个产城融合、品质与活力并存、文化魅力独特的新城公共活动中心。借助数字化技术，服务于全龄化人口，推动以公共交通为导向的开发（TOD）模式实现数字化赋能，进而促进城市空间公共活动中心的数字化转型与升级。在此过程中，强调产业与城市的和谐融合，致力于打造高品质、充满活力的新城街区，同时注重塑造各具特色和魅力的新城文化。各国都制定并实施了各自的数字化转型策略。

新加坡滨海湾花园的数字化景观通过智能化的灌溉系统、环境监测设备等，实现了绿色生态与数字化技术的结合，为市民和游客提供了一个既美丽又智能的休闲场所。意大利的佛罗伦萨则在数字化公共空间方面有多项创新举措，包括应用智能灌溉系统以节约水资源、使用交互式地图和在线城市规划系统增强市民参与等。通过这些数字化措施，佛罗伦萨优化了公共空间的功能性和美观性，展现了数字化技术在城市建设和管理中的巨大潜力（Florence Heritage Data System，2022）。

在中国，广州市作为南方的经济文化中心，积极推动智慧公交系统的建设，将最新的信息化技术与传统的公交体系相结合，大幅提升了交通服务的效率与质量，为市民的日常出行提供了极大的便利（广州市人民政府，2023）。与此同时，上海市在NICE2035（未来生活原型社区）框架下，公共空间的转型策略致力于打造充满活力与创新的都市环境（马谨等，2022）。在数字化城市规划层面，该策略着重强调数字化实验室与生活空间的有机融合，借此提升公共空间的科技含量与居民的生活品质。在数字化建设方面，上海将优先推进产品研发实验室、创新教育空间及众创中心等设施的建设，以推动创新思想的产生，助力未来生活和场景原型的商业产品、模式、技术的研发与落地。

这些城市数字化转型案例共同展现了利用先进技术推动城市服务升级的趋势。它们都采用了物联网、大数据分析等技术，通过线上线下融合与数据驱动的决策，极大地提升了市民生活的便捷性和质量。同时，这些举措也体现了城市数字化转型促进可持续发展和以市民为中心的服务理念。无论是全时段的公共空间服务、强化线上线下的空间关联，还是数字经济与商业街区的结合，抑或是公共活动中心的智能化管理，都彰显了数字化转型给城市带来的智能、高效与便捷，共同推动了以人为本、绿色可持续的城市发展。如表3所示，数字化转型应通过数字城市规划、建设发展、运营维护及服务治理等方面的创新，实现全时段服务、智慧交通、线上线下融合等多元化转型，推动城市空间的智能化、便捷化和绿色低碳发展。

3.6.3　产业空间转型策略

产业空间转型目标建设数据驱动、绿色高效、智慧互联的数字产业空间。通过数字化技术服务产业发展，推进数据驱动的产业升级，在产业空间的数字化转型中增添绿色高效的产业底色，营造智慧互联的产业生态，建成高质量的数字产业空间。以下案例具体展示了国内外在实践中运用该策略所取得的成果。

在国际层面，美国的加州硅谷不仅提供了从市场调研、产品开发到营销推广的全流程数字化支持，还广泛应用了云计算和区块链技术，为企业提供更加安全、高效的服务（前瞻产业研究院，2018）。德国的柏林阿德勒斯霍夫科技园则注重数字化生态的构建，通过引入各种数字化工具和服务，为园内企业创造了一个高度互动和创新的发展环境（丁鹏，2019）。

表 3 公共空间数字化转型策略

数字化转型	数字公共空间导向
数字化城市规划	·数字技术激发的全时活力街区，实现提供全时段公共空间服务的虚拟空间转型 ·智慧交通引导下的 TOD 模式，发展数字交通引领的实体空间转型 ·线上线下数字化空间关联建设，创造激发多样性公共活动的实体空间转型
数字化建设发展	·数字产业发展导向的产城融合，促进服务于产业创新的实体空间转型 ·数字经济与商业街区相结合，实现多维数字商业服务的实体空间转型 ·数字文旅构建富有特色的城区文化魅力，发展独特魅力的虚拟空间转型
数字化运营维护	·依托物联网与城市信息模型技术的公共活动中心，促进公共活动中心智能运营技术的实体空间转型 ·加强街区公园绿色、慢行系统、广场设施，发展智能化公共服务设施的实体空间转型 ·完善智能化的静态交通系统运维，实现智能停车服务的实体空间转型
数字化服务治理	·打造城区公共服务设施低碳绿色运维，实现公共活动中心绿色低碳管理的虚拟空间转型

在中国，深圳龙华区"数字经济先行区"作为数字产业空间的典型案例，通过实施全面的数字化转型策略，推动了园区规划、建设发展、运营维护及服务治理的全方位升级。策略内容包括制定管理办法、建立用户数据库、构建智慧社区体系、打造数字平台、提升运营效率和服务水平等，显著提升了园区的智能化和便捷性，为入园企业提供了更高效的服务，进一步促进了数字经济的快速发展（深圳政府在线，2023）。同时，锦绣科学园作为该区域的重要组成部分，其所秉承的"智慧建筑、智能环境、智赢服务"规划理念也代表了深圳市新型数字产业园区的发展方向。此案例不仅展现了数字产业空间转型的成功实践，而且为其他产业空间的数字化转型提供了理论支撑和实践指南，有助于推动产业空间的可持续发展（锦绣科学园，2021）。另外，苏州工业园区的"数园区·智中枢"项目也值得借鉴，该项目利用人工智能技术进行数据分析和预测，优化了企业支持服务并实现了信息共享与高效管理（苏州工业园区管理委员会，2022）。中建·光谷之星则通过采用数字孪生平台及机器学习算法，实时监控园区设施，进行故障预测与维护优化，进一步提升了园区智能化管理水平（澎湃新闻，2023）。

这些实践案例都展现了数字化转型策略在推动产业空间高质量发展中的重要作用。通过数字化转型，产业空间实现了数据驱动、绿色高效、智慧互联的目标，为产业发展注入了新的活力。表 4 概括了数字产业空间转型的四大策略：数字化园区规划强调生态化与智慧化；数字化建设发展注重基础设施与绿色高效；数字化运营维护实现全域智能管理；数字化服务治理则构建多元综合体与服务平台等。这些策略推动数字产业空间顺应数字化时代的发展，为产业的创新升级和可持续发展奠定了坚实基础。

表4 产业空间数字化转型策略

数字化转型	数字产业空间导向
数字化园区规划	• 面向产业导入提供生态化数字规划服务 • 加强产业和空间规划联动 • 建设覆盖全生命周期的智慧规划系统
数字化建设发展	• 推进新型基础设施建设 • 建设绿色高效的数字产业空间 • 建设智慧工地系统
数字化运营维护	• 提供数字产业空间的全域运维 • 提供数字产业空间的智能运维 • 打造数字化园区管理平台
数字化服务治理	• 构建生产、生活、交通多元平衡产业综合体 • 打造数字化企业服务平台

4 结语

在城市数字化转型中，智慧城市建设面临复杂多变的社会风险（张毅等，2015）。其中，技术风险是核心，涉及技术漏洞、数据泄露等（赵继娣等，2022）。产业数字化转型也带来经济风险，如对传统产业的冲击和数字鸿沟问题（陈龙，2022）。同时，算法偏见和伦理问题可能侵害公民权益（汝绪华，2018），而社交方式和生活习惯的改变也可能导致社会适应难题（贝克等，2010）。此外，管理体系不完善和政策法规滞后也增加了管理风险（邓理、王中原，2020）。为应对这些风险，需建立风险评估体系、加强技术防御、促进产业融合、完善隐私保护并制定相关法规（赵继娣等，2022；陈龙，2020；汝绪华，2018；邓理、王中原，2020）。

数字化转型推动城市治理现代化，利用大数据、云计算和人工智能技术，城市治理正变得更加精准、全局化和动态化，从而极大提升了治理效率和服务质量。数字技术的广泛运用不仅助力传统产业数字化转型，也为新兴产业注入活力。然而，这一进程也伴随着数据安全、隐私保护和技术标准等严峻挑战。城市管理者必须高度重视数据的安全管理和隐私保护，制定并执行严格的措施来防止数据泄露和滥用。同时，为了促进各部门之间的协作与配合，确保数字化转型的顺利进行，制定统一的技术标准和规范也显得尤为重要。通过这些努力，我们可以确保城市数字化转型稳步前行，为市民创造更加便捷、高效的生活环境。

总结而言，本文在数字化城市和数字化转型建设的大背景下，提出了从空间层面进行数字化转型的规划策略，将转型空间划分为数字生活空间、数字公共空间、数字产业空间，并按照数字化"规建管服"的全生命周期提出数字化转型策略。其中，数字化生活空间策略着重于建设共治共享、生态宜居的数字生活空间；数字化公共空间着重于发展产城融合、品质活力、文化魅力的新城公共活动中心；数字化产业空间则着重于建设数据驱动、绿色高效、智慧互联的数字产业空间。

在每一个空间类型下分别列举和梳理了典型案例在建设数字化城市时使用的策略，用于验证框架正确性。该数字化转型规划策略可以为未来数字化转型提供一个实施路径，为研究城市数字化转型提供一个理论框架。随着通信基础设施的配置提升、信息技术的发展和市民生产生活方式的转变，相较于注重数字设备的数字化城市建设，规划视角下的空间数字化转型研究刻不容缓。本文提出的数字化转型框架是基于理论的方法拓展，是面向未来规划的实施依据，缺少实践项目及案例的验证。未来研究者可以依据此规划策略进行空间数字化转型的规划实践工作，并不断完善数字化转型的空间规划方法。

致谢

本文受科技部"十四五"重点研发计划课题（2022YFC3800804）、上海市科学技术委员会自然科学基金项目（21ZR1466500）、住房城乡建设部科研课题2021—2022资助。

参考文献

[1] COPENHAGEN MUNICIPALITY. CPH 2025 climate plan—roadmap 2021-2025[R]. 2020.

[2] EBERT C, DUARTE C H. Digital transformation[J]. IEEE Software, 2018, 35: 16-21.

[3] Florence heritage data system[EB/OL]. [2024-06-19]. https://www.firenzepatrimoniomondiale.it/en/progetti/florence-heritage-data-system-2/.

[4] HATUKA T, ZUR H, MENDOZA J A. The urban digital lifestyle: an analytical framework for placing digital practices in a spatial context and for developing applicable policy[J]. Cities, 2020, 111: 102978.

[5] IVAN L, BEU D, HOOF J V. Smart and age-friendly cities in Romania: an overview of public policy and practice[J]. International Journal of Environmental Research and Public Health, 2020, 17(14): 5202.

[6] Kashiwanoha smart city[EB/OL]. (2024-06-14)[2024-06-19]. https://www.kashiwanoha-smartcity.com/.

[7] LOKSHINA I V, GREGUŠ M, THOMAS W L. Application of integrated building information modeling, IoT and blockchain technologies in system design of a smart building[J]. Procedia Computer Science, 2019, 160: 497-502.

[8] MARIA G R P, MARTINE L, EMMANUEL R. Fostering sustainable urban renewal at the neighborhood scale with a spatial decision support system[J]. Sustainable Cities and Society, 2018, 38: 440-415.

[9] Mooool[EB/OL]. [2024-06-19]. https://mooool.com/gardens-by-the-bay-supertrees-by-grant-associates.html.

[10] NANDICO O F. A framework to support digital transformation[G]//EL-SHEIKH E, ZIMMERMANN A, JAIN L C. Emerging trends in the evolution of service-oriented and enterprise architectures. Cham: Springer International Publishing, 2016, 111: 113-138.

[11] Project Overview, CityScope LivingLine Shanghai[EB/OL]. MIT Media Lab. (2021-12-13) [2024-06-19]. https://www.media.mit.edu/projects/cityscope-livingline-shanghai/overview/.

[12] TOMIČIĆ P K, PIHIR I, TOMIČIĆ F M. Smart city initiatives in the context of digital transformation: scope, services and technologies[J]. Management, 2019, 24(1): 39-54.

[13] VIAL G. Understanding digital transformation: a review and a research agenda[J]. The Journal of Strategic Information Systems, 2019, 28(2): 118-144.

[14] 柏の葉スマートシティ [EB/OL]. 柏の葉スマートシティ. (2021-12-13) [2024-06-19]. https://www. kashiwanoha-smartcity.com/.

[15] 贝克, 邓正来, 沈国麟. 风险社会与中国——与德国社会学家乌尔里希·贝克的对话[J]. 社会学研究, 2010, 25(5): 208-231.

[16] 陈龙. "数字控制"下的劳动秩序——外卖骑手的劳动控制研究[J]. 社会学研究, 2020, 35(6): 113-135+244.

[17] 程龙, 张吉玉, 苏杰, 等. 线下和线上场景社区零售可达性及公平性研究[J]. 地理科学进展, 2022, 41(12): 2297-2310.

[18] 崔国. 未来社区: 城市更新的全球理念与六个样本[M]. 杭州: 浙江大学出版社, 2021.

[19] 戴智妹, 华晨, 童磊, 等. 未来城市空间的虚实关系: 基于技术的演进[J]. 城市规划, 2023, 47(2): 20-27.

[20] 丁波涛. 从信息社会到智慧社会: 智慧社会内涵的理论解读[J]. 电子政务, 2019(7): 120-128.

[21] 邓慧慧, 刘宇佳, 王强. 中国数字技术城市网络的空间结构研究——兼论网络型城市群建设[J]. 中国工业经济, 2022(9): 121-139.

[22] 邓理, 王中原. 嵌入式协同: "互联网+政务服务"改革中的跨部门协同及其困境[J]. 公共管理学报, 2020, 17(4): 62-73+169.

[23] 丁鹏. 很多人去德国考察, 都会去这个园区——阿德勒斯霍夫科学城[EB/OL]. (2019-07-25) [2024-06-19]. https://www.sohu.com/a/329196916_494876.

[24] 广州市人民政府. 广州以智慧手段赋能公共交通 让车辆调度更快更智能[EB/OL]. (2023-04-15)[2024-06-19]. https://www.gz.gov.cn/zwfw/zxfw/jtfw/content/post_8923023.html.

[25] 锦绣科学园[EB/OL]. (2021-12-13)[2024-06-19]. https://www.gspark.cc/.

[26] 靳欣威. 上海全面推进城市数字化转型[J]. 上海质量, 2021(1): 8.

[27] 李智轩, 甄峰, 黄志强, 等. 漫谈未来城市场景特征与规划应对[J]. 规划师, 2021, 37(16): 78-83.

[28] 龙瀛. 颠覆性技术驱动下的未来人居——来自新城市科学和未来城市等视角[J]. 建筑学报, 2020(Z1): 34-40.

[29] 龙瀛, 张雨洋, 张恩嘉, 等. 中国智慧城市发展现状及未来发展趋势研究[J]. 当代建筑, 2020(12): 18-22.

[30] 娄永琪. NICE 2035: 一个设计驱动的社区支持型社会创新实验[J]. 装饰, 2018(5): 34-39.

[31] 林二伟, 谢煜, 张雄化. 数据资源利用与数字经济——来自先行区的经验和思考[J]. 特区经济, 2020(5): 11-14.

[32] 迈克尔·巴蒂. 未来的智慧城市[J]. 赵怡婷, 龙瀛, 译. 国际城市规划, 2014, 29(6): 12-30.

[33] 马谨, 娄永琪. 基于创新生态系统建构的社区更新——NICE 2035 未来生活原型街区的实践[J]. 建筑学报, 2022(3): 20-27.

[34] 澎湃新闻. 中建科技产业园入选全国信标委"智慧园区优秀案例"! [EB/OL]. (2023-04-24)[2024-06-19]. https://www.thepaper.cn/newsDetail_forward_22856727.

[35] 钱学胜, 凌鸿, 黄丽华. 城市数字化转型 打造具有世界影响力的国际数字之都[J]. 上海信息化, 2021(1): 6-12.

[36] 前瞻产业研究院. 高科技园区: 美国硅谷的成功经验借鉴[EB/OL]. (2018-12-13)[2024-06-19]. https://f. qianzhan.com/yuanqu/detail/181213-617b7950.html.

[37] 汝绪华. 算法政治: 风险、发生逻辑与治理[J]. 厦门大学学报: 哲学社会科学版, 2018(6): 27-38.

[38] 上海市规划和自然资源局. 2023 年上海市"15 分钟社区生活圈"行动方案[Z]. 2023.

[39] 深圳政府在线. 龙华区数字经济: 从"先行区"迈入"核心区"[EB/OL]. (2023-01-04)[2024-06-19]. https://www.sz. gov.cn/cn/xxgk/zfxxgj/gqdt/content/post_10367178.html.

[40] 苏州工业园区管理委员会. 苏州工业园区关于全面推进数字园区建设的行动计划(2022—2025)[Z]. 2022.

[41] 苏建军, 倪庆超, 杨泰然. BIM 技术与绿色建筑可持续发展分析[J]. 智能建筑与智慧城市, 2021(10): 102-103.

[42] 孙璟璐. 智慧工地为产业升级保驾护航[J]. 中国建设信息化, 2017(14): 50-53.

[43] 孙璞. 加快数字化发展 建设数字中国 为"十四五"开好局起好步凝聚强大的数智力量[J]. 网信军民融合, 2021(3): 8-10.

[44] 王聪. 基于时空信息模型的智慧城市数字底座设计初探[J]. 测绘地理信息, 2021, 46(S1): 162-164.

[45] 王英伟. 政府治理数字化转型对城市空间的塑造逻辑[J]. 城市发展研究, 2022, 29(6): 85-91.

[46] 王苏野, 秦锋砺. 城市空间逻辑的数字化转型及其制度走向[J]. 重庆社会科学, 2023(1): 20-32.

[47] 席广亮, 甄峰, 冷硕峰. 2022 年城市数字化转型发展热点回眸[J]. 科技导报, 2023, 41(1): 194-201.

[48] 叶雅珍, 朱扬勇. 数字化转型服务平台: 面向新竞争格局的企业竞争力建设[J]. 大数据, 2023, 9(3): 3-14.

[49] 张朝. 城市数字化转型标准化建设思考[J]. 品牌与标准化, 2021(5): 3-5.

[50] 张震宇, 刘泉, 赖亚妮, 等. 日本轨道站点地区的智慧 TOD 模式解读[J]. 南方建筑, 2022(12): 72-82.

[51] 张佳丽, 陈宇. 多元融合 构建"十四五"智慧城市发展新蓝图[J]. 中国建设报, 2021: 8.

[52] 张敏. 智能城市理念在城市公共空间规划设计中的价值与应用[J]. 工程建设与设计, 2023(6): 21-23.

[53] 周略略, 安健, 叶宇, 等. 基于多源数据的城市街道空间品质测度及特征识别——以广州市为例[J]. 交通与运输, 2022, 35(S1): 7-13.

[54] 朱蓓琳. "数字人文＋"智慧文旅应用产品的功能展望[J]. 图书情报工作, 2021, 65(24): 35-43.

[55] 张毅, 陈友福, 徐晓林. 我国智慧城市建设的社会风险因素分析[J]. 行政论坛, 2015, 22(4): 44-47.

[56] 赵继娣, 曲如杰, 王蕾, 等. 城市数字化转型中的社会风险演化及防范对策研究[J]. 电子政务, 2022(6): 111-124.

[57] 郑磊. 城市数字化转型的内容、路径与方向[J]. 探索与争鸣, 2021(4): 147-152＋180.

[58] 中国社会报. 大兴区: 打造人人共享社区生活新风尚[EB/OL]. (2020-10-23)[2024-06-19]. https://www. thepaper.cn/newsDetail_forward_9685070.

[欢迎引用]

刘超, 田野佑民, 陈树熙, 等. 城市空间数字化转型的规划框架与策略探讨[J]. 城市与区域规划研究, 2024, 16(1): 47-61.

LIU C, TIAN Y Y M, CHEN S X, et al. An exploration of the planning framework and strategies for digital transformation of urban spaces[J]. Journal of Urban and Regional Planning, 2024, 16(1): 47-61.

人工智能视角下的未来城市结构：发掘复杂网络背后的空间特征

林旭辉　彭炜程　杨滔

Future City Structure from the Perspective of AI: Revealing Spatial Features Embedded in Complex Network

LIN Xuhui[1], PENG Weicheng[2], YANG Tao[3]
(1. The Bartlett School of Sustainable Construction, University College London, London, WC1E 6BT, UK; 2. James Watt School of Engineering, University of Glasgow, G12 8QQ, UK; 3. School of Architecture, Tsinghua University, Beijing 100084, China)

Abstract In the fields of urban planning and network analysis, a deep understanding of the construction of urban road networks and their hidden spatial characteristics is crucial for comprehending the functions and organizational structure of cities. Traditional methods of urban network analysis, which primarily focus on the inherent physical properties of roads such as length and connectivity, often fall short in capturing the complexity and multidimensional nature of urban networks. This is especially true when considering street functional information or visible areas in urban space, where traditional approaches face limitations in capturing the deeper features of urban space. To address these issues, this study introduces a novel approach to capture and analyze urban road networks and their spatial features through Variational Graph Auto-Encoders (VGAE), thereby gaining deeper insights into the city's functions and organizational structure. Unlike traditional methods that emphasize road physical properties, our approach takes into account dimensions such as street functions and visible areas, revealing new aspects of urban network complexity and multidimensionality. By integrating urban road

作者简介
林旭辉，伦敦大学学院巴特莱特可持续建造学院；
彭炜程，格拉斯哥大学詹姆斯瓦特工程学院；
杨滔（通讯作者），清华大学建筑学院。

摘　要 在城市规划和网络分析的领域中，深入洞察城市道路网络的构造及其隐藏在背后的空间特征对于理解城市的功能和组织架构至关重要。传统的城市网络分析方法主要关注道路的固有物理属性，如长度和连通性，但这些方法往往无法充分展现城市网络的复杂性和多维特性。特别是当考虑城市空间中的沿街功能信息或可视区域时，传统方法在捕捉城市空间的深层特征方面存在限制。为解决上述问题，文章提出了一种新颖的方法，通过变分图自编码器（VGAE）捕捉和分析城市道路网络及其空间特征，以深入理解城市的功能和组织架构。与侧重于道路物理属性的传统城市网络分析方法相比，本方法考虑了沿街功能信息和可视区域等维度，揭示了城市网络复杂性和多维特性的新层面。通过结合城市道路网络和空间数据，VGAE模型揭示了城市空间在融入不同数据后的隐空间结构变化，从而发现城市空间组织和功能分布的关键作用。这一研究成果不仅揭示了城市空间的新结构，而且展现了这种结构的独特性。这种隐藏空间结构的理解，可以被视为一种"空间基因"，有潜力成为生成和规划未来城市空间结构的基础，为我们理解和预测城市空间的发展提供了新的视角。

关键词 城市研究；网络分析；图神经网络（GNN）；变分图自编码器；复杂网络；空间句法

1　引言

　　在城市空间分析领域，图神经网络（GNN）的兴起标志着一种革命性的方法论转变（Wu *et al.*, 2020）。GNN以

networks with spatial data, the VGAE mode reveals changes in the hidden spatial structure of urban space after incorporating diverse data, thereby identifying the crucial role of urban spatial organization and functional distribution. This research not only unveils a new structure of the urban space but also highlights the uniqueness of this structure. Understanding this hidden spatial structure, which can be seen as a "spatial gene," has the potential to serve as a foundation for generating and planning future urban spatial structures, offering a new perspective for understanding and predicting the development of urban space.

Keywords urban studies; network analysis; graph neural networks(GNN); Variational Graph Auto-Encoders; complex network; space syntax

其独特的能力处理图结构数据，为理解城市道路网络的复杂性和动态性提供了新的视角。在城市空间分析中，GNN不仅能够捕捉道路网络的拓扑结构，还能够通过节点和边的属性来揭示城市空间的功能性与结构性特征。这种能力使得 GNN 在城市规划、交通管理、环境监测等多个领域展现出巨大的应用潜力（Wang *et al.*，2020；Lyu *et al.*，2022）。GNN 的核心在于其能够处理图数据，这种数据结构天然适合描述城市道路网络。在这种网络中，道路节点和它们之间的连接关系构成图的基本骨架。GNN 通过学习这些节点和边的属性，能够提取出城市空间的深层特征。在这一过程中，图嵌入方法扮演了至关重要的角色，它常被用作 GNN 分析的起点，为 GNN 提供初始的节点表示。通过将复杂的图结构信息转换为易于处理的低维向量，增强了对城市网络模式和关系的理解。例如，通过分析道路网络的拓扑结构，GNN 可以帮助城市研究学者理解城市的连通性、可达性和交通流量分布（朱余德等，2022；李小妍，2020）。此外，通过节点属性，如道路类型、交通量等，GNN 能够揭示城市空间的功能分区和活动模式（Xu *et al.*，2022；Fang *et al.*，2022）。

然而，尽管 GNN 在城市空间分析中的应用前景广阔，当前的研究在很大程度上仍然集中在道路网络的拓扑结构上。大多现有的图嵌入方法，如节点嵌入和图嵌入，主要关注道路节点的连接模式，而忽视了城市空间里的潜在信息（Hu *et al.*，2021）。这种信息，如沿街环境的功能多样性和沿街环境的可视区域，对于理解城市空间的功能性和吸引力至关重要。功能多样性反映了城市空间中不同功能类型的分布，它与居民的日常生活和城市活力密切相关。例如，一个具有丰富 POI（Point of Interest）的街道不仅提供了多样化的服务和活动，还可能吸引更多的人流和经济活动（Fu *et al.*，2019；Li *et al.*，2021）。可视区域则涉及城市空间的视觉质量和美学，对于提升居民的生活质量和城市的整体形象具有重要作用（Bharmoria *et al.*，2023；Sottini *et al.*，2021）。然而，这些重要的城市空间信息在现有的图嵌入方法中往往被忽视，导致对城市空间的分析不够全面（Cai *et al.*，2018；Tian，2021）。

在城市空间分析的研究中，一个关键的研究空白是如何有效地捕捉和学习城市空间的特征，这里主要涉及城市空间网络的特征表达及相邻空间的叠加效应，即空间信息的传递过程。为了弥补这一研究空白，本文结合神经网络中自编码器（Liou *et al.*，2014）和图卷积网络（Wu *et al.*，2019）的概念，通过编码器将输入数据（如城市空间数据）压缩到一个低维的隐空间（也称为潜在空间或编码空间），并利用解码器从隐空间中重构出原始数据。通过数据训练，不断缩小输入数据与重构数据之间的差异，进一步重建处于编码器和解码器之间的隐空间。随着差距的缩小，这个隐空间有能力去捕捉城市空间数据的最重要特征，进而形成整体性的空间模式与场景知识。本研究将三种城市空间的表示形式，如城市道路的拓扑属性、城市道路的沿街功能多样性和沿街视觉可视域作为输入数据，通过上述的自编码逻辑，从不同角度重建隐空间，提取可以表达该场景下的空间特征，逐步形成整体性的空间模式与场景知识。

本文将首先介绍 GNN 在城市空间分析中的应用背景；然后详细阐述当前研究中存在的主要问题以及该研究提出的新方法如何解决这些问题；接着通过具体的案例分析来展示新方法的有效性，并对其在城市规划和设计中的应用潜力进行深入讨论；最后，对研究内容进行总结，并对未来的研究方向提出展望。

2　方法论框架

在本研究中，我们采用了一个多层次的方法论框架（图 1），旨在通过图嵌入方式，将城市上下文信息融入图网络中，并使用变分图自编码器（Variational Graph Auto-Encoders，VGAE）深入分析城市道路网络的特征分布。该框架由信息层、嵌入层、学习层和特征层组成，涉及城市基础信息、城市背景信息、基础拓扑属性以及全局三维可视域面积和全局功能多样性信息度。①信息层：这一层包含城市道路结构、城市三维空间模型和城市功能分布数据。这些数据为后续的分析提供基础结构和上下文信息。②嵌入层：在这一层，我们通过对道路网络进行拓扑结构计算和基于城市空间的多尺度计算，将道路网络数据转化为图网络的节点和边，拓扑结构计算和基于城市空间的多尺度计算后的数值作为节点的属性。结构计算涉及对道路网络的拓扑结构进行分析，而信息度计算则涉及对城市空间的感知信息量和功能多样性进行量化。③学习层：在这一核心层，我们应用 VGAE 来学习城市道路网络的潜在表示。VGAE 通过编码器将高维特征映射到低维隐空间并通过解码器重构原始特征。这一过程不仅有助于理解城市空间的内在结构，还能够为城市空间的优化提供科学依据。④特征层：最后，我们基于学习层得到的潜在表示，分析城市道路网络的特征分布。这包括全局三维可视域面积和全局功能多样性信息度，这些度量反映了城市空间的开放性和功能多样化程度。

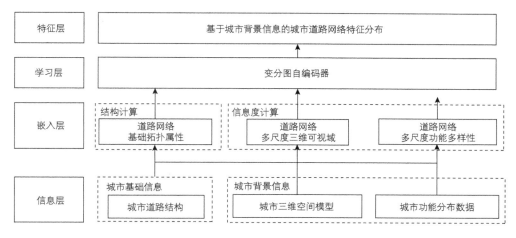

图 1　方法论框架

　　通过这个框架，我们能够将城市上下文信息融入图网络的嵌入中，从而提供一个全面的视角来分析和理解城市空间。这种方法不仅能够揭示城市空间的多维特性，还能够为城市规划和设计提供新的见解与工具。通过将功能多样性和视觉感知力作为图网络的权重，我们能够揭示城市空间的多维特性，为理解城市空间分布提供新方向。

2.1　基于道路基础信息的拓扑计算

　　为了计算基于道路结构信息的拓扑信息，本研究采用空间句法中的 Choice 度量来分析城市道路网络。作为一种衡量节点在网络中可达性的基础指标，Choice 度量反映了从一个节点出发，能够到达其他节点的多样性和选择性（杨滔，2017）。在进行这一分析时，首先对城市道路网络的拓扑结构进行详细分析，包括节点属性的配置以及 Choice 度量的计算。每个节点，即道路段，被赋予米制距离和角度距离属性。米制距离表示道路段之间的直线距离，而角度距离则考虑了道路段之间的夹角大小。这些属性共同构成节点的属性，为理解道路网络的基础几何特性提供了直观的视角。

　　在 Choice 度量的计算过程中，首先构建一个城市道路网络的图模型，其中道路节点和街道连接分别被视作图中的顶点和边。接着，应用图论算法，如 Dijkstra 算法，在整个网络中识别所有可能的最短路径。Choice 值的计算涉及确定每条道路在所有最短路径中的出现频率。具体来说，每个节点的 Choice 值基于该节点作为经过路径的一部分被选择的次数来确定。这意味着，如果一个节点是许多最短路径的组成部分，它的 Choice 值就会很高，表明它在网络中的重要性和可达性强。

2.2　基于城市空间的多尺度计算

2.2.1　多尺度三维可视域计算

本研究提出了一种高效的三维空间可视信息度量方法，该方法涉及"局部可视域""全局可视域"等关键概念（杨滔等，2023）。这些概念之间的关系构成该研究方法的核心（图2），它们相互作用，共同影响着对城市空间可视域的评估。

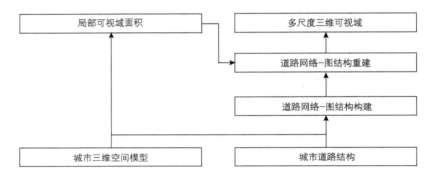

图2　全局三维可视域面积计算框架

局部可视域（$A_{\text{local\_vis}}$）是指在特定观测点所能观测到的可视面积。传统的计算方法是从观测点向四周发射射线，计算射线与三维模型网格的相交次数，从而得到可视面积。然而，这种方法在距离较远时，会导致相交网格的离散性较高，影响测量结果的准确性（图3）。为了优化这一过程，本研究在每个观测点处向可视域内的所有三角形面发射视线，以准确测定可视面积。此外，为了提高计算效率，本研究还引入多层级 Axis-Aligned Bounding Box（AABB）树结构。这种结构不仅优化了数据的空间组织，还通过快速剪枝和交集检测技术，显著减少了不必要的计算，从而加快了视线与三维模型相交检测的速度。对于每个观测点发出的视线，利用 AABB 树进行的高效交集检测帮助我们排除与视线不可能相交的区块，进一步提升计算的效率。最终，计算每个观测点未被阻挡的三角形面积总和。

通过上述计算方式，对于每个观测点的局部可视域面积可通过计算该点位可见三角面积的总和来量化，这反映了在该点的可观测面积。局部可视域面积的计算公式为：

$$A_{\text{vis}} = \sum_{i=1}^{n} A_i \qquad (1)$$

其中，n 是可求得的可见三角面数量，A_i 是观测点 i 的可见三角面积。

之后，通过局部可视域面积，对整个城市空间进行多尺度三维可视域的计算，该指标涉及对整个城市空间三维可视域的评估。通过图结构建模，本研究使用边界中介中心性 BBC 来衡量道路或区域在整个城市或空间中对三维可视域的关键作用。边界中介中心性的计算公式为：

a1. 基于观测点作射线

b1. 基于观测点和面片，从面片出发作射线

a2. 返回结果

b2. 返回结果

图 3　传统三维可视域计算方法与本文采用的可视域计算方法对比

$$BBC(e_{ij}) = \sum_{\substack{s \neq i, j \neq t \\ d(s,t) \leqslant r}} \sigma_{st}(e_{ij}) \tag{2}$$

其中，BBC 为道路的边界中介中心性（boundary betweenness centrality）；$d(s,t)$ 代表节点 s 到节点 t 的最短路径长度（或权重之和）；$\sigma_{st}(e_{ij})$ 代表经过边 e_{ij} 的从 s 到 t 的最短路径数量，前提是这些路径的长度不超过半径 r；r 作为预定义的半径，代表空间或视觉的可达范围。

　　这些概念之间的关系可以总结为：局部可视域提供了对单个观测点的直接感知度量，多尺度三维可视域通过图结构分析，揭示了城市空间中信息流动的关键路径和区域，这对于理解城市空间的整体感知特性至关重要。通过这种方法，该研究能够为城市规划和设计提供更深入的洞察，从而优化城市空间的功能性和居民的生活质量。

2.2.2　多尺度功能多样性计算

　　本研究的目标是将城市空间背景信息融入图网络的嵌入过程中，以实现对城市空间的全面分析。为了达到这一目标，首先通过计算街道本身的 POI 多样性来获取 POI 多样性数值。这一过程涉及对微观尺度上的功能混合布局的评估，基于现有研究可采用多种方法，如面积比例法、熵指数法、分异度指数法等，以确保准确地捕捉区域内的功能多样性。

　　在计算 POI 多样性时，首先对每条道路建立缓冲区，并统计缓冲区内的 POI 数量占比。基于这些数据，本研究计算了该路段的 POI 多样化程度。通过聚焦 POI 多样性数值来体现不同街道的功能信息量差别，从而忽略 POI 本身面积所带来的影响。在上述方法中，熵指数法较符合现阶段的计算需求，因此采用该方法，公式如下：

$$S = -\sum_{i=1}^{n} \log_{10} P_i \tag{3}$$

其中，S 表示该路网的功能多样性数值；n 为 POI 类型的类别数；P_i 为不同种类 i 所占的个数比例。在得到 POI 多样性数值后，该研究从网络结构出发，通过对赋予 POI 多样性的路网建图，进一步计算道路网络全局的功能信息量。本研究采用边界中介中心性（公式 2）的计算方法，以评估网络中节点在连接不同部分时的作用。这一指标有助于识别网络中的关键节点，即那些在信息传递和功能多样性方面具有显著影响的节点。通过这种方式，本研究将城市上下文背景信息，如 POI 多样性，融入图网络的嵌入中。这种嵌入不仅能够捕捉道路网络的拓扑特征，还能够反映出城市空间的功能性和视觉特性。

2.3　网络结构特征提取与可视化

本研究采用 VGAE（Kipf *et al.*，2016）来构建模型。这是一种专门针对图结构数据的生成模型，能够在无监督学习环境中学习节点的潜在表示。因此，通过自编码器技术，该研究对城市空间的多维特征进行捕捉和学习并在较低维的隐空间中表示这些特征。该研究的方法涉及将城市空间的基础结构、视觉感知和基于 POI 的图结构的属性赋值到道路网络上，以实现有效的降维和特征提取。

首先，该研究通过计算道路与道路之间的距离和夹角，将这些空间关系量化为数值，并将其作为节点属性添加到道路网络中。这些数值反映了城市道路网络的拓扑结构和几何特性，为后续的分析提供了基础。其次，利用三维可视域计算方法，量化了城市空间的视觉感知。这些计算结果，如立面可视量和路径的立面可视量，被用作节点特征，进一步丰富了道路网络的描述。这些视觉感知特征有助于理解城市空间的可视性和信息量分布。最后，通过分析 POI 数据，计算每个道路段的功能多样性，POI 多样性数值反映了城市空间的功能多样化程度，是评估城市活力和吸引力的重要指标。

基于道路网络图结构数据，将上述三类数值赋值于构建出来的网络节点中。通过对这些不同类型的特征分别构建节点特征矩阵 X 和图的邻接矩阵 A，构建一个多维的城市空间图结构。其中 X 的每一行对应图中一个节点的特征向量，而 A 则表示图中节点间的连接关系。编码器首先通过图卷积层处理节点特征，使用 ReLU 激活函数增强非线性表达能力；随后，处理后的隐藏表示通过两个不同的图卷积层，分别用于计算潜在变量 Z 的均值 u 和对数方差 o，这两个参数定义了隐空间的分布。在隐空间中，利用 u 和 α，通过正态分布的随机抽样过程，为每个节点抽取潜在表示。解码器部分接收这些潜在表示，并通过点乘解码器处理，该解码器通过计算潜在表示向量的点积来重构图的邻接矩阵。VGAE 的训练目标是通过最小化重构误差和隐空间的变分下界来优化模型参数，从而学习到一个能够捕捉数据分布的潜在表示，同时保持重构的准确性。这种降维和特征提取的过程不仅有助于识别与比较不同图结构的核心特征，还能够揭示视觉感知和功能多样性在城市环境与道路网络中的相互关系。通过比较不同图结构在隐空间中的表现，可以深入理解城市基础道路网络与视觉感知和功能多样性之间的潜在联系和差异。

在 VGAE 中，图卷积网络（Graph Convolutional Networks，GCN）起着核心作用，其主要功能是聚合节点的邻接信息和节点自身的特征信息。GCN 通过在图结构上执行卷积操作，能够捕捉节点间的局部依赖关系，从而学习到节点的潜在表示。

邻接信息聚合：GCN 通过聚合每个节点的邻接节点信息来捕捉节点间的连接关系。这种聚合操作允许模型理解节点在图结构中的局部环境，这对于理解节点的上下文至关重要。

节点特征更新：GCN 通过聚合邻接节点的特征来更新每个节点的特征。这个过程使得节点能够学习到其邻居的特征，从而捕捉图结构中的全局信息。

信息传递：在 VGAE 的编码器部分，GCN 用于从节点特征中提取有用的信息，这些信息随后被用于隐空间的表示。在解码器部分，GCN 则用于从隐空间重构出节点特征，这一过程涉及信息从隐空间到图结构的传递。

降维与重构：GCN 在 VGAE 中还参与了特征的降维和重构过程。编码器通过 GCN 将高维节点特征映射到低维隐空间，而解码器则从隐空间重构出原始的节点特征。GCN 在 VGAE 中的作用是连接图结构和节点特征，通过聚合和更新节点信息来学习节点的潜在表示，这些表示能够在低维空间中捕捉图结构的复杂性和节点间的依赖关系。这种学习过程对于图数据的表示学习和图结构的重构至关重要。

为了直观地理解和可视化特征空间，该研究使用流形降维技术，如 t-SNE 或 UMAP，将高维隐空间映射到二维或三维空间。这种降维方法能够保留数据的局部结构，使研究人员能够观察到城市空间的分布模式和潜在结构。通过这种方法论，不仅能够构建一个包含城市上下文信息的图网络结构，还能够通过 VGAE 提取和可视化这些信息。这种方法为城市领域相关学者提供了一种新的工具，用于深入分析城市空间的结构和功能，为城市规划和设计提供了科学依据。通过将功能多样性和视觉感知力作为图网络的权重，能够揭示城市空间的多维特性，为理解城市空间分布提供了新的视角（图4）。

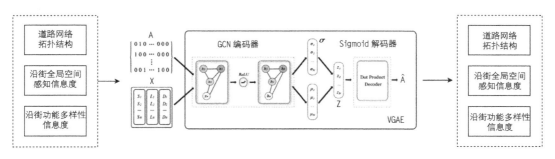

图4 基于城市信息背景的变分图自编码器架构

3   案例分析

3.1   信息层：收集基础数据

本研究在街道网络形态丰富和建筑样式丰富的北京市选取了部分区域作为研究案例（图 5）。其中，路网数据来源于 OpenStreetMap 上的北京市路网，经过 MetaCityGenerator（杨滔等，2022）的路网中心线算法抽取出道路中心线。建筑基底数据来源于高德基底数据，其中包含建筑楼层数属性。根据上述计算方法，需要考虑路网周边是否有足够丰富的建筑数据，该部分数据位于北京中心城区核心地区，长、宽分别为 9 116 米、8 362 米，面积约 70 平方千米，路网数目为 6 808 段。该区域内，道路形态较为多样，众多十字路口及宽窄形式较为多变的道路，使得任意两个节点间都有多种路径可以选择。

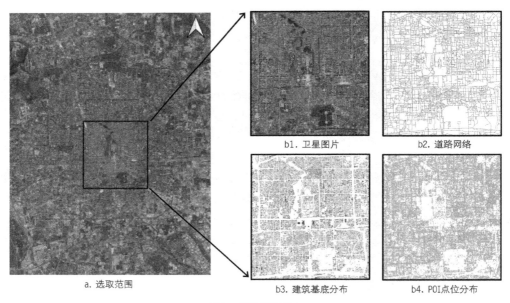

b1. 卫星图片   b2. 道路网络

a. 选取范围   b3. 建筑基底分布   b4. POI点位分布

图 5   所选区域信息

另外，在研究过程中需要使用 POI 数据进行路网多样性计算。因此，本文的 POI 数据来自高德地图平台，通过高德开放平台 API（https://lbs.amap.com/）进行获取。获取的 POI 数据共 142 595 条，获取时间为 2020 年 2 月。POI 数据属性包括名称、类型、经度、纬度四个字段。POI 原始数据涵盖 23 大类。参照相关研究及用地分类标准，选取与城市功能相关的 15 大类 POI 作为研究数据，其类型如下：体育休闲服务，交通设施服务，政府机构及社会团体，科教文化服务，公司企业，风景名胜，餐饮服务，生活服务，公共设施，商务住宅，购物服务，住宿服务，医疗保健服务，汽车服务，金融保险服务。以上 POI 功能可以对应用地分类标准中的居住用地、公共管理与公共服务用地、商业服务业设施用地及交通设施用地。

3.2　嵌入层：计算道路网络拓扑属性与信息度

　　基于上述道路网络、建筑基底与高度数据以及 POI 数据，本研究使用方法论中提及的公式，计算所选区域的基础拓扑网络属性、局部感知开放性指数和局部功能多样性，并将上述数值在城市道路网络空间上进行分布（图 6）；同时，利用 MetaCityGenerator 的自定义边界中心性的功能，对道路网络进行多尺度的道路网络基础拓扑属性、道路网络多尺度三维可视域面积和道路网络多尺度功能多样性计算（图 7、图 8）。

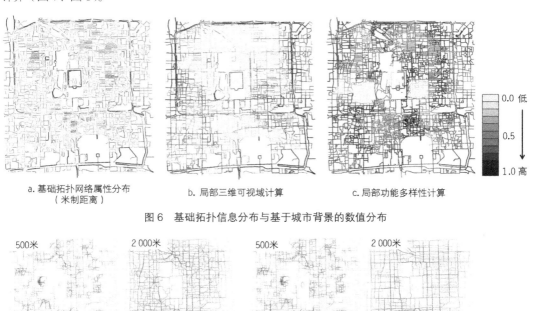

| a. 基础拓扑网络属性分布 | b. 局部三维可视域计算 | c. 局部功能多样性计算 |
| （米制距离） | | |

图 6　基础拓扑信息分布与基于城市背景的数值分布

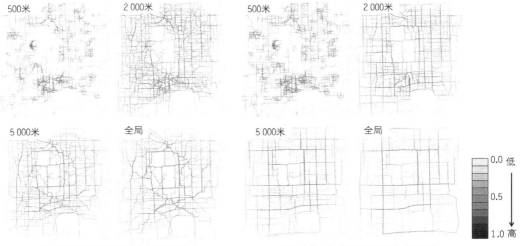

a. 多尺度基础拓扑网络属性（米制距离）　　　　b. 多尺度基础拓扑网络属性（角度距离）

图 7　基于基础拓扑信息的多尺度中介中心性计算

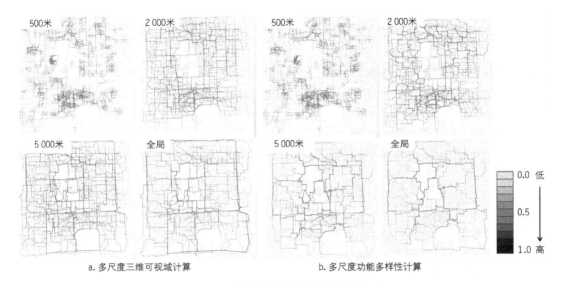

a. 多尺度三维可视域计算　　　　　　　　b. 多尺度功能多样性计算

图 8　基于城市背景的多尺度计算

3.3　学习层：训练 VGAE，重建特征空间

接下来，本研究将这些数据整合进所选区域的道路网络中，每个节点代表一个街道节点，边则表示街道之间的连接。节点的特征向量包含道路距离、夹角、视觉感知量以及 POI 多样性值。基于以上训练 VGAE 模型，通过编码器将这些高维特征映射到一个低维的隐空间中，解码器则尝试从隐空间重构出原始特征（参数设置为：优化器 Adam，学习率 0.01，32 维隐藏层，16 维潜在变量，训练次数 600）。

评估结果通过计算模型在不同尺度（500 米、2 000 米、5 000 米、全局）上的接收者操作特征（ROC）曲线下的面积（AUC）和平均精确度（AP）来衡量。从结果（表 1）来看，VGAE 模型在功能多样性信息度量方法中表现较好，尤其是在 5 000 米半径下，AUC 和 AP 值分别为 0.786 13 和 0.766 39，表明模型能够有效地捕捉城市空间的功能多样性特征。在基础拓扑属性的评估中，VGAE 模型在角度距离与米制距离的 AUC 和 AP 值也显示出较好的性能，尤其是在米制距离的 5 000 米半径下，AUC 和 AP 值分别达到了 0.825 30 和 0.796 69，这表明模型在捕捉基于距离的拓扑特性方面同样具有较高的准确性。在三维可视域面积量方法中，VGAE 模型的性能略低于功能多样性信息度量方法，但在 5 000 米半径下，AUC 和 AP 值分别为 0.785 64 和 0.756 49，仍然表明模型能够较好地捕捉城市空间的感知特性。

表 1　不同数据集的评估结果

	功能多样性 信息度_500		功能多样性 信息度_2 000		功能多样性 信息度_5 000		功能多样性 信息度_全局	
	AUC	AP	AUC	AP	AUC	AP	AUC	AP
VGAE	0.771 73	0.753 00	0.782 39	0.763 47	0.786 13	0.766 39	0.780 83	0.748 36
	基础拓扑属性_角度 距离_500		基础拓扑属性_角度 距离_2 000		基础拓扑属性_角度 距离_5 000		基础拓扑属性_角度 距离_全局	
	AUC	AP	AUC	AP	AUC	AP	AUC	AP
VGAE	0.750 69	0.733 10	0.767 22	0.747 32	0.787 50	0.762 96	0.763 36	0.742 24
	基础拓扑属性_米制 距离_500		基础拓扑属性_米制 距离_2 000		基础拓扑属性_米制 距离_5 000		基础拓扑属性_米制 距离_全局	
	AUC	AP	AUC	AP	AUC	AP	AUC	AP
VGAE	0.762 49	0.737 76	0.756 47	0.727 60	0.825 30	0.796 69	0.738 46	0.713 39
	三维可视域面积_500		三维可视域面积_2 000		三维可视域面积_5 000		三维可视域面积_全局	
	AUC	AP	AUC	AP	AUC	AP	AUC	AP
VGAE	0.753 44	0.735 66	0.755 96	0.729 94	0.785 64	0.756 49	0.743 78	0.703 35

3.4　特征层：提取道路网络特征，构建不同嵌入值下的特征分布

在上述的 VGAE 训练过程中，本研究将隐空间设置为 16 维，为了可视化隐空间的分布，对其进行降维，采用 T-SNE 方法将隐空间从 16 维降到 2 维，得到如图 9 左侧的散点图。通过对该散点图进行聚类（采用 k-means 聚类，分配簇类设置为 5），将降维后的隐空间分为五份。结合道路网络数据，得到隐空间的道路网络分布，如图 9 中间。通过与原始数据分布（图 9 右侧）进行对比，可以发现聚类后的结果。例如，图 9 显示了在不同尺度下基础拓扑网络属性（米制距离）的变化。在这些图中我们可以看到，在较小的尺度上，网络的连通性更为紧密，而在较大的尺度上，网络的连通性则显示出更多的层次和复杂性。这可能反映了城市空间在不同尺度上的组织模式，小尺度上的紧密连接可能对应于城市中的密集区域，而大尺度上的复杂性则可能与城市的整体布局和功能分区有关。图 10 进一步揭示了在不同尺度下基础拓扑网络属性（角度距离）的变化。这些变化可能与城市空间的几何特性和视觉感知有关。例如，角度距离的变化可能影响居民对城市空间的感知和导航。在图 11 中，我们可以看到多尺度三维可视域面积的变化。这些变化可能与城市空间的可达性和居民的活动模式有关。例如，三维可视域面积较高的区域可能是城市中的活跃区域，这些区域提供了丰富的公共设施和服务，吸引了大量的人流。最后，图 12 显示了多尺度功能多样性信息度的变化。这些变化可能与城市空间的功能

多样性和活力有关。例如，功能多样性较高的区域可能是城市中的商业和文化中心，这些区域提供了多样化的服务和活动，促进了经济和社会的活力。

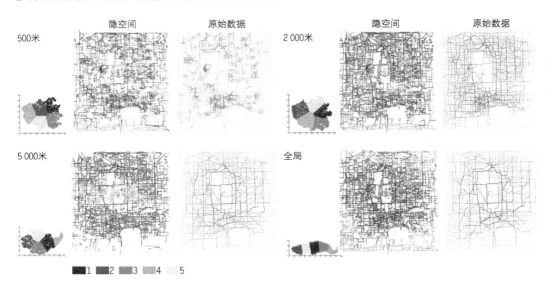

图 9　多尺度基础拓扑网络属性（米制距离）

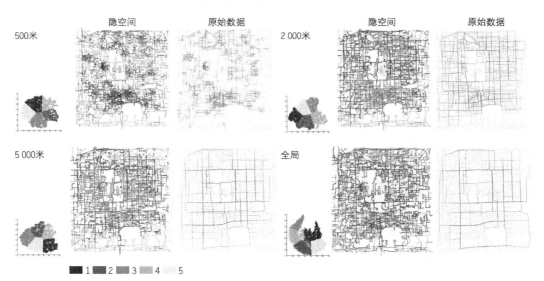

图 10　多尺度基础拓扑网络属性（角度距离）

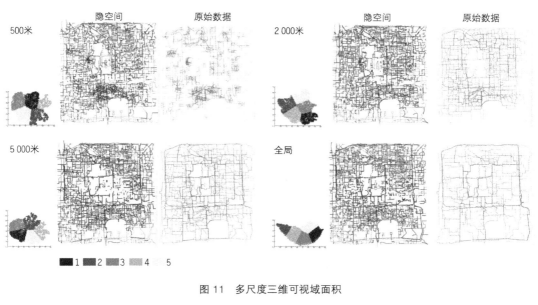

图 11　多尺度三维可视域面积

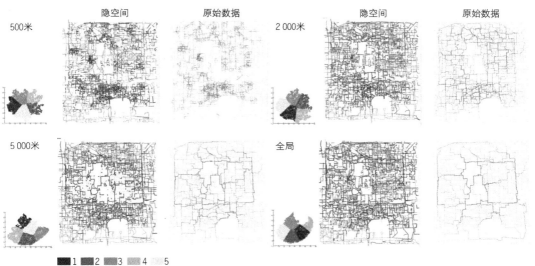

图 12　多尺度功能多样性信息度

　　总之，本案例研究展示了 VGAE 在城市空间分析中的应用潜力。通过将城市空间的多维特征整合到一个统一的图结构中并在低维隐空间中进行表示，我们能够揭示城市空间的内在结构和模式，为城市规划和设计提供了新的视角与方法。

4　讨论与展望

本文利用 VGAE 对城市道路网络进行了深入分析，重点关注隐空间中结构相似节点的识别。研究发现，VGAE 能有效识别原始数据中的关键道路网络并揭示其背后的局部结构特征。在隐空间中，VGAE 将分散在不同区域但共享相似结构特征的节点聚集在一起，揭示了道路网络在拓扑结构上的相似性，这对理解城市空间的组织模式和功能分布具有重要意义。此外，VGAE 还能识别原始数据中不易察觉的局部结构特征，如高连通性或特定的节点分布模式。通过分析这些特征，我们不仅能理解城市道路网络的宏观特征，还能深入到网络的微观结构，为城市规划和设计提供更细致的洞察。这些发现凸显了 VGAE 在捕捉和表示城市空间复杂性方面的强大能力。通过揭示城市道路网络的内在结构特征，VGAE 可以帮助城市规划者和设计师更好地理解城市空间的组织逻辑，识别重要的功能区域和关键的连接路径，从而优化城市空间布局，提升城市的可达性和功能性。然而，研究也存在数据来源偏差和模型选择局限等挑战。未来研究应考虑多样化数据来源，探索先进 GNN 模型。

本研究提出了一种创新的城市空间分析方法，通过将功能多样性和视觉感知力等城市上下文信息整合到 GNN 模型中，有效地捕捉了城市空间的多维特性。研究构建了包含城市上下文信息的图网络结构，节点和边的权重反映了沿街环境的功能多样性和视觉感知力，揭示了城市空间的内在结构和动态变化。运用 VGAE 对图网络进行特征提取并采用流形降维技术对特征空间进行可视化，提高了对城市空间复杂性的理解。研究在理论和实践上取得了进展，为智慧城市的发展奠定了基础。本研究凸显了利用 GVAE 等高级分析工具在城市规划中的应用价值，通过深入分析城市空间的功能多样性和视觉感知力，有效识别了城市活力中心和潜在改进区域。这为公共空间设计和社区规划提供了新的指导方针，展示了计算模型在推动城市空间分析和优化决策过程中的关键作用。

然而，本研究选取北京市的一个局部矩形区域作为案例进行分析，虽然展示了所提出方法的有效性，但也存在一些局限性，可能影响对"隐形城市结构"的认知，导致局部认知结果缺乏普适性。首先，单一局部区域可能无法完全代表整个城市的结构特征，忽略了城市在更大尺度上的结构特征；其次，矩形切割的方式可能割裂了某些完整的城市功能区，影响了对该功能区整体特征的分析。此外，局部区域的分析结果可能难以直接推广到整个城市，在解释分析结果时需要充分考虑局部区域的特殊性，避免过度泛化。未来的研究应采取更全面、更灵活的策略，选取多个具有代表性的区域进行对比分析，采用更合理的分析单元划分方式，提高分析结果的可靠性和代表性。同时，在解释分析结果时，要充分考虑局部区域的特殊性，审慎地将局部认知结果置于整个城市语境中进行解释，避免过度泛化。这样才能更准确地认识城市的"隐形结构"，为城市规划和管理提供可靠的依据。

另外，未来的城市空间分析研究还可以探索以下几个方向：第一，可以将时间维度纳入分析框架，探索城市结构在不同时间尺度上的动态变化。这将有助于深入理解城市空间的时空演变规律，为制定适应城市发展变化的规划策略提供科学依据。例如，通过分析特定区域在工作日与周末的功能变化，我们可以优化公共服务设施的布局，提高城市资源的使用效率。第二，融合多源数据，如社交媒体数据、手机信令数据、遥感影像数据等，为城市空间分析提供更全面和细致的视角。这种多维数据集成方法，预期将提高城市规划和管理决策的准确性与实时性，特别是在应对城市突发事件和灾害管理方面。第三，开展跨城市的比较分析，为发现不同城市空间结构和功能组织的异同提供新的机会。这不仅可以丰富我们对城市多样性的理解，还为其他城市的可持续发展提供参考。第四，将 GNN 模型与城市仿真和优化方法相结合，构建集分析、预测和优化为一体的城市空间决策支持系统。

总之，本研究为城市空间分析提供了新的方法论，促进了城市规划和设计的科学化，为智慧城市的建设和发展做出了贡献。未来的研究应进一步探索更全面、更具代表性的数据来源，优化 GNN 模型，加强跨学科合作，以期更准确、更深入地认识城市空间的复杂性，为城市的可持续发展提供科学支撑。

参考文献

[1] BHARMORIA R, SHARMA V. Urban sustainable intervention to address the physical factor for degradation of visual place quality in the hilly urban region: a case of Manali town[J]. IOP Conference Series: Earth and Environmental Science, 2023(1): 012015.

[2] CAI H, ZHENG V W, CHANG K C. A comprehensive survey of graph embedding: problems, techniques, and applications[J]. IEEE Transactions on Knowledge and Data Engineering, 2018, 30(9): 1616-1637.

[3] FANG F, ZENG L, LI S, et al. Spatial context-aware method for urban land use classification using street view images[J]. ISPRS Journal of Photogrammetry and Remote Sensing, 2022(192): 1-2.

[4] FU X, JIA T, ZHANG X, et al. Do street-level scene perceptions affect housing prices in Chinese megacities? An analysis using open access datasets and deep learning[J]. PIOS, 2019, 14(5): e0217505.

[5] HU S, GAO S, WU L, et al. Urban function classification at road segment level using taxi trajectory data: a graph convolutional neural network approach[J]. Computers, Environment and Urban Systems, 2021, 87(8): 101619.

[6] KIPF T N, WELLING M. Variational graph auto-encoders[J]. arXiv: 1611.07308.2016.

[7] LI Q, CUI C, LIU F, et al. Multidimensional urban vitality on streets: spatial patterns and influence factor identification using multisource urban data[J]. ISPRS International Journal of Geo-Information, 2021, 11(1): 2.

[8] LIOU C Y, CHENG W C, LIOU J W, et al. Autoencoder for words[J]. Neurocomputing, 2014, 139: 84-96.

[9] LYU S, WANG K, ZHANG L, et al. Global-local integration for GNN-based anomalous device state detection in industrial control systems[J]. Expert Systems with Application, 2022: 118345.

[10] SOTTINI V A, BARBIERATO E, CAPECCHI I, et al. Assessing the perception of urban visual quality: an approach integrating big data and geostatistical techniques[J]. Aestimum, 2021, 79: 75-102.

[11] TIAN C, ZHANG Y, WENG Z, et al. Learning large-scale location embedding from human mobility trajectories with graphs[J]. arXiv: 2103.00483.2021.

[12] WANG X, MA Y, WANG Y, et al. Traffic flow prediction via spatial temporal graph neural network[C]//Proceedings of the web conference, 2020:1082-1092.

[13] WU F, SOUZA A, ZHANG T, et al. Simplifying graph convolutional networks[C]//International conference on

machine learning, 2019: 6861-6871.

[14] WU Z, PAN S, CHEN F, *et al*. A comprehensive survey on graph neural networks[J]. IEEE Transactions on Neural Networks and Learning Systems, 2020, 32(1): 4-24.

[15] XIAO L, LO S, ZHOU J, *et al*. Predicting vibrancy of metro station areas considering spatial relationships through graph convolutional neural networks: the case of Shenzhen, China[J]. Environment and Planning B: Urban Analytics and City Science, 2021, 48(8): 2363-2384.

[16] XU Y, ZHOU B, JIN S, *et al*. A framework for urban land use classification by integrating the spatial context of points of interest and graph convolutional neural network method[J]. Computers, Environment and Urban Systems, 2022(95): 101807.

[17] 段进, 姜莹, 李伊格, 等. 空间基因的内涵与作用机制[J]. 城市规划, 2022, 46(3): 7-14+80.

[18] 李小妍. 基于图神经网络的交通流量预测[D]. 成都: 电子科技大学, 2020.

[19] 杨滔. 多尺度的城市空间结构涌现[J]. 城市设计, 2017(6): 72-83.

[20] 杨滔, 林旭辉, 刘歆婷, 等. 空间句法的流形理论探讨[J]. 城市环境设计, 2023(4): 337-340.

[21] 杨滔, 罗维祯, 林旭辉, 等. 人工演进的元城市系统: 城市空间形态的一种智能生成[J]. 上海城市规划, 2022, 3(3): 14-22.

[22] 朱余德, 杨敏, 晏雄锋. 利用图卷积神经网络的道路网选取方法[J]. 北京测绘, 2022, 36(11): 1455-1459.

[欢迎引用]

林旭辉, 彭炜程, 杨滔. 人工智能视角下的未来城市结构: 发掘复杂网络背后的空间特征[J]. 城市与区域规划研究, 2024, 16(1): 62-78.

LIN X H, PENG W C, YANG T. Future city structure from the perspective of AI: revealing spatial features embedded in complex network[J]. Journal of Urban and Regional Planning, 2024, 16(1): 62-78.

基于社会技术想象理论的中国自动驾驶政策特征与演化

吴 杰 仲浩天

Sociotechical Imaginaries of Autonomous Vehicle Policies in China

WU Jie, ZHONG Haotian
(School of Public Administration and Policy, Renmin University of China, Beijing 100872, China)

Abstract Autonomous vehicles have become one of the most prominent technologies in the artificial intelligence revolution, giving rise to visions about future urban development and residents' daily life. Based upon the perspective of socio-technical imagination theory, this study collects texts of autonomous driving policies of the central government and 16 pilot cities in China from 2015 to 2023. Using three techniques including co-word analysis, LDA topic modeling, and similarity calculation, this paper explores the key issues regarding the social technical imagination of autonomous vehicles. Finally, through qualitative content analysis, this study further reveals the technological governance logic implied by its socio-technical imagination. The following conclusions are drawn: (1) The theme evolution logic of China's autonomous vehicle policies has undergone a process of transformation and upgrading from encouraging industrial development to focusing on high-end manufacturing. (2) Its emphasis also shows regional and hierarchical characteristics. (3) After 2020, the total number of policy documents has increased, but it still exhibits characteristics such as "emphasis on manufacturing, neglect of application" and "focus on high-end technology, disregard of residents' daily life." In summary, we conclude that the government's imagination of autonomous vehicles is still largely confined to technology and industry. It is of great significance to improve policy content, enhance the understanding of the interaction mechanism

作者简介
吴杰、仲浩天（通讯作者），中国人民大学公共管理学院。

摘 要 自动驾驶汽车已成为智能技术革命中最引人注目的技术之一，催生了关于未来城市发展与居民日常生活的想象。基于社会技术想象理论，文章收集了我国2015—2023年中央政府和16个试点城市的自动驾驶政策文本，利用共词分析、LDA主题建模与相似度计算三种技术，对关于自动驾驶汽车社会技术想象的关键议题进行挖掘，最后通过质性内容分析进一步揭示其社会技术想象所隐含的技术治理逻辑，得到如下结论：①中国自动驾驶政策主题演变逻辑经历了从鼓励产业发展到专注高端制造业转型升级的过程；②其侧重点也呈现区域性特征和层级性；③2020年后政策发文总量上升，但仍具有"重制造、轻应用""聚焦高端技术、忽视居民日常生活"等特征。综上，文章得出政府对于自动驾驶汽车的想象在很大程度上仍局限于技术和产业，完善政策内容、提高对技术与城市互动机制的认知以及优化技术落地城市的试验机制，对于保障公平、高效、可持续的自动驾驶汽车发展具有重要意义。

关键词 自动驾驶汽车；社会技术想象；城市与区域发展；政策文本分析

1 引言

自动驾驶汽车，又称无人驾驶汽车，是机器人、人工智能、5G、物联网以及共享经济融合发展的产物，是当下人工智能变革中最引人注目的颠覆性技术之一。当前，全球许多城市都在进行自动驾驶车辆的运行试验（Hopkins and Schwanen，2018）。这些试验催生了关于未来城市的想

between technology and cities, and optimize the experimental mechanism for technology landing in cities to ensure fair, efficient, and sustainable development of autonomous vehicles.

Keywords autonomous vehicles; socio-technical imagination; urban and regional development; policy text analysis

象，被学者视为意在改变城市的政治、认知、本体及物质的社会技术实践（Edwards and Bulkeley，2018），背后交织着社会和政治过程，所产生的结果具备偶然性并取决于具体背景，尤其是参与试验的行动者以及试验本身的意图与逻辑（Gross and Krohn，2005）。

长期以来，城市被新技术的发明和应用所塑造，城市化过程本质上就是经济、社会、技术融合共进的赛博格（cyborg）形式（Gandy，2005）。既然如此，是什么样的特点使得当下的我们特别关注自动驾驶技术所带来的影响？首先，目前自动驾驶技术的发展和应用具有不确定性，其自身形式、应用场景和潜在影响尚不明晰，导致政策制定者难以依据实证证据做出治理决策（While *et al.*，2021）；其次，大部分自动驾驶技术尚未在复杂多变的城市环境中得到广泛验证（Tiddi *et al.*，2020）；最后，科技公司似乎在主导着对技术发展的想象和愿景（Sadowski，2021），事实上限制了政府对未来城市的塑造作用。

大量文献表明，科学和技术是由利益相关者（如科学家、工业制造者和决策者）赋予特定公众、用户及普通人想象中的特征、需求、偏好、行为所塑造的，即他们成为社会技术想象的一部分（Woolgar，1990；Rommetveit and Wynne，2017）。社会技术想象通常描绘技术的未来愿景和用途并能反映在政策制定领域。贾萨诺夫将社会技术想象定义为集体所有的、制度稳定的、公开表现的、理想的未来愿景，它由对社会生活形式和社会秩序的共同理解所激发，且这些社会生活形式和社会秩序可通过并支持科学技术的进步而实现（Jasanoff and Kim，2015）。因此，为更好地评估自动驾驶技术的潜在发展方向，本文基于社会技术想象理论视角，利用文本分析方法挖掘关于自动驾驶汽车的相关政策文本特征和演化，旨在分析中央政府和试点城市对于自动驾驶技术发展的愿景和想象，具体回答如下几个问题：

（1）政府对自动驾驶技术的社会技术想象是什么？

（2）政府对自动驾驶技术的社会技术想象随时间如何变化？

（3）各级和各地政府对自动驾驶技术的社会技术想象有哪些不同？

2 自动驾驶技术带来的不确定性

自动驾驶汽车可能会给未来城市带来深远却又难以预料的影响。一方面，政府和城市管理者都清楚地意识到发展自动驾驶技术有利于未来城市的发展与管理。2020 年 2 月 10 日，国家发展改革委、工业和信息化部等 11 个部门联合出台《智能汽车创新发展战略》，将自动驾驶产业上升到国家战略，指明了自动驾驶在实现《交通强国建设纲要》描绘的蓝图和达到国家治理现代化新要求中扮演的关键性角色。随着经济和城市的发展，我国居民日常活动日益多样，出行需求日益多元（Huang et al., 2018；Wang et al., 2020），搭载新能源的自动驾驶汽车，不仅可助力我国交通系统向智能、联网、绿色、高效转变，也是满足出行需求和降低出行碳排放的重要科技手段。同年 1 月 8 日，美国交通部发布《确保美国在自动驾驶技术的领先地位：自动驾驶 4.0》，旨在争夺自动驾驶技术应用的领头羊地位。现有研究已基本达成的共识是：自动驾驶汽车的广泛使用可减少交通事故、降低车辆碳排放、提升燃油效率、降低交通时间成本以及提高城市土地利用效率（秦波等，2019）。因此，发展自动驾驶技术，推动建设绿色、高效、公平的智能交通系统，对于我国在新一轮的技术革命中抢得先机至关重要。

另一方面，自动驾驶技术可能给城市带来潜在负面影响，各级政府和城市管理者都面对应该如何为这项新技术做准备的难题（梁佳宁、龙瀛，2023；王鹏等，2023）。长期以来，城市都被交通技术所塑造和重塑，步行造就了城中心，水运形成了码头，公共汽车和有轨电车拓展了城市郊区，汽车和高速公路造成了城市的扩张（Glaeser and Kohlhase, 2003；刘贤腾、周江评，2014）。在自动驾驶汽车广泛应用的情景下，我们的城市和日常生活方式会大不相同。然而，这样的城市是更宜居或是更糟则取决于我们将如何使用和管理这项新的交通技术。例如，近一百年以汽车为导向的城市发展对公共健康、人居环境和社会融合造成了极大的负面影响（Brown et al., 2009；Song et al., 2020；刘志林等，2009）。在这样的趋势下，各个国家和地区都面临既要满足日益增长的城市出行需求，又要保证经济和环境的可持续发展的矛盾（宋彦、张纯，2013；朱介鸣，2010）。然而，自动驾驶汽车无须驾驶和车内活动特征导致出行时间价值（也视为出行时间成本）的降低，远距离出行更加轻松，有可能进一步加剧城市扩张、社会排斥、公共健康等城市问题。

关于自动驾驶技术对城市空间影响的不确定性有两个来源：一是技术发展可能带来的负面影响难以预料；二是技术发展与社会相互影响所致技术发展路径的多种可能性。这两个因素实际上对应着地理学中两种不同的不确定性：认识论上的不确定性与本体论上的不确定性。首先，数据可以帮助我们描述已知、已发生、有限的不确定性（即认知论上的不确定性），但对于本体论的不确定性却无济于事。因为本体论的不确定性是超越了现有的事实和认知并以出乎意料的未知事件为表现形式，或者来源于事物的动态且非线性的变化。其次，对于现实过于详细的描述和关注会导致我们忽视极端情况的可能性，因为大多数的现实数据中并没有极端事件的发生（Simandan，2018）。例如，仅仅依靠数据量化方式的情景构建，难以预见"黑天鹅"事件（Fusco et al.，2017）。

3　社会技术想象作为启发式工具

社会技术想象的构建是概念化相关技术未来发展的重要方法。社会想象作为对理想未来的愿景，反映了科学和技术如何满足公众需求（Jasanoff，2016）。社会技术想象为选择和解释与社会技术发展相关的问题提供了一个框架，可以用于解释或正当化资源、警告技术创新可能带来的风险或危害、产生政治意愿。因此，社会技术想象是社会秩序（重新）产生的关键因素。然而，不同的利益相关者可能使用不同的愿景来促进或阻碍与自动驾驶技术相关的发展，并且随着时间的推移而演变（Jasanoff，2004）。那么，应用社会技术想象理论意味着我们需要根据想象形成和变化过程中重构指向未来的方向。因此，社会技术想象适用于解释为什么技术发展的历史路径，而且社会技术想象对于未来的概念化还可以为如何发现问题和寻找解决方案提供具体的想法，为解决上述的不确定性提供启发式的工具。

事实上，想象在规划中一直扮演着重要角色，体现在我们对城市的愿景、规划和蓝图中（顾朝林，2021；龙瀛、张雨洋，2021）。尽管这些"想象"最终并不能完全实现，但它们帮助我们在众多可能的未来中找准目标、辨明方向。技术演进过程中，利益相关方和非相关方对于技术特征、需求、偏好、行为变化的想象都很大程度上会影响技术如何被开发和应用，同时技术又将反过来影响人们的行为和城市空间（Sneath et al.，2009）。美国规划学者霍克（Hoch，2020）借用认知科学家、脑神经科学家、哲学家之间关于人类如何想象未来的争论所得出的见解，指出想象塑造了我们如何认知世界、构想规划，并提出认知理论为整合理性分析与主观想象提供了可能性。虽然想象常常被赋予积极的内容，但是其定然包括负面的、排斥的甚至灾难性的预期。技术如何被理解和想象决定着技术对城市的干预性质（Sumartojo et al.，2021）。

在本文中，我们分析了不同社会技术想象中的一个特定分支——政府对自动驾驶技术的社会技术想象。本文的讨论范围不是全面分析不同社会技术想象，相反，我们的目标是通过分析政策文本，挖掘在当下中国高质量发展背景下政府如何构建自动驾驶汽车未来发展的主题。通过这种方式，一方面，我们希望更深入地理解自动驾驶发展中的政府如何想象和构建未来的应用场景和发展方向，从而审视自动驾驶技术相关政策与高质量发展愿景的契合度；另一方面，聚焦于政策文本的讨论可以增强政府在自动驾驶技术发展中的引导性作用，避免企业过度主导技术的发展与应用。因此，我们将通过文本分析技术（重新）构建自动驾驶技术政策文本中的主题。

4　自动驾驶政策国际视角对比

各国政府在制定自动驾驶政策时所采取的方式存在差异。例如，针对自动驾驶汽车的安全问题，德国与新加坡倾向于采取积极的控制方法，进行严格的干预；中国和日本则处于两个极端之间，倾向于实施预防性政策，既不过度控制，又不放任自流；与之相反的是美国、澳大利亚、英国，没有采取严格的管控措施（Taeihagh and Lim，2019）。除此之外，不同国家之间的治理程序和框架也存在差异。比如，芬兰拥有较为宽松的立法氛围，所以能够率先进行自动驾驶汽车试验，在这方面远超北欧其他的国家（Hansson，2020）。类似的比较还出现在瑞典与挪威之间，尽管两国的地理环境联系密切，但针对自动驾驶技术的立法与政策规划却大相径庭。这种治理的差异，实际上反映了各国发展自动驾驶技术的不同动机。这些动机可能为经济利益、社会认同、潜在风险、治理危机等（Haugland，2020）。

美国的自动驾驶政策经历了多个阶段，从 AV1.0 到 AV4.0，每个阶段都有其特定的重点和发展方向（US DoT，2018）。AV1.0 阶段主要集中于为自动驾驶技术的发展提供基础框架和指导原则。在这个阶段，政府主要关注的是确保安全性和可行性，同时促进技术的创新和发展。随着技术的发展和应用的扩大，AV2.0 阶段着重于加强监管和规范，以应对自动驾驶技术的快速发展和潜在风险。在这个阶段，政府开始考虑如何制定更加具体和严格的规定，以确保自动驾驶车辆在道路上的安全性和可靠性。AV3.0 阶段政府在自动驾驶领域的政策逐渐趋于成熟和完善。在这个阶段，政府开始着手制定更加细致和全面的政策，以促进自动驾驶技术的商业化和推广应用。最新的 AV4.0 阶段着眼于更加广泛的自动驾驶生态系统，包括了更多的利益相关者和领域。在这个阶段，政府致力于推动自动驾驶技术与其他交通领域的融合，如智能交通系统、城市规划和可持续发展。同时，政府也在考虑自动驾驶技术对社会和经济的广泛影响，以制定更加综合与全面的政策措施，推动自动驾驶技术的全面发展和应用。

尽管学者们十分强调差异，但这并不代表自动驾驶技术的治理没有共性可言。在实际分析中，往往先是划分出一些达成共识的话题，再进行下一步。例如美国汽车工程师协会（Society of Automotive Engineers，SAE）的自动化分级水平，几乎所有关于自动驾驶技术的讨论都会出现它的身影（SAE，2016）。考虑到它出现的频率太高，大多数学者会很容易地默认它的存在。但这种"共性"也是有讨论空间的，霍普金斯和施瓦恩（Hopkins and Schwanen，2021）对 SAE 的自动化分级水平就有所反驳，他们认为所谓的分级框架同样只是由能力有限的专家所建构，刚开始的采用或许只是为了简化分析，帮助我们进入下一阶段，但随着其被大面积地默认，这种简单的线性思考反而违背了讨论的初衷，简化的、刻板的框架表达正是缺乏文化敏感性的表现。总之，政策的差异与共性要求我们关注自动驾驶技术治理的文化空间。正如马斯登和里尔顿（Marsden and Reardon，2017）所说，基于不同语境的治理文化会导致政策走向完全不同，而这些差异能从公开的政策文本中解读出来。这也是本文分析聚焦于政府这一特定分支的原因。

5 数据与方法

本文爬取 2015 年以来中央政府及 16 个试点城市的地方政府有关自动驾驶的政策文件。自 2021

年起，联合工业和信息化部组织开展智慧城市基础设施与智能网联汽车协同发展试点工作，先后确定北京、上海、广州、武汉、长沙、无锡 6 个城市为第一批"双智试点"，重庆、深圳、厦门、南京、济南、成都、合肥、沧州、芜湖、淄博 10 个城市为第二批"双智试点"（表 1），指导试点城市结合本地实际，推进智能化基础设施、新型网络设施和综合信息平台建设，以推动包括智慧停车在内的应用示范，提高交通出行的智慧化治理和服务水平。

表 1　自动驾驶试点城市名单与试点时间

试点批次	试点开始时间	自动驾驶试点城市名单
第一批	2021-05-06	北京、上海、广州、武汉、长沙、无锡
第二批	2021-12-03	重庆、深圳、厦门、南京、济南、成都、合肥、沧州、芜湖、淄博

本文具体地以"自动驾驶""无人驾驶""智能网联汽车"为关键词在国务院政策文件库及北上广深等 16 个地方政府网站进行全文检索，去除新闻、批复和政策解读后进行标记与去重，以正文是否包含"自动驾驶""无人驾驶""智能汽车""无人汽车""智能网联汽车"等相关词汇对政策文本进行过滤，最后对剩余的政策文本进行人工筛查，去除如与"无人机""无人码头"相关的混淆文本，并且对于如"政府工作报告""政府工作安排""规划纲要"等内容覆盖面较广的政策文本，仅保留其中与自动驾驶有关的段落进行后续分析，以避免引入过多噪声信息，使得所挖掘的文本主题含义不明确或相关性较差。最终获得 2015 年至 2023 年 12 月自动驾驶有关政策文本共 436 份（表 2）。

表 2　政策文本来源与数量

文件来源	数据获取来源及方式	数量
中央	https://sousuo.www.gov.cn/search-gov/data（get）	110
北京	https://www.beijing.gov.cn/so/ss/query/s（post）	111
上海	https://ss.shanghai.gov.cn/manda-app/api/app/search/v1/1drao49/search（post）	43
广州	http://search.gd.gov.cn/api/search/filesub（post）	49
深圳	http://search.gd.gov.cn/api/search/filesub（post）	21
武汉	手动获取	41
长沙	手动获取	11
无锡	手动获取	3
重庆	手动获取	18
厦门	手动获取	6
南京	手动获取	3
济南	手动获取	12

续表

文件来源	数据获取来源及方式	数量
成都	手动获取	2
合肥	手动获取	1
沧州	手动获取	1
芜湖	手动获取	2
淄博	手动获取	2

注：政策文本数量过少的选择手动爬取，其余为自动爬取。

本文基于 LDA（Latent Dirichlet Allocation）模型、共现矩阵和相似度计算进行自动驾驶相关政策文本的主题挖掘。LDA 主题模型是一种基于"文档-主题-词项"的三层贝叶斯网络概率生成模型，属于非监督机器学习算法的一种。在 LDA 模型的假设中，主题是介于文档和词项之间的一个隐变量，每篇文档是基于主题隐变量的多项式概率分布，而主题则满足基于词项的多项式概率分布。LDA 模型的输入是给定的文本集合，基于词袋模型，即不考虑词项在文本中出现的顺序，获得每一篇文本基于词项频率的向量化表示，输出为文本关于隐变量主题的分布矩阵和主题关于词项的分布矩阵。其一方面完成了文本在主题空间的降维表达，可作为后续聚类或分类任务的模型输入；另一方面根据概率分布较高的词项含义也可以对主题含义进行概括，以此对文本集合内容所关注的焦点有抽象而简化的理解。

主题数目是 LDA 模型中重要的超参数之一，在以往的研究中，最优主题数目的选择方法主要有三种：布莱（Blei）在提出 LDA 模型时选用困惑度（perplexity）指标来评价主题模型的优劣，而泛化和预测性能是困惑度的主要度量与评价，故其以极小化困惑度为目标确定主题数目的最优取值；格里菲斯（Griffiths）等在选择主题数目的最优取值时采用了依赖吉布斯（Gibbs）抽样的贝叶斯模型；层次狄利克雷过程（HDP）是一种基于贝叶斯框架的非参数化模型，能够通过训练自动得到最优的主题数目。然而后两种方法计算复杂度较高，且未考虑模型的泛化性能。

$$\text{perplexity}(D) = \exp\left(-\frac{\sum_{d=1}^{M} \log p(w_d)}{\sum_{d-1}^{M} N_d}\right) \quad (1)$$

式（1）给出了困惑度的计算方法。其中，D 表示语料库中的测试集；M 表示作为测试集语料 D 中的文本数量；N_d 和 w_d 分别表示文本 d 中的总词数和词项；$p(w_d)$ 表示文本 d 中生成词项 w_d 的概率。本文对于主题数目这一超参数，利用困惑度进行选择。该指标与模型对文本集中文本拟合似然度呈反方向变动，即困惑度越低，模型拟合能力越高。

主题一致性通常用来评估 LDA 模型学习到的主题的质量。一种常见的计算一致性的方法是通过计算主题下词语的相似性得分并对这些得分进行平均。常用的一致性计算方法包括 C_V、C_UMass、C_NPMI 等。

$$Cv = \frac{2}{T(T-1)} \sum_{t=1}^{T} \sum_{i=1}^{k} \sum_{j=i+1}^{k} PMI(W_I, W_J) \tag{2}$$

以 C_V 方法为例，计算公式如式（2），对于每个主题，选取一定数量（比如 10 个）的高频词语。对于每对词语，计算它们在语料库中的点互信息（PMI）。对所有词对的 PMI 值取平均，得到一致性得分。T 是主题的总数。k 是每个主题中选择的高频词语的数量。$PMI(W_i, W_j)$ 是词语 W_i 和 W_j 的点互信息。较高的一致性得分表示主题中的词语更具相关性和连贯性。

研究中，在 2—20 的备选区间进行主题数目选择，可以发现，当主题数目取到 10 后，困惑度指标比此前下降幅度较大。当主题数目取到 13 时，一致性指标达到最高。权衡话题抽取效果和含义，最终确定主题数目为 13。最后，选取其中分布概率较高的前 15 个关键词，再作后续分析（表 3）。

表 3 全局主题词特征

	全局主题特征词
主题 1	智能网、关键技术、强国、铁路、物流、无人、体制、体系、高地、人工智能、前沿技术、高质量、信用、品质、作业
主题 2	产业、标准、车辆、符合条件、方案、科技、示范区、社区、解决方案、数字、人力资源、电动汽车、重大项目、范围、文化
主题 3	农业、数据中心、产业链、传感器、高速公路、实施细则、道路、动力电池、标杆、工业、环节、核心技术、半导体、科委、新能源
主题 4	智能、转型、数字化、创业、责任、行政、集群、电子、数字、企业、乡村、贷款、模式、模型、市场化
主题 5	汽车产业、产业化、管理局、设施、交易、依法、政务、疫情、车路、高新技术、公共数据、政府、地图、领军、方式
主题 6	产业园、片区、节点、科创、绿色、材料、电子商务、公路、业务、专利、计量、一体、储能、数据、保税
主题 7	港口、装备、基础设施、功能、航运、协同、补贴、全球、总局、农产品、结构、服务业、有序、码头、医院
主题 8	市场主体、供应链、机构、体验、用地、报告、行业、园区、资产、办理、信息化、系统、动能、整治、金融机构
主题 9	规定、芯片、附件、远程、金融服务、商贸、专业、区县、计划、外资、本区、政策措施、会议、信息、电子信息
主题 10	招商、城乡、全面、竞争力、汽车、布局、基础、机场、要素、人员、算法、落地、生态、能源、住房

续表

全局主题特征词
主题 11	基金、车载、环境、信息技术、区域、资金、战略性、法治、绿色、先行、公共服务、主体、基地、品牌、办公厅
主题 12	工程、人才、电商、政策、网络、服务平台、评价、数据、专栏、生物医药、知识产权、团队、价值、指标、路段
主题 13	优势、区政府、比例、特色、年度、落户、电信、方向、措施、文件、医疗器械、规划、信息化、方面、机器人

6 结果与发现

结合社会技术想象视角，我们探索了各级、各地如何构想并回应自动驾驶技术的发展，通过共词分析、LDA 主题建模与相似度分析，揭示了这些政策回应中的想象、隐性假设和关键维度。本文将自动驾驶政策文本进行了三类分级，分别为中央、北上广深、剩余试点城市，这一分类方案是基于政策的地域性和影响力。首先，中央政策文本代表着国家层面的政策制定和指导，具有最高的政策效力和权威性。通常由中央政府或相关部委发布，对全国范围内的自动驾驶发展具有指导和规范作用。其次，北京、上海、广州、深圳作为国内经济发达的代表性城市，这些地区的政策文本具有特殊的地位和影响力，具有一定的示范和引领作用。同时，这些城市的政策发文量大，政策文本的数量和多样性也相对较高。最后，其他试点城市的政策文本可能受到中央政策和北上广深政策的影响，但也具有一定的地方性特点和差异。因此，这一级别的政策文本能够反映地方政府在自动驾驶领域的政策倾向和措施，对当地自动驾驶产业的发展和应用具有一定的指导与支持作用。

6.1 各级和各地政策关键词共现网络分析

在进行文本预处理后，本文利用共现矩阵对中央政策文本进行分析，构建了一个基于关键词共现频率的矩阵。然后通过 Gephi 对该共现矩阵进行可视化处理，生成社会网络关系图。该图以节点代表关键词、边代表关键词之间的共现关系，呈现出中央政策文本中关键词之间的网络结构和关联模式。具体来说，节点是指网络中的基本单元，在网络中可以相互连接，代表它们之间存在某种关系或联系，而它们的属性和连接关系构成整个网络的结构。通过分析节点之间的连接模式、节点的属性以及节点的位置等信息，可以了解网络的特征、结构和动态。边是指连接节点之间的线或者链接，表示节点之间的关系或者互动。边有不同的属性，如权重、方向、类型等。通过分析边的连接模式和属性，可以了解节点之间的互动方式、信息流动路径、社区结构等，从而深入理解社会网络的组织结构和动态。社区是指网络中密切联系在一起的节点群组。社区是网络中的子图，其中节点之间的内部联系比节点与社区外其他节点的联系更为频繁。同时，一个节点可以属于多个不同的社区，节点之间的社区成员关系不互斥，且存在一定的重叠或者交叉，社区重叠表明网络中个体间复杂的关系和多样的社交模式。在分析过程中，首先需要关注节点的度数，即节点直接连接的边的数量，通常度数较高的节点可能在网络中更为重要；其次，核心节点可能位于网络的中心位置或连接多个社区的位置。同时，将节点的大小或颜色进行编码，以突出显示重要节点。通过共现矩阵的分析，本文深入探究了自动驾驶政策文本的关键词之间的关联模式和结构，提供了政策文本研究的全局性视角，并揭示了其中潜在的主题和关注点。

在中央政策的网络关系图（图 1）中，共有四个明显的社区，每个社区代表着一组紧密相关的关键词，反映了中央政策文本中不同语义层次和主题的聚合，其中两个社区存在大面积的重叠，表明这些关键词在政策文本中具有多重含义和交叉关联。核心节点如"技术""领域""环境""能力""平台""企业""国家"和"体系"表明政府对自动驾驶技术规划主要集中在宏观层面，比如技术创新、技术标准和领域界限。规划中涉及的环境因素、能力要求、平台建设、企业参与、国家政策和治理体系等方面反映出政策对自动驾驶生态系统整体构建和治理体系建设的重视。然而，在具体执行过程中，这

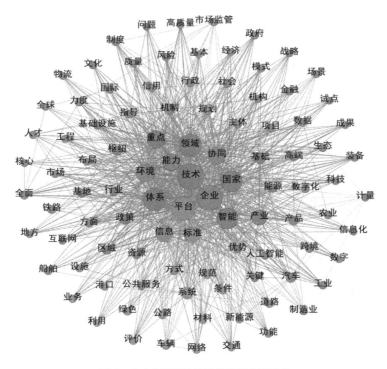

图 1　中央自动驾驶政策关键词共现网络

些规划缺乏具体细节和操作性指导，忽视了政策落实和执行过程中的实际困难与挑战。关键节点包括"技术""领域""重点""体系""环境""能力""协同""平台""信息""标准""企业""国家""智能""产业"，凸显了中央政策的关键领域、主题和关注点。关键词"技术""企业""国家""智能""产业"强调了政策对科技创新、产业发展和国家战略的重视。相对而言，"环境""能力""协同"可能关联到对环境保护、能力建设和产业协同发展的政策关切。在社区重叠的部分，关键词"环境""能力""领域""重点"是多个社群共有的。其中，"环境"可能同时关联到自动驾驶技术发展的多个方面，如生态环境、政策环境等；而"能力"可能关联到企业技术能力、人才培养等多个层面。

在北上广深城市的政策社交网络图（图2）中，有四个明显的社区，涵盖了重要节点如"平台""产业""智能""经济""社会""企业"等。这些节点代表了政府在自动驾驶发展中的目标和方向，包括促进产业发展、提升智能交通技术水平、推动经济增长和改善交通状况等。此外，"重点""领域""技术""项目"等节点则代表了一线城市在自动驾驶技术研发、应用领域拓展和重点项目推进方面的举措与政策部署。同时，"项目""知识产权""资源""环境""场景""数据""装备"等节点反映了北上广深城市对于自动驾驶的具体规划和实施。

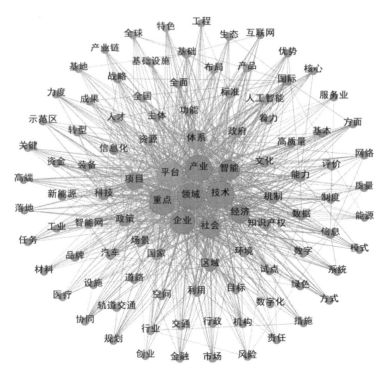

图2　北上广深自动驾驶政策关键词共现网络

其他试点城市虽然文本数量较少，但社会网络关系图揭示了其中一些重要节点（图3）。节点"汽车"表明这些城市可能重点关注自动驾驶汽车的研发、生产、测试和应用，以推动技术的发展和应用；节点"资金"反映了资金投入、流动和市场竞争等因素，可能用于技术研发、基础设施建设和软件开发；节点"园区"代表了这些城市在自动驾驶产业园区建设和发展方面的重要工作；节点"材料"反映了对自动驾驶技术材料的关注和研究，包括传感器、电池和车身材料等。尽管经济情况落后，但这些城市在自动驾驶领域的政策制定和实施上表现出积极态度与努力。它们的投入有助于推动技术的改进和实际应用，为城市交通的智能化和可持续发展提供关键支持。因此，尽管政策文件较少，但这些城市的自动驾驶政策在实践中有望更具体化，为技术发展提供更多支持。

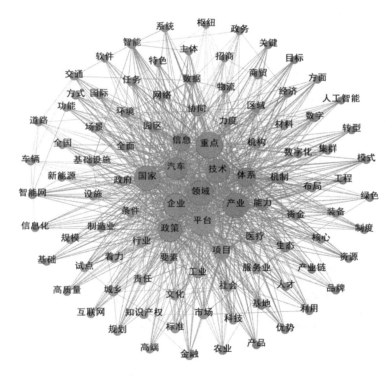

图3　其他试点城市自动驾驶政策关键词共现网络

6.2　主题模型区域特征分析

接下来，本文运用LDA主题模型对政策文本进行研究。中央及16个试点城市的自动驾驶政策文本全局挖掘结果如表4，共包含13个主题，根据其分布概率较高的前15个关键词以及在该主题上分布概率较高的文本进行主题含义的确认及命名。

表 4　全局主题热度

主题序号	全局主题	主题强度
11	信息技术与战略性公共服务	8.44%
4	智能转型与交通市场化	8.35%
2	自动驾驶汽车试点标准与条件	8.05%
5	汽车产业化与政府管理	7.97%
12	自动驾驶人才与知识产权	7.80%
3	道路数字化与新能源技术	7.71%
8	市场供应主体与行业信息	7.67%
10	城乡基础布局与生态能源	7.65%
13	自动驾驶优势与政府规划	7.60%
6	自动驾驶产业园区与数据	7.32%
7	基础设施与行业应用	7.21%
1	智能技术与前沿应用	7.17%
9	自动驾驶服务与政策措施	7.05%

本文进而计算了各个城市政策文本与中央政策文本的相似度（表5）。在前文中，根据自动驾驶政策的发文量，将各城市分为不同类别，其中一个类别包括北京、上海、广州和深圳。通过相似度计算发现，这四个城市与中央政策文本的相似度最高，反映了多方面因素的综合影响。

表 5　中央与试点城市自动驾驶政策相似度

地区	相似度
中央	100.00%
上海	90.87%
北京	90.50%
广州	88.96%
深圳	81.77%
重庆	80.87%
厦门	78.70%
济南	77.92%
长沙	76.93%
武汉	72.54%
南京	72.05%

续表

地区	相似度
淄博	52.21%
无锡	50.07%
沧州	43.84%
合肥	37.36%
芜湖	36.21%
成都	20.17%

首先，作为国内的一线城市，北京、上海、广州、深圳具有重要的政治、经济和科技地位，在自动驾驶政策制定中扮演着关键角色。它们不仅是国家战略的主要执行者，也是自动驾驶技术研发和产业布局的主要阵地，因此其政策发文量较高。其次，一线城市具备较强的政策制定和执行能力，能够更好地响应中央政策导向，将其转化为地方实践。这些城市拥有完善的政策制定机构和执行体系，因此与中央政策的相似度较高。再次，一线城市在自动驾驶技术研发和产业布局方面通常处于领先地位，拥有丰富的科研资源和高校机构，因此制定的政策更贴近技术前沿和产业需求，与中央政策相似度较高。最后，一线城市在经济发展水平、交通状况和城市管理等方面存在较高的相似性，因此在自动驾驶政策的制定上可能具有一致性。

相比之下，无锡、合肥、芜湖、沧州、成都等城市与中央政策的相似度低于50%。这些城市的自动驾驶政策发文数量较少，可能导致相似度计算受到数据偏差的影响。此外，政策内容的匹配程度、地区发展阶段以及政策执行效率等因素也会影响相似度。因此，地方政策导向和优先发展方向可能导致城市与中央政策的偏差。

政策文本的区域差异可能来自以下三个方面。首先，政府政策导向和发展战略的不同。一些城市可能更注重经济发展和产业转型，将自动驾驶技术视为发展战略的重要组成部分；而另一些城市可能更注重社会公共服务和城市管理，将自动驾驶技术作为提升公共服务水平的手段。其次，城市之间的产业结构和技术基础差异。一些城市可能拥有先进的信息技术基础设施和人才资源，更倾向于关注信息技术在交通领域的应用；而另一些城市可能更注重汽车产业的发展，因此关注汽车产业化与政府管理。最后，城市的地理、经济、人口等方面存在差异，因此面临的交通问题和需求也不同。一些城市可能面临交通拥堵等问题，而另一些城市可能更关注公共交通服务的改善或者特殊群体的出行需求。基于这些差异，城市会根据自身的情况制定相应的自动驾驶政策。

表6和表7展示了不同区域的自动驾驶政策，通过分析可以发现它们的共性和差异。首先，中央政策集中关注信息技术与战略性公共服务，凸显了中央政府对未来交通领域发展的重视。自动驾驶技术以其利用先进技术实现无人驾驶或半自动驾驶的功能而备受关注。其次，自动驾驶技术被视为提高公共交通服务水平、解决特殊群体出行需求以及改善环境质量的重要手段。

表 6　中央与一线试点城市主题热度

全局主题	中央	北京	上海	广州	深圳
智能技术与前沿应用	0.075 162	0.070 964	0.070 735	0.070 201	0.069 035
自动驾驶汽车试点标准与条件	0.081 633	0.080 646	0.079 854	0.079 566	0.082 561
道路数字化与新能源技术	0.076 838	0.076 035	0.076 657	0.078 742	0.079 670
智能转型与交通市场化	0.079 966	0.084 626	0.085 780	0.082 267	0.084 071
汽车产业化与政府管理	0.081 352	0.078 029	0.079 754	0.077 963	0.081 807
自动驾驶产业园区与数据	0.072 747	0.073 103	0.074 668	0.072 101	0.074 374
基础设施与行业应用	0.076 601	0.070 532	0.068 731	0.070 054	0.069 611
市场供应主体与行业信息	0.076 529	0.077 021	0.076 494	0.079 314	0.075 457
自动驾驶服务与政策措施	0.068 200	0.071 313	0.070 113	0.072 142	0.069 362
城乡基础布局与生态能源	0.075 068	0.077 011	0.079 356	0.075 659	0.074 501
信息技术与战略性公共服务	0.085 373	0.084 551	0.085 433	0.085 110	0.082 342
自动驾驶人才与知识产权	0.075 962	0.080 355	0.076 395	0.078 862	0.078 669
自动驾驶优势与政府规划	0.074 569	0.075 815	0.076 030	0.078 018	0.078 540

表 7　其他试点城市主题热度

全局主题	南京	武汉	长沙	厦门	合肥	济南	无锡	重庆	成都	淄博	沧州	芜湖
智能技术与前沿应用	7.11%	6.96%	6.66%	7.42%	6.83%	6.93%	7.23%	7.46%	6.93%	7.04%	7.00%	6.75%
自动驾驶汽车试点标准与条件	7.48%	8.04%	8.06%	7.70%	8.26%	7.64%	9.01%	7.70%	7.79%	7.82%	9.77%	9.37%
道路数字化与新能源技术	7.34%	7.52%	7.50%	7.86%	8.27%	7.61%	9.08%	7.64%	8.53%	8.91%	8.23%	8.93%
智能转型与交通市场化	9.68%	9.09%	9.57%	7.95%	8.18%	8.51%	7.39%	8.08%	7.19%	8.08%	7.70%	7.54%
汽车产业化与政府管理	8.10%	7.81%	7.72%	8.10%	7.33%	7.44%	9.15%	8.23%	7.49%	8.88%	8.80%	8.13%
自动驾驶产业园区与数据	7.10%	7.48%	7.53%	7.11%	6.53%	7.46%	7.08%	6.98%	8.45%	7.11%	6.85%	7.36%
基础设施与行业应用	7.08%	7.22%	7.10%	7.05%	7.34%	7.26%	6.98%	7.11%	7.69%	7.40%	7.73%	7.78%
市场供应主体与行业信息	7.20%	7.71%	7.55%	7.02%	7.47%	7.86%	7.37%	7.31%	7.87%	7.17%	7.81%	7.13%
自动驾驶服务与政策措施	6.32%	7.07%	7.46%	7.35%	7.24%	6.87%	6.88%	7.96%	7.28%	6.96%	6.51%	7.12%
城乡基础布局与生态能源	7.97%	7.65%	7.64%	7.86%	8.32%	8.16%	7.71%	7.89%	6.96%	7.31%	7.14%	7.41%
信息技术与战略性公共服务	7.96%	8.39%	8.00%	8.72%	8.54%	8.92%	7.47%	7.97%	7.14%	7.85%	7.97%	7.51%
自动驾驶人才与知识产权	8.98%	7.58%	7.62%	7.68%	7.71%	7.46%	7.36%	8.00%	8.47%	7.67%	6.96%	7.41%
自动驾驶优势与政府规划	7.69%	7.48%	7.58%	8.18%	7.98%	7.89%	7.26%	7.67%	8.21%	7.81%	7.53%	7.57%

发达城市如上海、北京、广州、深圳等也关注信息技术与战略性公共服务,因为它们面临着类似的城市交通挑战,拥有先进的技术基础设施和人才资源。剩余试点城市的关注点有所不同,南京、武汉、长沙等城市更注重智能技术在交通领域的应用和交通市场的市场化运作模式,表明它们更关注智能交通系统的建设和交通管理。厦门、合肥、济南等城市则关注自动驾驶技术在公共服务领域的应用,希望提升交通效率和改善交通安全。无锡、重庆等城市注重汽车产业的发展和政府管理,而成都、淄博更关注道路数字化和新能源技术在交通领域的应用。沧州、芜湖关注自动驾驶汽车试点标准与条件,表明它们正积极筹备或已启动自动驾驶汽车试点项目。

6.3　主题模型演化特征分析

本文深入探索了 2015—2023 年政策主题的演化特征(表 8)。结果显示,2015—2020 年主要政策焦点集中在信息技术与战略性公共服务、智能转型与交通市场化、自动驾驶汽车试点标准与条件等方面;2021—2023 年,政策主题略有变化,但仍延续之前趋势,主要集中在信息技术与战略性公共服务、智能转型与交通市场化、汽车产业化与政府管理等领域。

表 8　不同时期主题热度

全局主题	2021—2023 年	2015—2020 年
智能技术与前沿应用	7.16%	7.07%
自动驾驶汽车试点标准与条件	7.97%	8.32%
道路数字化与新能源技术	7.70%	7.57%
智能转型与交通市场化	8.41%	8.49%
汽车产业化与政府管理	8.03%	7.80%
自动驾驶产业园区与数据	7.35%	7.49%
基础设施与行业应用	7.16%	6.98%
市场供应主体与行业信息	7.66%	7.68%
自动驾驶服务与政策措施	7.08%	6.93%
城乡基础布局与生态能源	7.67%	7.61%
信息技术与战略性公共服务	8.46%	8.63%
自动驾驶人才与知识产权	7.80%	7.71%
自动驾驶优势与政府规划	7.55%	7.71%

这反映了政策制定者对信息技术在战略性公共服务领域的重视。政府部门倾向于利用信息技术改善公共服务的效率、可及性和质量,以满足不断增长的公共需求。这种关注也反映了政府对数字化转型的迫切需求,以适应快速变化的社会和经济环境。同时,智能转型与交通市场化也成为政策制定的

重点。随着科技的进步和经济的发展，交通运输领域面临着日益复杂的挑战和机遇。智能交通系统的发展和交通市场化的推进，可以提升交通运输的效率、安全性和可持续性，促进城市发展和经济增长。因此，政府在这一领域的政策关注反映了对未来交通发展的战略规划和重视。

7　总结与讨论

　　结合社会技术想象理论，本文利用共词分析技术、LDA 主题模型以及相似度计算等方法，对2015—2023 年中央及 16 个试点城市的自动驾驶政策文本进行了爬取和分析，对政府对自动驾驶汽车的构想和回应进行了深入研究。本文发现：①中国自动驾驶政策主题演变逻辑经历了从鼓励产业发展到专注高端制造业转型升级的过程；②其侧重点也呈现区域性特征和层级性；③2020 年后政策发文总量上升，但仍具有"重制造、轻应用""聚焦高端技术、忽视居民日常生活"等特征。总体来看，政府对于自动驾驶汽车的社会技术想象局限于技术创新和产业升级，缺乏对社会技术系统的整体规划和布局。

　　政府对于自动驾驶汽车的想象很大程度上是"去政治化"的，主要关注技术创新和产业升级，却忽略了技术可能带来的社会影响。未来研究应探索如何建立技术发展的协作框架，广泛汲取不同主体对于自动驾驶汽车的社会技术想象，特别是赋予技术发展中缺乏想象能力的弱势群体更多的权力。技术发展的历史已经指出，公共参与是保障技术发展过程中公共利益的重要组成部分，而社会技术想象视角可以有效促进批判性公共参与和讨论的实践。

　　虽然，我国已有 16 个试点城市开展了自动驾驶政策的制定与实施，但是缺少对现有政策实施效果的评估，特别是在伦理规范、社会公平、城市空间等与技术创新和产业升级关联较弱的方面，缺乏针对具体试点城市的评估。现有研究大多基于模拟仿真或问卷调查评估自动驾驶政策的社会经济影响，未来研究可以将试点城市作为案例，开发和验证基于实际城市环境的自动驾驶政策评估工具，为未来的城市空间规划和高质量发展战略提供参考。

致谢

　　本文受国家自然科学基金项目"智能技术背景下居民预期行为与城市空间重构的互动机理研究"（42301285）资助。

参考文献

[1]　BROWN J R, MORRIS E A, TAYLOR B D. Planning for cars in cities: planners, engineers, and freeways in the 20th century[J]. Journal of the American Planning Association, 2009, 75: 161-177.

[2]　EDWARDS G A, BULKELEY H. Heterotopia and the urban politics of climate change experimentation[J]. Environment and Planning D: Society and Space, 2018, 36: 350-369.

[3]　FUSCO G, CAGLIONI M, EMSELLEM K, et al. Questions of uncertainty in geography[J]. Environment and

Planning A, 2017, 49: 2261-2280.

[4] GANDY M. Cyborg urbanization: complexity and monstrosity in the contemporary city[J]. International Journal of Urban and Regional Research, 2005, 29(1): 26-49.

[5] GLAESER E L, KOHLHASE J E. Cities, regions and the decline of transport costs[J]. Papers in Regional Science, 2003(83): 197-288.

[6] GROSS M, KROHN W. Society as experiment: sociological foundations for a self-experimental society[J]. History of the Human Sciences, 2005, 18: 63-86.

[7] HANSSON L. Regulatory governance in emerging technologies: the case of autonomous vehicles in Sweden and Norway[J]. Research in Transportation Economics, 2020, 83: 100967.

[8] HAUGLAND B T. Changing oil: self-driving vehicles and the Norwegian State[J]. Humanities and Social Sciences Communications, 2020, 7: 1-10.

[9] HOCH C. Planning imagination and the future[J]. Journal of Planning Education and Research, 2020: 0739456X221084997.

[10] HOPKINS D, SCHWANEN T. Experimentation with vehicle automation[M]//Transitions in energy efficiency and demand. London: Routledge, 2018.

[11] HOPKINS D, SCHWANEN T. Talking about automated vehicles: what do levels of automation do? [J]. Technology in Society, 2021, 64: 101488.

[12] HUANG J, LEVINSON D, WANG J, et al. Tracking job and housing dynamics with smartcard data[J]. Proceedings of the National Academy of Sciences, 2018, 115: 12710-12715.

[13] JASANOFF S. States of knowledge[M]. London: Routledge, 2004.

[14] JASANOFF S. The ethics of invention: technology and the human future[M]. New York: W. W. Norton & Company, 2016.

[15] JASANOFF S, KIM S H. Dreamscapes of modernity: sociotechnical imaginaries and the fabrication of power[M]. Chicago: The University of Chicago Press, 2015.

[16] MARSDEN G, REARDON L. Questions of governance: rethinking the study of transportation policy[J]. Transportation Research Part A: Policy and Practice, 2017, 101: 238-251.

[17] ROMMETVEIT K, WYNNE B. Technoscience, imagined publics and public imaginations[J]. Public Understanding of Science, 2017, 26: 133-147.

[18] SADOWSKI J. 2021. Who owns the future city? Phases of technological urbanism and shifts in sovereignty[J]. Urban Studies, 2021, 58: 1732-1744.

[19] SAE. Taxonomy and definitions for terms related to driving automation systems for on-road motor vehicles[S]. 2016.

[20] SIMANDAN D. Competition, contingency, and destabilization in urban assemblages and actor-networks[J]. Urban Geography, 2018, 39: 655-666.

[21] SNEATH D, HOLBRAAD M, PEDERSEN M A. Technologies of the imagination: an introduction[J]. Ethnos, 2009, 74: 5-30.

[22] SONG Y, CHEN B, KWAN M P. How does urban expansion impact people's exposure to green environments? A

comparative study of 290 Chinese cities[J]. Journal of Cleaner Production, 2020, 246: 119018.

[23] SUMARTOJO S, LUNDBERG R, TIAN L, et al. Imagining public space robots of the near-future[J]. Geoforum, 2021, 124: 99-109.

[24] TAEIHAGH A, LIM H S M. Governing autonomous vehicles: emerging responses for safety, liability, privacy, cybersecurity, and industry risks[J]. Transport Reviews, 2019, 39: 103-128.

[25] TIDDI I, BASTIANELLI E, DAGA E, et al. Robot-city interaction: mapping the research landscape — a survey of the interactions between robots and modern cities[J]. International Journal of Social Robotics, 2020, 12: 299-324.

[26] US DOT. Preparing for the future of transportation: automated vehicles 3.0[R]. 2018. https://www.transportation.gov/av/3.

[27] WANG J, HUANG J, DU F. Estimating spatial patterns of commute mode preference in Beijing[J]. Regional Studies, Regional Science, 2020, 7: 382-386.

[28] WHILE A H, MARVIN S, KOVACIC M. Urban robotic experimentation: San Francisco, Tokyo and Dubai[J]. Urban Studies, 2021, 58: 769-786.

[29] WOOLGAR S. Configuring the user: the case of usability trials[J]. The Sociological Review, 1990, 38: 58-99.

[30] 顾朝林. 现代城市与区域规划简史[J]. 城市与区域规划研究, 2021, 13(1): 235-241.

[31] 梁佳宁, 龙瀛. 城市机器人的应用与空间应对研究综述[J]. 城市与区域规划研究, 2023, 15(1): 47-71.

[32] 刘贤腾, 周江评. 交通技术革新与时空压缩——以沪宁交通走廊为例[J]. 城市发展研究, 2014, 21(8): 56-62.

[33] 刘志林, 张艳, 柴彦威. 中国大城市职住分离现象及其特征——以北京市为例[J]. 城市发展研究, 2009, 16(9): 110-117.

[34] 龙瀛, 张雨洋. 城市模型研究展望[J]. 城市与区域规划研究, 2021, 13(1): 1-17.

[35] 秦波, 陈筱璇, 屈伸. 自动驾驶车辆对城市的影响与规划应对: 基于涟漪模型的文献综述[J]. 国际城市规划, 2019, 34(6): 108-114.

[36] 宋彦, 张纯. 美国新城市主义规划运动再审视[J]. 国际城市规划, 2013, 28(1): 98-103.

[37] 王鹏, 徐蜀辰, 苏奎峰. 适应自动驾驶技术演进的城市空间策略研究[J]. 城市与区域规划研究, 2023, 15(1): 72-86.

[38] 朱介鸣. 城市规划在可持续中国城市发展中的作用[J]. 城市规划学刊, 2010(2): 1-7.

［欢迎引用］

吴杰, 仲浩天. 基于社会技术想象理论的中国自动驾驶政策特征与演化[J]. 城市与区域规划研究, 2024, 16(1): 79-97.

WU J, ZHONG H T. Sociotechical imaginaries of autonomous vehicle policies in China[J]. Journal of Urban and Regional Planning, 2024, 16(1): 79-97.

当代自然语言处理技术驱动的城市公共空间"共建共治"初探

李 洋 李彦婕 冯楚凡 赵 桐 马 申 李依浓

An Initial Exploration of NLP-Driven Technology for Participatory Public Space Making

LI Yang[1], LI Yanjie[1], FENG Chufan[1], ZHAO Tong[1], MA Shen[2], LI Yinong[3]
[1. Beijing Tsinghua Tongheng Urban Planning and Design Institute, Beijing 100085, China; 2. iSoftStone Information Technology (Group) Co., Ltd., Beijing 100193, China; 3. Beijing Forestry University, Beijing 100083, China]

Abstract In the context of participatory urban development, planning and governance, contemporary artificial intelligence technologies, represented by natural language processing (NLP), especially large language model (LLM), have brought great opportunities to further integrate and converge knowledge and wisdom in specialized fields and empower multiple actors to jointly achieve the desirable urban public spaces. This paper aims to explore the technologies, technical frameworks and key issues of participatory public space making supported by NLP technologies. First, by reviewing existing cases and literature, this paper sorts out and clarifies the mechanisms of participatory public space making and the requirements of technology development. On this basis, the paper combines the principles and characteristics of contemporary NLP technology represented by LLM and summarizes its potentials in the participatory public space making. Finally, this paper proposes a framework and the preliminary prototypes of NLP-driven technologies of participatory public space making in a Chinese context and also points out directions for future development.

Keywords public space; participation; artificial intelligence; natural language processing(NLP); large language model(LLM)

作者简介
李洋、李彦婕、冯楚凡、赵桐,北京清华同衡规划设计研究院;
马申,北京软通动力信息技术有限公司;
李依浓(通讯作者),北京林业大学。

摘 要 以大语言模型(LLM)为代表的当代自然语言处理(NLP)技术为进一步汇聚专业领域知识智慧、赋能多元主体共塑城市公共空间品质带来巨大契机。文章探索了当代 NLP 技术支持的公共空间"共建共治"技术框架与关键问题:首先,梳理明确城市公共空间"共建共治"机制及技术发展需求;其次,结合当代 NLP 技术特征归纳其在公共空间"共建共治"中的潜力;最后,提出当代 NLP 技术驱动的城市公共空间"共建共治"技术框架、原型案例并展望未来发展方向。

关键词 公共空间;参与;人工智能;自然语言处理(NLP);大语言模型(LLM)

1 引言

城市公共空间是承载公共活动交流与公共服务产品交换、交易的城市物理空间场所(石忆邵等,2022)。作为公共活动与公共资源的物理载体,城市公共空间一直是多主体博弈与利益协同的核心对象。当前我国城市建设进入"存量规划""精细化治理"转型阶段和"人民城市"建设背景下,公共空间的更新与治理日益成为学术领域和政府部门关注的重点议题(董宇、邵静然,2021)。供需失衡、需求差异、权属复杂化等问题进一步激发了多元主体参与城市公共空间"共建共治"的需求(陈诗扬等,2023),也对规划治理技术创新提出更高要求。

自然语言处理(natural language processing,NLP)技术是使计算机能够理解、处理、生成、模拟人类自然语言的模型和算法框架，其目标是使计算机能够像人类一样理解和应用自然语言，实现更有效的人机交互。近年来，网络、算力与算法等技术发展促进了以大语言模型（large language model，LLM）等为代表的当代 NLP 技术的诞生。随着大规模无监督数据训练、参数量达到百亿级以上的预训练语言模型（车万翔等，2023）的出现，当代 NLP 技术为公共空间"共建共治"效能提升带来新契机（《城市规划学刊》编辑部，2023；Guo *et al.*, 2019）：第一，语言模型质量的提升使自然语言生成结果更具有用性和真实性（钱力等，2023），在一定程度上解决了传统语言模型在复杂多领域的知识利用、演绎推理、欺骗性反应等方面的缺陷，使其有可能成为空间建设与治理的可靠专业工具；第二，巨大的世界知识空间使得 LLM 具备了更高的任务通用性（朱光辉、王喜文，2023），即能够在没有或者仅有少量特定任务数据的情况下快速适应新领域下的新任务（邱冬阳、蓝宇，2023），这有助于打破城市公共空间生产过程中的专业知识壁垒，使技术服务于更为多样、信息与知识差异更大的用户群体，向"通用人工智能"①的实现迈进。

然而，当前对城市公共空间"共建共治"中 NLP 技术的认知与理论建构尚处于初始阶段，难以支撑实现新技术潜力在本领域的有效发挥。一方面，当代 NLP 技术在城市公共空间"共建共治"中的潜力尚缺乏足够的研究与挖掘，新技术在城市公共空间"共建共治"中能够发挥作用的具体技术环节与技术路径有待明确；另一方面，对当代 NLP 技术嵌入城市公共空间"共建共治"的机理尚缺乏深入认知，缺少引导新技术驱动城市公共空间"共建共治"的理论框架。

面对上述背景与需求，本文尝试探索当代 NLP 技术驱动的城市公共空间"共建共治"路径：首先，梳理明确城市公共空间"共建共治"机制及技术发展需求；其次，结合当代 NLP 技术特征归纳其在公共空间"共建共治"中的潜力；最后，构建提出新技术驱动的城市公共空间"共建共治"技术框架、原型并展望未来发展方向。

2 当代公共空间"共建共治"技术进展与发展需求

2.1 公共空间"共建共治"技术进展

公共空间的根本属性决定了其"共建共治"的需求。随着民主社会、公共组织的不断发展，不同主体的利益诉求越来越强烈和多元化，城市规划也由精英规划向公众参与的方向转变（欧阳松，2021）。近年来，信息通信技术的发展促进了城市公共空间参与技术的数字化转型，并伴随人工智能技术的突破逐步向智能化演进。公共空间"共建共治"技术的核心功能是辅助协调并发挥不同主体在公共空间建设治理中的合力，可归纳为空间感知、空间干预和辅助多主体协商三个主要方面（表 1）。

空间感知方面，主要代表技术为可供不同主体查看和反馈公共空间状况的参与式地理信息系统。参与式地理信息系统是通过参与式理念和方法获取信息、用地理信息技术与系统表达的一个交叉应用领域（Rambaldi *et al.*, 2005），通过将社会行为和技术在某一个地理空间进行集成（何宗宜、刘政

表 1　公共空间"共建共治"技术代表案例及其主要功能

类型	代表案例	年份	主要功能
空间感知	北京市"我爱北京"地图公共服务平台	2011	为市民提供各类公共服务、便民服务信息并提供公众反馈城市管理提案
	美国 APOPS 网站	2012	对城市私有化公共空间进行在线查找、评论打分、问题反馈、设计提案等
	"北京钟鼓楼改造项目社区规划参与讨论网站" WebGIS 平台	2012	供用户查看并针对某个地点或院落上传照片和发表评论
	上海市复兴公园 PPGIS 文化服务评估平台	2019	允许公众对公园绿地文化服务等进行意见反馈
空间干预	美国公共空间项目	1975	为公众提供在线场所营造工具，促成人们与想法、资源、专业知识和合作伙伴之间的联系，促成"场所–社区–场所"的创建
	"众规武汉"城市规划综合服务网络互动平台	2015	允许公众使用在线规划工具，参与东湖绿道、社区口袋公园等的公共空间规划
	荷兰在线 AI 骑行街道生成工具	2023	应用生成式 AI，结合行业专家知识，基于任意城市街道图片生成更适合骑行和步行的街道风格
辅助多主体协商	武汉"城市留言板"响应式协商制度	2017	通过第三方搭建公共平台，供市民与 122 个职能部门进行线上一对一对话，解决现实问题
	"城市叙事"数字平台	2021	从公众咨询活动中自动提取公众对城市重建中不同主题的"兴趣"和"立场"，并通过可视化工具直观呈现分析结果
	加州在线交互式数据库地图工具	2023	提供在线资源帮助用户理解和比较加州各地方政府的总体规划

荣，2006）。国外参与式地理信息系统发展较早，一个在公共空间建设方面的典型案例是美国 APOPS 网站[②]，它为公众提供了解纽约市私有化公共空间（privately owned public space，POPS）及反馈问题的功能（Luk，2009）。我国城市规划、管理者尝试通过城市空间信息整合、资源公开共享的城市管理平台，实现城市、片区、社区等不同尺度的公众参与，辅助公共空间的改进和创新，例如北京市"我爱北京"地图公共服务平台[③]、上海市复兴公园 PPGIS 文化服务评估平台（戴代新等，2019）、"北京钟鼓楼改造项目社区规划参与讨论网站" WebGIS 平台等（王鹏，2014）。

空间干预方面，"共建共治"技术主要体现在面向各类主体的城市公共空间营造工具库。国际上诸多组织和机构提供在线工具以促进公众、社区参与公共空间的优化与场所营造，代表案例如美国的公共空间项目[④]。相较而言，国内公众参与有一定局限性，空间干预类工具处于初步应用阶段，例如武汉市自然资源和规划局 2015 年创办的"众规武汉"平台，允许公众使用在线规划工具参与东湖绿道、社区口袋公园等公共空间规划，但仍以专业规划团队为主力。随着 ChatGPT 等技术的出现，生成式 AI 被引入空间"共建"，例如荷兰国家旅游会议促进局 2023 年推出一款在线 AI 骑行街道生成工具[⑤]，可将任意城市街道图片自动转换为更适合骑行和步行的场景，使非专业人士也能够参与街道空间的优化。

辅助多主体协商方面，"共建共治"技术体现为支撑各类动态协商机制的沟通平台。协商平台通常集成了各方意见汇聚、响应反馈等功能。在我国城市管理领域常见由第三方搭建公共平台的响应式协商机制，例如武汉市 2017 年上线的网上群众工作部官方平台"城市留言板"（黄骏、张昱辰，2023）等。国外开始较早探索 NLP 技术在辅助协商方面的应用，如戴尔（Dyer *et al.*，2021）等基于 Stanford NLP 工具包开发的"城市叙事"（Urban Narrative）数字平台，通过自动化提取关键信息，增强公众参与社区讨论的广度和深度；基于 NLP 技术的语义分析功能，班金沃等（Banginwar *et al.*，2023）在"461 加州计划"（Brinkley and Stahmer，2021）的基础上，开发了加州在线交互式数据库地图工具[⑥]，让研究人员、政策制定者以及公众都可以轻松访问和理解复杂的规划文档（Fu，2024）。近期，国内外对 LLM 在地理、交通领域辅助多主体协商的潜力进行探索，例如 LLM 的 EarthGPT 模型（Zhang，Cai *et al.*，2024）、TrafficGPT 模型（Zhang，Fu *et al.*，2024）等，将专业语言转译成更易于理解的详细描述。

2.2 公共空间"共建共治"技术发展需求

在我国城市高质量发展、空间精细化建设治理和"人民城市"建设的大背景下，公共空间"共建共治"技术发展需求主要体现在以下两个方面。

第一，面向公共空间"共建共治"的复杂需求，现有技术工具的智能化水平有待提升。在空间感知方面，尽管公众参与的入口已经从实体场所拓展到移动通信终端和社交网络，但技术的"用户友好"性不足，平台的技术障碍和复杂的操作流程可能会阻碍公众的参与（陈虹、刘雨菡，2016），同时由于对复杂信息的分析能力限制，大量多源信息难以被纳入支撑对空间的感知；在空间干预方面，当前技术对参与主体赋能的程度依然有限，难以弥合各主体在参与意识、相关知识、个人技能和教育水平等的差异——即使公众愿意参与，他们可能也无法获得足够的信息来做出针对性决策（柴彦威等，2014），这使得空间建设的决策和实施往往仍然过度依赖政府与专业组织，限制了公众参与的效率和深度（欧阳洁等，2016）；在辅助协商方面，专业知识壁垒较高、技术与政策知识的不对称依然是导致沟通效果受限的主因，仅依靠意见汇聚-反馈的功能难以有效地辅助解决信息不对称、诉求差异和利益平衡等深层次问题。因此，需要引入更智能化的技术以增强多元主体对城市公共空间感知、干预与协商能力，以智能化促进"共建共治"广度与深度的提升。

第二，技术工具尚未与公共空间"自下而上"的供给机制充分协同，需要建立引导新技术驱动城市公共空间"共建共治"的理论框架。长期以来，我国空间建设与治理未能充分重视公众作为城市主体的角色，城市规划在思维基础上仍存在明显的精英化倾向，公众参与往往局限于意见征求的层面，形成一种"象征性的参与"（何宗宜、刘政荣，2006）。在"自上而下"为主的公共空间供给和治理背景下，对技术的研究多就技术本身进行讨论，由于对公共空间"自下而上"产生机理及其与技术的关系尚缺乏深入认知，限制了技术效能的发挥。因此，需要构建城市公共空间"共建共治"的理论框架，明确技术工具在框架中可发挥的核心作用，实现技术与机制的充分协同。

　　当代 NLP 技术以其大幅提升的准确性、通用性和自动化能力，为实现城市公共空间"共建共治"提供了新的可能性。下文将进一步结合城市公共空间"共建共治"的机制原理，讨论当代 NLP 技术在其中的潜力与作用场景。

3　当代 NLP 技术在公共空间"共建共治"中的潜力分析

3.1　公共空间"共建共治"机制分析

3.1.1　公共空间"共建共治"的要素及其关系

　　城市公共空间的建设治理涉及主体、行为和空间三个核心要素（王名等，2014）。相较于由政府主导的空间供给模式，"共建共治"强调多元化的社会主体参与（陈煊等，2021），以有效解决公共空间的供需不匹配、需求以及权属复杂性等问题（董贺轩等，2018），参与主体涉及政府、公众以及包括企业、非政府组织（NGO）、协会、社区在内的社会组织等。行为要素方面，社会主体通常通过设计、改造、运营维护等行为实现空间价值，同时，也会通过提供反馈和提出申诉来影响空间管理。政府则通过支持、监督管理等行为支持社会主体，共同对公共空间品质价值的塑造产生影响（何志森，2020）。此外，空间建设行为还包括同类、异类主体间的博弈、协商互动行为等。空间要素，即行为作用的对象城市公共空间，可根据功能、区位、尺度、性质等进行分类（图 1）。

3.1.2　公共空间"共建共治"的过程与环节

　　公共空间"共建共治"的核心在于居民及其他非政府主体的积极参与，以"自下而上"的方式介入空间的建设和治理过程。在中国城市公共空间建设的特定背景下，学者们通过案例对"自下而上"空间供给模式进行了广泛研究（桑劲等，2023；黄江等，2011；孙施文、周宇，2015）。通过已有研究归纳，该模式可分为价值发现、主体行动、政府响应和制度演进四个主要阶段。

　　"价值发现"指多元社会主体发掘（公共）空间建设或利用价值的阶段。这些价值包括经济、历史、文化、艺术和低效空间的再利用。社会主体通常比政府规划者更早感知到（公共）空间的潜在价值。此外，相应的政策和活动组织能够对价值挖掘起到催化作用。

　　"主体行动"指社会主体采取措施建设公共空间并实现预期价值的阶段。此过程中，主体通过规划设计、资金筹集等行为，比如将私有空间改造为公共空间，将社区内部空间开放为面向社会的公共空间，改变现存公共空间的性质与利用方式等，实现价值的转换。在该阶段，多元主体间良好的信息

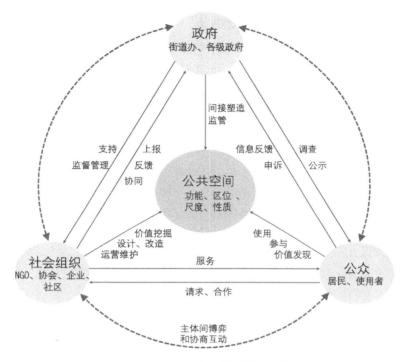

图 1　公共空间"共建共治"的要素及其关系

传递和沟通是关键的支持保障（王成芳、崔佩琳，2022），能够确保资金来源和技术支持（梁宏飞等，2022）。此外，行动主体所具备的专业知识是保证预期价值实现的重要条件。

"政府响应"指政府在观察社会主体行动之后，经评估采取的积极或消极回应。政府通过资金支撑、政策激励、费用减免以及号召其他社会力量参与的手段进行支持。政府的支持对于项目的成功和可持续性起到决定性作用，同时政府还需要展现出对空间管制的专业能力和协商的开放态度。

"制度演进"指将成功的"自下而上"模式制度化，作为鼓励和推广范式。然而，这一阶段的实现需要大量实践和实证效果的反馈，在实际操作中较为罕见。

由于不同主体对空间价值的感知存在时间差异，公共空间"自下而上"模式呈现出线性发展的特征。具体来说，社会组织往往在发现空间潜在价值后迅速采取行动，而政府等资源充足的主体则在意识到"先行者"的行动效果后才逐步参与响应。这种因感知不同步而导致的响应滞后性限制了多主体开展公共空间"共建共治"的效率。

3.2　当代 NLP 技术在公共空间"共建共治"中的潜力

3.2.1　基于广泛自然语言信息识别公共空间品质价值与潜力，提升感知效能

空间品质与潜在价值的感知是"共建共治"的起始环节，不同主体对空间感知和信息获取的渠道存在差异性及局限性（曾鹏、李晋轩，2022）。政府等主体信息渠道主要为调查评估，存在周期较长和全面性、即时性不足等问题。公众等主体对空间价值的感知主要通过实际使用体验，反映在使用者的感受描述、评论等大量相关舆情信息之中。然而，非专业背景主体对空间的感知描述主观性强、表达方式多样、信息源分散，导致信息难以被有效整合利用从而准确反映空间的价值与潜力。当代 NLP 技术凭借其较高的通用理解能力，能够支持从庞大多源的公众语言信息中准确提取感知信息，广泛地拓展空间感知的信息源（龙瀛等，2023）。同时，结合对公共空间领域的专业信息理解，当代 NLP 技术可以辅助实现将公众等非专业主体的感知与专业语境下公共空间的品质和价值潜力的自动化映射，提升各类主体对城市公共空间感知的全面性、准确性与效率。

3.2.2　汇聚先验知识为公共空间"共建共治"提供策略支撑，赋能非专业主体

多元主体在专业能力上的差异是限制城市公共空间"共建共治"的主要障碍之一。通常，社会行动主体往往缺乏必要的专业知识，依赖于专业组织的指导（桑劲等，2023）。当代 NLP 技术凭借其大幅提升的语言理解、生成能力，为进一步赋能非专业主体带来了可能。通过整合公共空间建设治理等领域的广泛专业知识与案例经验，分析干预条件-策略-目标品质间的逻辑关系，自动化地构建庞大的知识与工具策略库并面向具体的公共空间干预条件（如空间类别、要素、行为主体、目标品质及预算等），为各行动主体提供针对性的策略支持，有效提升公共空间"共建共治"的品质、效率和参与度。

3.2.3　通过信息转译与智能分析优化多主体协商，促进共识与利益平衡

多方主体间的利益平衡是城市公共空间"共建共治"成功的必要条件。不同主体立场差异、知识水平与表述能力不均以及情绪因素等，共同增加了对话的复杂性与协商成本（田玉麒，2017）。当代 NLP 技术的运用为进一步优化协商平台带来可能，尤其是提升其信息转译、冲突识别和解决策略方面的效能。其中，信息转译即通过高精度的语义解析，将各主体的诉求转化为易于其他主体理解的信息表述，从而强化主体间的认知基础与诉求的理解；冲突识别即通过分析各类主体诉求，识别主要矛盾和问题点，为解决冲突提供方向；解决策略制定即基于对冲突本质的深刻洞察，生成针对性的策略，辅助实现多主体间的冲突调和并达成利益平衡。

3.2.4　优化公共空间"自下而上"供给流程，推动并行开展行动

还应特别注意的是，当代 NLP 技术能够促进公共空间"自下而上"供给的线性过程向多方协同行动的并行模式转变。空间潜力与价值自动化感知推动政府及其他社会主体同步认知空间潜力，并在"共建共治"策略库和协商辅助技术的支持下协同采取空间干预行动，显著优化公共空间"自下而上"供给的总体流程（图 2）。本文进一步归纳了当代 NLP 技术在城市公共空间供给过程中的潜力环节（表 2）。

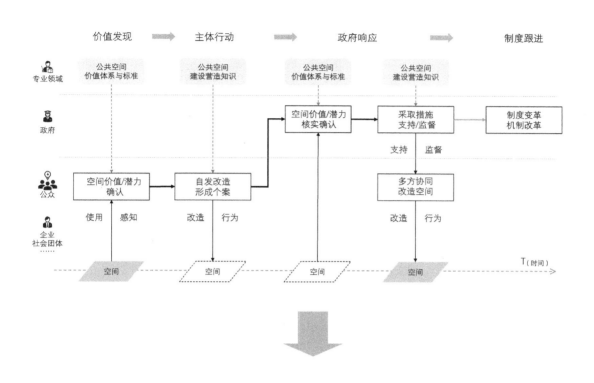

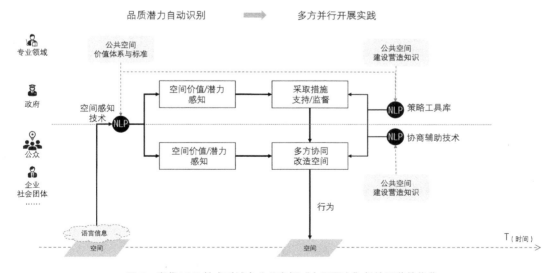

图 2 当代 NLP 技术对城市公共空间"自下而上"供给环节的优化

表 2　城市公共空间"共建共治"过程中当代 NLP 技术的潜力环节

公共空间供给环节		面临问题	当代 NLP 能力	作用潜力
空间感知	信息收集烦琐	大众信息分散、获取流程缓慢；实地调研费时费力	信息检索与抽取；多模态	自动识别空间品质：空间品质和价值潜力同步识别，提升空间建设行为效率
	信息处理难	大众对环境空间的感受主观而抽象，难以捕捉	情感分析准确理解大众需求	
	品质评估复杂	空间品质价值评估体系复杂，缺乏统一标准	基于专业的评估体系，对复杂要素组合进行因果推断	
空间干预	主体专业性不足	社会组织、政府获取专业策略具有延迟性	问答系统、强化学习	提供共建共治策略：为各主体提供策略建议
	决策成效未知	决策成效及收益难以判断	依托丰富的案例库，进行信息检索与推断	
辅助多主体协商	存在沟通壁垒	专业主体、政府和公众间需求理解困难；语言障碍	阅读理解、专业术语翻译；语言翻译能力	辅助多主体协商：实现各主体间信息转移、核心冲突识别、统筹解决建议

4　当代 NLP 技术驱动的公共空间"共建共治"技术初探

4.1　当代 NLP 技术驱动的公共空间"共建共治"框架

　　基于上文对当代 NLP 技术在公共空间"共建共治"中潜力的认知，本文尝试构建当代 NLP 技术驱动的城市公共空间"共建共治"框架，此框架旨在进一步明确运用 NLP 技术情境下公共空间建设主体、行为与对象空间之间的相互关系，以及在此过程中该技术发挥作用的主要环节（图 3）。总体而言，当代 NLP 技术驱动的公共空间"共建共治"依然遵循多元主体空间感知—空间干预的闭环逻辑，关键特征体现在：空间品质识别技术的引入使各类主体能够基于空间关联的自然语言语料同步感知空间具备的品质及价值潜力，从而平行开展空间建设行为，这改变了先前主体行动—政府响应的线性流程。在空间干预环节，基于当代 NLP 技术构建的"共建共治"工具库为各类主体提供策略建议，同时，新技术支撑的多主体协商辅助技术优化信息转译、核心冲突识别、统筹解决建议等功能，从而有效提升协商的效率，辅助各方利益平衡与行动协同。下文将对空间品质识别、策略工具库构建以及多主体协商辅助三个关键技术模块展开进一步讨论。

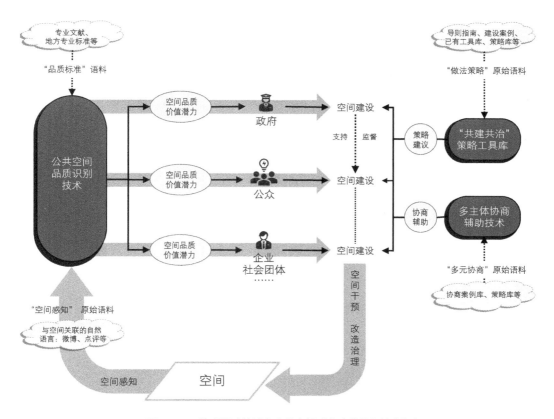

图3 NLP技术驱动的城市公共空间"共建共治"技术框架

4.2 基于自然语言信息的公共空间品质识别技术

本文构建基于自然语言信息的公共空间品质识别技术框架。首先，收集两类信息作为技术实现的原始语料：一是空间感知原始语料，涵盖广泛的与空间相关社交媒体舆情、评论等语言信息；二是品质标准语料，包括公共空间品质体系或标准、专业研究文献等。基于空间感知原始语料和品质标准语料识别抽取信息并进行信息关联匹配，实现空间品质和价值潜力的自动化识别，为各类主体开展空间建设提供参考（图4）。

进一步尝试利用NLP技术实现公共空间品质的初步识别。空间感知语料来自大众点评网站用户2021年对某空间的评论，每条评论包括用户名、发布时间、评论内容（图5a），共20 148条。品质标准语料采用地方专业标准《北京市城市设计导则》及空间品质评估专利信息。[①]《北京市城市设计导则》包括公共空间属性、停车设置、植物配置、岸线类型、水体要求、水域相关构筑物、地面铺装、夜景照明、公共艺术、广告牌、导向标识、公共服务设施、交通设施、市政设施、安全设施、无障碍

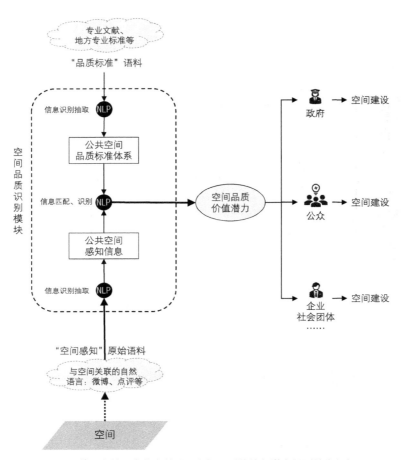

图4　基于自然语言信息的公共空间品质价值与潜力识别技术框架

设施等 24 个类别的定义、目的、内容、原则、示例等信息（图 5b）。空间品质评估专利信息包括容量、土地使用功能、参与、发现等 12 个类别的品质评价标准（图 5c）。利用 ChatGPT 技术将各条感知数据匹配到《北京市城市设计导则》24 个要素类别，汇聚相同要素类别的语料数据，并利用要素类别标签匹配《北京市城市设计导则》相应要素类别的目的、内容、原则、示例等信息，利用 ChatGPT 技术判断公共空间的各要素类别设计是否符合导则要求。同样地，利用空间品质评估专利信息的 13 个类别对每条大众点评数据进行品质类别划分，汇聚相同品质类别的大众点评数据，利用品质类别标签匹配专利信息中对应类别的品质评价标准，通过 ChatGPT 评价公共空间的各维度品质。最终，将公共空间各要素类别设计是否符合导则与品质评价结果汇总，形成对该空间品质的综合感知与评价结果。可见，技术原型实现了城市公共空间感知信息源的拓展以及依据品质标准语料自动化映射转译公共空间品质，提高了感知的全面性、准确性与效率。

用户名	发布时间	评论内容
一岁半快两岁了	2023/2/16 10:37	亦庄龙湖天街开业有一段时间了，真的超喜欢他们家房顶尤其是有阳光的时候，满满的阳光透过玻璃天花板洒进来，超级好看，超级治愈。停车还算方便，周末的时候人真心不少，吃喝玩乐一条龙，天街这种综合性商场还是非常受到周围居民欢迎的，姐妹家就住在附近，听说这边的房价都涨了，哈哈
andi 饿了	2023/2/14 15:40	这家天街还是挺大的，逛起来逛个半天应该没问题，品牌也挺多的!无论是餐饮还是服装、小商品都挺全的!也有很多适合小朋友玩耍的地方!商场的装修有天街的风格，很大气，卫生也很好!让人逛起来很舒服!下次还会再来!
Peterxu	2023/2/1 14:39	好久没来大兴天街了，这边还是一样的人多，尤其是带孩子的特别多。想去地下一层吃个饭要排队很长时间。上边的商品和服装品牌很接地气，地下的物美更是性价比之王，东西比我家附近的七鲜便宜很多，美中不足是停车场的设计，双向车道很容易剐蹭，希望能整改一下
冯这这	2023/1/26 19:06	大兴南边客流量比较大的大型商场时不时地就会过来逛一逛，商场又好看又好逛又好吃(餐饮超级多)，真的是男女老少皆可逛，饮品店特别多，几乎每家饮品店柜台前都会排队，出餐 10 分钟起步。楼上有两层，是比较有规模的餐厅，地下还有小吃城，小店儿特别多。原来有个迪卡侬，但是关了，不知道是彻底关闭了还是要装修升级，希望还能再开
…	…	…

a

类别	定义	目的	内容	原则	示例
停车设置	停车设置是指对地块或道路内机动车、非机动车、公交等社会车辆以及临时停靠车辆的停车要求	停车设置的要求是针对目前北京中心城静态交通空间不足的问题专门设置，它是保障城市交通顺利运行、出行便利，形成高质量环境品质的重要方面	明确停靠车辆的类型以及停靠方式、位置、泊位数量、设施等相关要求	(1)应符合相关的法规与规范，结合地块的用地性质、建筑功能及建设强度、用地条件和景观要求等布设停车场地，提供多种停车方式的选择; (2)停车必须考虑到步行的安全、便利与舒适以及街道景观的要求，在保障交通通行与停车需求的基础上应有利于形成积极的城市沿街界面; (3)停车场地宜考虑多时段、多功能使用的可能性，充分利用空间资源; (4)地面停车区域应考虑结合绿化布置和铺装设计，形成宜人的停车空间; (5)临街设置停车区域(如路面停车)时应避免对车行、人行交通产生过多干扰	停车位设置应减少对街道景观和交通通行的影响，尽量避免沿街布置，宜位于沿街建筑后侧
…	…	…	…	…	…

b

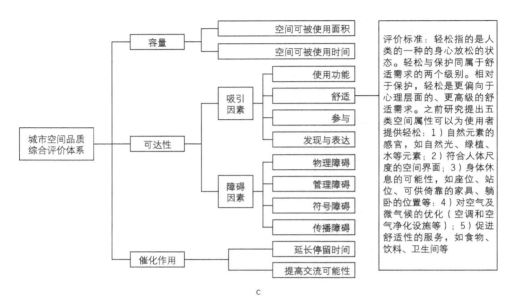

图 5　品质标准语料示例

4.3　汇聚先验经验的公共空间"共建共治"策略工具库构建

　　本文基于自然语言信息的公共空间"共建共治"策略工具库构建技术框架。首先进行包括"做法策略"与"品质标准"两大类自然语言语料收集。"做法策略"语料库涵盖公共空间建设案例、导则指南、策略信息等语料，"品质标准"信息包括公共空间品质体系/标准的信息，其通常来源于专业文献、地方标准等。在此基础上，利用当代 NLP 技术提取做法策略原始语料中的做法、条件、实现目的等信息以及品质标准语料中的品质标准体系信息，构建"做法策略"与"品质标准"的映射关系，建立策略信息库。最终，以策略库为基础，开发可交互的应用工具，面向政府、公众、企业、社会团体等主体对空间干预条件、拟实现品质等需求，自动化地反馈针对性策略（图6）。

　　进一步尝试利用 NLP 技术实现批量化处理信息，构建城市公共空间"共建共治"工具库。本文采用的做法策略原始语料以专业书籍（*Re-framing Urban Spaces: Urban Design for Emerging Hybrid and High-Density Conditions*）及导则为主，该书籍语料较为丰富，且含有可以提升各种城市空间品质的原则及策略（图7）；品质标准语料主要采用空间品质评估专利信息（图5c）。首先，利用 NLP 技术从该书的大量语料中提取有效信息，即文本中建议采取的策略及其能够提升的公共空间品质类别，初步构建包含159条策略的策略库，分别对应于47种城市公共空间品质。在此基础上，进一步利用 GPT 模型深入理解策略–实现目的–场景信息，将提取出的"做法策略"与"品质标准"体系进行匹配，建立类别从属关系，形成策略库（图8）。可见，技术原型能够支撑自动化地整合优秀案例、规范导则、研究文献在内的广泛专业知识构建策略库，为公共空间"共建共治"中的各类主体提供专业策略支持。

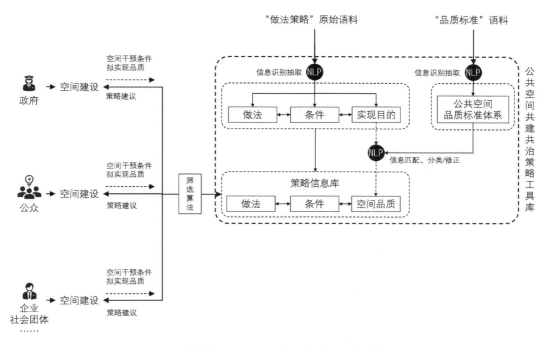

图 6 NLP 支撑的公共空间"共建共治"策略库构建技术框架

品质	原则	策略
1 Pedestrian Access Points	Provide sufficient number of pedestrian access points. Distinguish formal access points (main entrances) from informal.	Consider using distinct architectural elements and design measures to distinguish main entrances from alternative informal access points, including size and additional visual information, such as gates, porches, colors and signage.
2 Universal Access	Provide means of universal access when level changes occur. Provide sufficient number of universal access points.	Ensure smooth accessibility for wheelchair users, the elderly, pregnant women and children, by avoiding rough textures and uneven surfaces. Ensure clear pathways with no obstruction (Levine, 2003). Ramps' gradient should not exceed 1:12 ratio and should apply resistant surfaces. Whenever an accessible route crosses a curb, install a ramp with a gradient no greater than 1:12 (Levine, 2003). Inclined moving walkways should cater to users with strollers or wheelchairs. Hallways and corridors should be wide enough to accommodate two people passing in the opposite direction. All hallways and corridors should be evenly lit (Levine, 2003).
...	...	...

图 7 做法策略语料示例

编号	策略	干预阶段	影响品质	干预类别
1	区域规划基地鬼规划大尺度公共绿地	片区	r2	规划设计
2	基地内-功能子系统内共享空间（I类城市空间）采用较大尺度	地块	r2	规划设计
3	基地内-主要组织空间（III类城市空间）采用较大尺度	地块	r2	规划设计
4	基地内-公共功能子系统（II类城市空间）采用较大尺度	地块	r2	规划设计
5	第三方服务平台传播 - 建立服务平台，及/或者将空间信息发布至已有平台	空间	k93	运营传播
6	通过社交媒体对空间信息进行传播	空间	k92	运营传播
7	通过大众媒体广告进行推广 - 大众媒体推广	空间	k91	运营传播
8	空间设计避免使用强烈暗示特定使用者的符号语言	空间	k81	规划设计
9	使用明显的标识标明空间可被公众使用	空间	k81	管理维护
10	采取安保措施避免犯罪	空间	k73	管理维护
11	采取软性安保措施	空间	k73	管理维护
12	最小化空间的进入控制	空间	k72	管理维护
13	促进公共部门对管理的参与	空间	k71,k72,k73,k74	管理维护
14	最小化空间的主观规定数量	空间	k71	管理维护
15	开放立面，或者导航设置标识	空间	k64	规划设计
16	将城市空间尽可能置于街道平面	地块	k63	规划设计
17	空间不在街道平面时，设置直达扶梯/电梯连接城市空间与街道平面	地块	k63	规划设计
18	将主要组织空间与基地周边的开放空间系统连接	地块	k62, k64	规划设计
19	将空间位置与公交车站尽可能靠近	地块	k61	规划设计
20	采取空间维护措施	空间	k55	管理维护
21	空间内提供遮蔽装置/元素	空间	k54	规划设计
22	城市空间周围自我警戒的空间配置	地块	k53	规划设计
23	空间内提供夜间照明	空间	k53	规划设计
24	城市空间置于室内	地块	k51, k54	规划设计
25	在空间中设置为特殊群体使用的功能空间	空间	k44	规划设计
26	灵活的空间设计	空间	k42	规划设计
27	空间配置利用综合体实现独特性	空间	k41	规划设计
28	在空间中设置视觉焦点进一步分类（设计元素，活动等）	空间	k32, k41, k43	规划设计
29	将城市空间置于观看主要人流有利的位置，并设置停留区使观看者避免直接视	地块	k31	规划设计
30	设置空间中的交通空间与停留空间支持观看并避免视线接触	空间	k31	规划设计
31	在空间中设置餐饮，卫生间等服务设施	空间	k25	规划设计
32	空间主使用空调/空气净化系统优化空气品质	空间	k24	管理维护
33	设置座位/休憩可能性	空间	k23	规划设计
34	空间设计采用人体尺度界面	空间	k22	规划设计
35	使用透明立面（引入自然光）	空间	k21, k64	规划设计
36	空间内配置水景观元素	空间	k21, k24	规划设计

图 8　策略库构建结果示例

4.4　多主体协商辅助技术

多主体协商辅助技术集成了意见汇聚、讨论反馈、策略建议等多种功能，相较空间感知与干预技术更具综合性和复杂性。结合公共空间"共建共治"中多主体协商场景及当代 NLP 技术特征，本文对 NLP 辅助多主体协商的三个功能层次提出初步技术思路：一是多主体间利益诉求的转译，可通过当代 NLP 技术进行不同主体诉求自然语言的转译实现；二是分析识别主体间冲突点及原因，结合当代 NLP 技术的理解能力挖掘多主体需求之间的核心冲突及分析其原因；三是基于对多主体诉求的综合理解，统筹分析提出解决矛盾的建议，这涉及智能化地整合协商案例库、策略库、相关行业专家知识库等专业经验，并结合对各主体现实条件、行为成本、核心需求等进行综合分析模拟与研判，提出满足各方诉求的解决方案。

5　结语

本文结合城市公共空间"共建共治"机理及以 LLM 为代表的当代 NLP 技术特征，分析了城市公共空间"共建共治"中 NLP 技术的应用潜力，进而提出 NLP 技术驱动的城市公共空间"共建共治"框架和初步技术原型思路。虽然 LLM 作为实现"通用人工智能"的路径尚存在争议（Mialon *et al*.，2023），但其在提升城市公共空间"共建共治"效能方面的巨大作用应被关注，本文归纳为空间品质感知、干预策略支撑以及辅助多主体协商三个主要方面：

（1）空间品质感知方面，当代 NLP 技术广泛地拓展了城市公共空间感知的可用信息源——尤其是与空间关联的大量用户舆情数据能够被纳入作为空间感知信息源，提升城市公共空间品质感知的全面性与准确性；同时，能够辅助实现与专业语境下公共空间品质的自动化映射与转译，从而进一步提升基于大规模信息的城市公共空间品质感知效率和准确率。

（2）干预策略支撑方面，当代 NLP 技术能够推动高效构建拓展城市公共空间营造策略库。基于其更优秀的自然语言理解与生成能力，一方面汇聚与整合包括优秀案例、规范导则、研究文献在内的广泛专业知识、经验与智慧，自动化地构建干预条件—策略—实现品质逻辑关系；同时，借助模型的高通用性、面向政府、公众、企业、社会团体等不同类别参与主体提供有针对性的策略方案，最终形成辅助多元主体共同营造公共空间的"智伴"。

（3）辅助多主体协商方面，依托当代 NLP 技术的通用性与理解分析能力，能够搭建不同背景诉求主体的对话平台，在不同的智能化层次提升主体间协商的效能。从多主体之间利益诉求的相互转译，到分析识别冲突点及原因，再到统筹分析提出解决矛盾的建议，NLP 技术的作用有望在信息整理、综合决策等各个层次得到发挥。

与此同时，也应注意到新技术的运用存在巨大的探索与完善空间：

第一，NLP 的准确度有待进一步优化，需防范由其内核原因导致的理解与生成错误。需要意识到，以 ChatGPT 为代表的"超级拟合范式"[⑧]内核存在不可解释性（赵精武等，2023），由于训练数据、算法等诸多复杂原因可能导致对语言信息内容理解与生成的偏差。因此，对于其内核仍需要进行深入的研究，不断提升结果的准确度，谨慎防范模型可能导致的错误判断与生成结果。

第二，NLP 技术蕴含的智能潜力还有待进一步挖掘开发。例如，空间感知阶段对信息源的自动化探索与信息收集，空间干预阶段提出统筹解决方案的深度智能，以及融合语言信息处理、图像识别生成等多类技术实现多模态信息在公共空间"共建共治"中的综合运用等，是未来应深入探索的技术方向。

　　第三，NLP 驱动的"共建共治"技术仍需面向具体应用场景进行细化，并与空间治理机制充分适配。新技术的应用改变了原先城市公共空间"自下而上"供给的线性过程，使得政府、公众等主体对城市公共空间潜力与问题的识别能够并行开展，提升了城市公共空间营造的效率与质量，同时也带来新的空间营造模式。未来需要面向更具体的应用场景和参与主体开发适配的技术工具，强化与可行的空间感知信息源、政策标准体系、专业领域知识库等的渠道衔接、使技术与我国城市公共空间建设治理机制相适配（王鹏等，2023）。此外，范式变革带来的信息安全问题、责任主体的界定、技术伦理、法律法规体系保障等，也是当代 NLP 技术在城市空间治理领域运用中不可忽视的重要问题。

致谢

　　本文受北京市自然科学基金面上项目"面向数字化变革的城市公共空间供给理论与技术研究"（8232008）资助。

注释

①　"通用人工智能"（Artificial General Intelligence，AGI）是指拥有与人类相当甚至超过人类智能的人工智能类型，其通常作为人工智能研究领域的终极目标。

②　美国纽约私有公共空间网站，https://apops.mas.org/。

③　北京市城市管理综合行政执法局，地图公共服务平台，https://map.beijing.gov.cn/bjcgmap。

④　公共空间项目（Project for Public Spaces），https://www.pps.org/。

⑤　"生成式 AI 的街道愿景：荷兰开发在线 AI 工具，为城市街道的可持续转型描绘图景"，"一览众山小"微信公众平台，https://mp.weixin.qq.com/s/69Pab6OhuYTiFF46K_4onQ（2024-01-16）。

⑥　加利福尼亚州总体规划数据库地图工具，2023 年，https://plansearch.caes.ucdavis.edu/。

⑦　专利：一种城市建成环境空间品质综合评价体系，专利号 CN201811354144.1。

⑧　"超级拟合范式"即采取大模型、巨参数、海量数据，试图对客观世界进行无限逼近的技术原理。

参考文献

[1] BANGINWAR A, ANTONIO D, LOPEZ M, et al. General plan database mapping tool (v3.0)[P]. Zenodo. 2023. DOI: 10.5281/zenodo.7508689.

[2] BRINKLEY C, STAHMER C. What is in a plan? Using natural language processing to read 461 California city general plans[J]. Journal of Planning Education and Research, 2021. DOI: 10.1177/0739456X21995890.

[3] DYER M, WU S, WENG M H. Convergence of public participation, participatory design and NLP to co-develop circular economy[J]. Circular Economy and Sustainability, 2021, 1: 917-934.

[4] FU X. Natural language processing in urban planning: a research agenda[J]. Journal of Planning Literature, 2024: 08854122241229571.

[5] GUO Y-M, HUANG Z-L, GUO J, et al. Bibliometric analysis on smart cities research[J]. Sustainability, 2019, 11(13).

[6] LUK W L. Privately owned public space in Hong Kong and New York: the urban and spatial influence of the policy[C]. The 4th International Conference of the International Forum on Urbanism (IFoU) 2009 Amsterdam/Delft. The New Urban Question — Urbanism beyond Neo-Liberalism, 2009.

[7] MIALON G, DESSÌ R, LOMELI M, *et al*. Augmented language models: a survey[J]. ArXiv: 2302.07842. 2023.

[8] RAMBALDI G, KYEM PAK, MBILE P, *et al*. Participatory spatial information management communication in developing countries[C]. Mapping for Change International Conference (PGIS'05). Nairobi, Kenya, 2005.

[9] ZHANG S, FU D, LIANG W, *et al*. Trafficgpt: viewing, processing and interacting with traffic foundation models[J]. Transport Policy, 2024, 150: 95-105.

[10] ZHANG W, CAI M, ZHANG T, *et al*. Earthgpt: a universal multi-modal large language model for multi-sensor image comprehension in remote sensing domain[J]. arXiv: 2401.6822. 2024.

[11] 柴彦威, 申悦, 陈梓烽. 基于时空间行为的人本导向的智慧城市规划与管理[J]. 国际城市规划, 2014, 29(6): 31-37+50.

[12] 车万翔, 窦志成, 冯岩松, 等. 大模型时代的自然语言处理: 挑战、机遇与发展[J]. 中国科学: 信息科学, 2023, 53(9): 1645-1687.

[13] 陈虹, 刘雨菡. "互联网+"时代的城市空间影响及规划变革[J]. 规划师, 2016, 32(4): 5-10.

[14] 陈诗扬, 张浩然, 绳彤. 公众参与城市公共空间规划的沟通工具研究[C]//中国城市规划学会. 人民城市, 规划赋能——2022 中国城市规划年会论文集(05 城市规划新技术应用). 中国城市规划设计研究院, 中规院(北京)规划设计有限公司, 北京市城市规划设计研究院, 2023: 11.

[15] 陈煊, 杨婕, 杨薇芬. 基于战术的非示范型社区适老化规划路径研究——以湖南省长沙市中心老年人高聚集区为例(2014—2020)[J]. 城市规划, 2021, 45(6): 38-45.

[16] 《城市规划学刊》编辑部. 新一代人工智能赋能城市规划: 机遇与挑战[J/OL]. 城市规划学刊, 2023(4): 1-11. DOI: 10.16361/j.upf.202304001.

[17] 戴代新, 刘颂, 张桐恺. 基于公众参与地理信息系统的城市近代公园文化服务评估研究——以上海复兴公园为例[J]. 风景园林, 2019, 26(8): 95-100.

[18] 董贺轩, 刘乾, 王芳. 嵌入·修补·众规: 城市微型公共空间规划研究——以武汉市汉阳区为例[J]. 城市规划, 2018, 42(4): 33-43.

[19] 董宇, 邵静然. 城市公共空间品质评价研究进展[C]//中国城市规划学会, 成都市人民政府. 面向高质量发展的空间治理——2021 中国城市规划年会论文集(07 城市设计). 哈尔滨工业大学建筑学院, 2021: 7.

[20] 何志森. 从人民公园到人民的公园[J/OL]. 建筑学报, 2020(11): 31-38. DOI: 10.19819/j.cnki.ISSN0529-1399. 202011006.

[21] 何宗宜, 刘政荣. 公众参与地理信息系统在我国的发展初探[J]. 测绘通报, 2006(8): 33-37.

[22] 黄江, 徐志刚, 胡晓鸣. 基于制度层面的自下而上旧城更新模式研究——以上海田子坊为例[J]. 建筑与文化, 2011(6): 60-61.

[23] 黄骏, 张昱辰. 地方网络公共空间的响应式协商——基于武汉城市留言板的案例研究[J]. 国际新闻界, 2023, 45(2): 31-51.

[24] 梁宏飞, 罗璨, 陈志敏, 等. 纽约城市公共空间复兴与场所营造研究[J]. 城市规划, 2022, 46(5): 93-102.

[25] 龙瀛, 李伟健, 张恩嘉, 等. 未来城市的空间原型与实现路径[J]. 城市与区域规划研究, 2023, 15(1): 1-17.

[26] 欧阳洁, 赵生兵, 叶爱东. 公众参与地理信息系统及国内外应用研究[J]. 江西测绘, 2016(4): 25-26＋29.

[27] 欧阳松. 基于共建共享理念下的社区公众参与策略探析[C]//中国城市规划学会, 成都市人民政府. 面向高质量发展的空间治理——2021 中国城市规划年会论文集(19 住房与社区规划). 2021: 7.

[28] 钱力, 刘熠, 张智雄, 等. ChatGPT 的技术基础分析[J]. 数据分析与知识发现, 2023, 7(3): 6-15.

[29] 邱冬阳, 蓝宇. ChatGPT 给金融行业带来的机遇、挑战及问题[J]. 西南金融, 2023(6): 18-29.

[30] 桑劲, 潘珂, 孔诗雨. 城市公共空间"自下而上"供给机制研究[J]. 城市发展研究, 2023, 30(7): 79-87.

[31] 石忆邵, 石雅馨, 季皓聪, 等. 近 20 年来公共空间研究综述与发展趋势[J]. 上海国土资源, 2022, 43(3): 76-80.

[32] 孙施文, 周宇. 上海田子坊地区更新机制研究[J/OL]. 城市规划学刊, 2015(1): 39-45. DOI: 10.16361/j.upf. 201501006.

[33] 田玉麒. 协同治理的运作逻辑与实践路径研究[D]. 长春: 吉林大学, 2017.

[34] 王成芳, 崔佩琳. "自下而上"旧城更新模式与实施机制探讨——基于香港三个案例思考的借鉴[J/OL]. 华中建筑, 2022, 40(4): 104-108. DOI: 10.13942/j.cnki.hzjz.2022.04.019.

[35] 王名, 蔡志鸿, 王春婷. 社会共治: 多元主体共同治理的实践探索与制度创新[J]. 中国行政管理, 2014(12): 16-19.

[36] 王鹏. 新媒体与城市规划公众参与[J]. 上海城市规划, 2014(5): 21-25.

[37] 王鹏, 付佳明, 武廷海, 等. 未来城市的运行机制与建构方法[J]. 城市与区域规划研究, 2023, 15(1): 18-30.

[38] 曾鹏, 李晋轩. 城市更新的价值重构与路径选择[J]. 城市与区域规划研究, 2022, 14(1): 35-45.

[39] 赵精武, 王鑫, 李大伟, 等. ChatGPT: 挑战、发展与治理[J]. 北京航空航天大学学报: 社会科学版, 2023, 36(2): 188-192.

[40] 朱光辉, 王喜文. ChatGPT 的运行模式、关键技术及未来图景[J]. 新疆师范大学学报: 哲学社会科学版, 2023, 44(4): 113-122.

[欢迎引用]

李洋, 李彦婕, 冯楚凡, 等. 当代自然语言处理技术驱动的城市公共空间"共建共治"初探[J]. 城市与区域规划研究, 2024, 16(1): 98-116.

LI Y, LI Y J, FENG C F, et al. An initial exploration of NLP-driven technology for participatory public space making[J]. Journal of Urban and Regional Planning, 2024, 16(1): 98-116.

基于访问序列的历史街区功能组合模式研究

——以哈尔滨中央大街为例

朱海玄　吴翠玲　赵紫璇

Research on Function Combination Mode of Historical Blocks Based on Access Sequences—A Case Study of Harbin Central Street

ZHU Haixuan, WU Cuiling, ZHAO Zixuan
(School of Architecture and Design, Harbin Institute of Technology; Key Laboratory of Cold Region Urban and Rural Human Settlement Environment Science and Technology, Ministry of Industry and Information Technology, Harbin 150001, China)

Abstract The rapid development of mobile positioning technology and data mining technology and their extensive practice and application in urban space research provide the possibility for quantitative calculation of space research. Historical blocks reflect the cultural connotation of a city, and their revitalization and utilization are of great significance to urban development and historical resource protection. A large number of studies have proved that functional implantation of blocks is feasible, and access to their functions can reveal the patterns of human activities in space and better explore the dynamic interaction between people and space. Therefore, this paper, taking the historical block of Harbin Central Street as an example, identifies behavior sequence based on behavior trajectory data, adopts Apriori algorithm to calculate and mine association rules from two aspects (spatial access sequence and functional access sequence), and then explores the functional combination mode of the block. The research findings are as follows: (1) The association rule mining based on access sequences can mine the interaction pattern between people and space from the perspective of behavior agents and explore the functional

摘　要　移动定位技术和数据挖掘技术的快速发展以及它们在城市空间研究中的大量实践与应用，为空间研究的量化计算提供了可能。历史街区反映了城市的文化内涵，其活化利用对城市发展与历史资源保护具有重要意义，大量研究已经证明街区功能植入是一条可行的路径，对其的功能访问可以揭示人在空间中的活动规律，更好地探讨人与空间的互动关系。因此，文章以哈尔滨中央大街历史街区为例，基于行为轨迹数据识别行为序列，采用 Apriori 算法，从空间访问序列和功能访问序列两个方面进行关联规则的计算与挖掘，进而探讨街区的功能组合模式。研究发现：①基于访问序列的关联规则挖掘，可以从行为主体视角挖掘人与空间的互动模式，对功能组合模式进行探究；②在一级功能访问序列中，餐饮类与购物类的组合模式访问概率最大，对其他功能的具有带动作用；③在二级功能访问序列中，组合模式大多为历史文化遗迹、购物中心、饮品店和住宿服务之间的相互组合，其中饮品店、购物中心的访问概率最大，且与其他功能进行组合的稳定性强；④街区的历史文化遗存、空间本底环境会促进其他功能空间的使用。文章所提及的街区功能访问组合模式的计算方法对研究其他空间关联问题同样适用。

关键词　功能组合；访问序列；历史街区；中央大街

作者简介
朱海玄、吴翠玲、赵紫璇，哈尔滨工业大学建筑与设计学院，寒地城乡人居环境科学与技术工业和信息化部重点实验室。

1　引言

现代信息技术的出现与发展导致了社会形态和城市空

combination patterns. (2) In the first-level function access sequence, the combination mode of catering and shopping has the highest access probability, which stimulates other functions. (3) In the secondary function access sequence, the combination mode is mostly the combination of historical and cultural sites, shopping centers, beverage stores and accommodation services. Among them, beverage stores and shopping centers have the greatest probability of access and have strong stability when combined with other functions. (4) The historical and cultural relics and spatial background environment of the block will promote the use of other functional spaces. The calculation method of block function access combination mode mentioned in this paper is also applicable to the study of other spatial correlation problems.

Keywords function combination; access sequence; historic district; Central Street

间的改变，也为城市空间问题研究带来了新机遇。尤其是数据资源的日益多样化与可获取性为城市空间计算提供了数据基础，同时数据挖掘技术的不断成熟与应用也为城市科学提供了相应的技术支持。目前，城乡规划学科日益关注数据分析与空间研究的交叉融合，进一步推动了城市组织规律的再认知（龙瀛等，2023）。历史街区作为城市中的一类特殊空间，最能反映城市深层文化内涵（李昊等，2022），其功能属性是历史街区组织结构内在联系的基础。大量实践证明，历史街区的功能植入已经成为街区活化的一条可行路径（司洁等，2019），对于街区的可持续发展具有重要意义。

功能组合被解释为由于功能间存在某种相互关系，从而形成的不同功能属性间的空间组织模式。功能组合模式的量化计算与分析，对历史街区商业化改造与活力提升具有重要意义。然而，过去对于历史街区功能的研究主要集中于功能分布（涂建军等，2019）与结构类型（唐玉生等，2016），仅有少数研究关注到街区功能组合方面（张雨洋、杨昌鸣，2019），且这些研究多关注功能组合的主要影响要素与广义的组合模式分布，较少从行为主体的角度对空间功能的实际利用情况以及功能访问组合的模式进行进一步的探究。

访问指行为主体对功能空间产生参观、游览或消费等一系列活动的行为，访问序列表示行为主体针对街区功能空间所产生实际参与互动的时间顺序位置序列，是行为主体在空间中的活动映射，反映了其在街区中的活动规律。通过访问序列的提取能够精确分析不同行为主体的实际空间活动，并运用关联规则分析方法计算与挖掘街区的功能组合模式，能够为历史街区的功能活化与活力提升提出定量的研究方法参考。因此，本文以哈尔滨中央大街历史街区为例，通过访问序列提取，实现街区功能组合模式的挖掘，并为街区的功能植入与优化提供参考。具体而言，本文试图解决以下两个问题：①中央大街历史街区的功能组合模式如何；②为街区尺度的功能优化与活力提升提供方法参考。

2 研究设计

2.1 研究对象

中央大街历史街区是哈尔滨市最具特色的历史街区之一（图 1）。整个街区汇集了文艺复兴、巴洛克、折中主义及现代主义等多种风格的建筑，其中历史文化保护建筑共有 89 处，如马迭尔宾馆、万国洋行、松浦洋行等。街区周边有索菲亚教堂、兆麟公园、滨江铁路桥、太阳岛、九站公园等多处特色空间，吸引了大量哈尔滨市民和外来游客进行游览、就餐、购物等休闲娱乐活动，具有丰富的空间功能和多样化的活动行为。因此，选择中央大街历史街区作为研究对象对研究历史街区功能组合具有一定的典型性。

图 1　中央大街区位

2.2 数据采集与处理

2.2.1 数据采集

（1）人本轨迹数据采集

轨迹数据是研究个体行为的基础素材，反映了个体的实际行为模式（李婷等，2014）。通过轨迹数据的计算与编译，可以识别行为主体在街区中的访问序列，实现对行为主体的功能组合模式的研究。本研究于2023年6月1日至12月31日期间的周末时段在中央大街随机进行志愿者招募，经志愿者同意，每位参与人员携带一部安装有实时地理位置采集软件的智能手机，在街区活动过程中不预先设定游览要求，志愿者拥有活动的自主权。最终共招募志愿者192人，获取有效轨迹数据187条。受篇幅限制，本文着重关注行为主体在街区中的访问序列，探讨功能组合模式的量化计算方法，因此，对年龄、性别等个体属性暂不考虑，后续研究将进行深入讨论。

（2）物理空间数据采集

物理空间数据指可实际观察、测量、统计的客观环境数据，反映了客观环境的空间要素及其组织结构。本文使用的物理空间数据包括建筑矢量数据和POI数据两类，用于确定街区空间功能类型与功能分布，数据通过开源地图获取并进行实地调研补充。其中，建筑矢量数据是带有地理坐标的面状数据，为丰富街区功能组合模式的多样性，根据中央大街的实际情况，增加了建筑矢量面之外的其他面状数据，如历史构筑物、公园、广场等。POI数据是包含名称、类别、地址、经度、纬度等多种属性的信息点，结合实际调研的补充并对部分商场的POI点进行合并，共获得POI数据1 821条。

2.2.2 访问序列识别

访问序列用于界定行为主体在街区中是否发生实际访问，即主体的行为移动路径是否与街区功能发生重叠与交叉。考虑到街区功能的多样性与丰富性，将访问序列分成以下两部分进行讨论：空间访问序列与功能访问序列。

（1）空间访问序列

空间访问点是指行为主体实际访问的空间名称，空间访问序列的识别能够对街区物理环境形成基本认知。首先进行数据转换，将包含地理位置信息的轨迹数据转换为空间访问点数据。通过计算轨迹数据与建筑矢量数据的空间交叉片段，并且设定交叉片段的有效性条件（交叉片段对应的轨迹段有停留点或期间速度低于1米/秒），满足条件的交叉片段即被识别为空间访问点。其次进行属性匹配，将空间访问点与最近的POI点进行匹配，获取空间访问点的"名称"属性。最后，生成空间访问序列，即按照产生交叉的时间顺序形成的访问点序列，如表1所示。

（2）功能访问序列

功能访问序列是行为主体针对某种功能进行实际参与互动所形成的功能排序，该序列的识别体现了行为主体在功能方面的行为偏好与访问规律。

表 1　空间访问序列数据示例

编号	空间访问行为序列
1	防洪纪念塔|铁路桥
2	肯德基|马迭尔西餐厅|马迭尔冷饮店|芭米莉|中国邮政|新世纪俄罗斯商品城|印象城|防洪纪念塔
3	宏达老菜馆|防洪纪念塔|麦当劳
4	铁路桥|兆麟公园|凯澜酒店|高粱红了铁锅炖|中央商城
……	……

功能访问序列的识别是在空间访问序列基础上，借助 POI 属性信息对空间访问点进行功能映射。按照高德地图的分类标准，POI "类别"属性包含大、中、小三个级别，为了与历史街区保护规划功能分类对标，本文结合《国民经济行业分类》标准对 POI "类别"属性进行归纳整理，将"大类"调整为一级功能，将"中类"和"小类"合并为二级功能，结果如表 2 所示。

表 2　中央大街空间访问点分类

一级功能访问	二级功能访问	空间访问点
休闲娱乐类	历史文化遗迹：具有突出普遍价值的建筑物、碑刻和雕塑等特殊历史意义的场所	索菲亚教堂、防洪纪念塔、铁路桥等
	城市公园：满足休闲需要，提供休息、游览、锻炼、交往以及举办各种集体文化活动的场所	兆麟公园、太阳岛、九站公园等
	地方文化娱乐店：提供具有地方特色的娱乐活动为主的场所	冰雕大世界、松花江观光索道等
	文创游览：提供文化创意欣赏为主的场所	哈工大中心、中国邮政等
购物类	地方特色商品店：以售卖地方特色产品为主的经营性场所，一般以包装食品和特色周边为主，不支持堂食	秋林里道斯、大罗新、哈尔滨红肠等
	俄罗斯特色商品店：以售卖俄罗斯产品为主的经营性场所，一般以包装食品和特色周边为主，不支持堂食	新世纪俄罗斯商品城、安德列维奇的店、特维尔俄罗斯风情百货等
	购物中心：购物、餐饮、休闲和服务功能齐全的经营性场所	金安国际、中央商场、松雷国际等
	平价时装品牌店：以提供某一品牌为主的经营性场所，销售量大、性价比高	以纯、优衣库等
	品牌专卖店：以提供某一品牌系列商品为主的经营性场所，销售量少、质优、高毛利	达芙妮、雅戈尔、海澜之家等

续表

一级功能访问	二级功能访问	空间访问点
餐饮类	地方特色餐饮：提供地方特色餐饮为主的经营性场所	高粱红了铁锅炖、老昌春饼、东方饺子王等
	俄式西餐：提供俄罗斯特色餐饮为主的经营性场所	马迭尔西餐厅、华梅西餐厅、松浦1918西餐厅等
	快餐店：提供快捷、便利的餐饮服务的经营性场所	肯德基、麦当劳、麻辣烫餐厅等
	饮品店：提供饮料和冷饮为主的服务的经营性场所	茶百道、蜜雪冰城、星巴克等
	甜品店：提供面包糕点等小食为主的经营性场所	芭米莉、滋府等
住宿类	住宿服务设施：提供短期留宿的经营性场所	丽枫酒店、全季酒店、如家酒店等
生活服务类	便利店：以提供生活便利服务为主的经营性场所	便利店等
	地铁站：以提供地铁交通服务的场站	中央大街地铁站、人民广场地铁站
	生活市场：为当地居民提供日常生活用品为主的市场	道里菜市场、林华超市

2.3 研究方法

关联规则挖掘是一种机器学习分析技术，用于发现大量数据集中变量之间的关系，可用于挖掘数据间的组合模式。访问序列的关联规则挖掘能够量化行为主体进行特定活动的可能性，揭露行为主体的功能访问特征以及街区功能组织规律，是挖掘功能组合模式的重要方法之一。

具体来说，关联规则挖掘是指从数据背后发现事物之间可能存在的关联或者联系（Cheng et al., 2014）。这一概念最早是由阿格拉瓦尔等（Agrawal et al., 1993）提出的，用于提取交易数据集中经常出现的项目组合，并寻找在大型数据集中的隐藏模式。关联规则可以表示为公式（1），代表如果某个行为主体对 X 功能进行访问，那么他/她很有可能对 Y 功能也进行访问，即 X 与 Y 构成了一种功能组合模式。

$$X \rightarrow Y \quad (X, Y \subseteq I \text{ 且 } X \cap Y \neq \varnothing) \tag{1}$$

其中，X 为前项，Y 为后项，I 为项集。

目前学者对关联规则的算法进行了大量的研究，提出了不同类型的算法方法（Bustio-Martínez et al., 2021），其中，由阿格拉瓦尔等所提出的 Apriori 算法（Agrawal et al., 1994），采用逐层搜索的迭代方法计算，适合稀疏数据集，算法简单易实现，适用于功能组合模式的研究。

关联规则挖掘就是要找出所有存在于数据库中的强关联规则，其判定与比较依赖于三大核心指标：支持度、置信度和提升度。当一条关联规则的支持度和置信度分别大于设置的阈值，则称这条规则为强关联规则。

$$\text{Support}(X \rightarrow Y) = P(X \cup Y) \tag{2}$$

其中，X 为前项，Y 为后项，Support（X→Y）为 X→Y 的支持度。

$$\text{Confidence}（X→Y）= P（X|Y） \tag{3}$$

其中，X 为前项，Y 为后项，Confidence（X→Y）为 X→Y 的置信度。

$$\text{Lift}（X→Y）=（X|Y）/P（Y） \tag{4}$$

其中，X 为前项，Y 为后项，Lift（X→Y）为 X→Y 的提升度。

支持度定义为事件 X 与 Y 同时发生的概率，可用于频繁项集的识别。频繁项集表示该集合具有统计意义上的最低重要性，当项集满足最小支持度阈值时，则被识别为频繁项集。因此，计算访问序列的支持度指标，可以实现对功能组合的提取。可以表达为公式（2）。置信度被定义为当给定事件 X 发生条件、事件 Y 发生的概率，能够识别两事件发生的关联性，可以表达为公式（3）。但当两种空间功能出现频率都很高时，置信度可能会错估该规则的重要性。提升度反映了事件 X 的出现对事件 Y 出现概率提升的程度，代表了关联强度和规则价值，可以表达为公式（4）。一般地，Lift 值大于 1，规则才有价值。提升度弥补了置信度的缺陷，保证了功能组合的稳定性。

因此，本文选用支持度与提升度为主要的分析指标，将置信度视为筛选强关联规则的判断指标之一，对满足支持度、置信度和提升度最小阈值的规则视为强关联规则，不同的强关联规则反映了不同的功能组合模式。基于既有研究经验，本文将最小支持度、最小置信度和最小提升度分别设置为 0.05、0.4 和 1。

3 街区功能关联规则挖掘与分析

3.1 访问序列统计与分析

访问序列识别反映了行为主体的实际空间和功能的访问情况。识别发现，23.5% 的行为主体只对街区进行徒步游览，没有产生空间访问点。76.5% 的人产生了空间和功能访问，且产生的空间访问点数量最少为 1 个，最多为 10 个，平均数量达到 5.08 个（图 2、图 3）。此外，统计共得到不同的空间访问点共 110 处，街区具有丰富的空间多样性。

进一步对空间访问序列和功能访问序列进行关联规则挖掘，得到访问组合 262 组，满足阈值条件的共有 129 组，其中空间访问组合 27 组，一级功能访问组合 29 组，二级功能访问组合 73 组（表 3）。

首先，基于空间访问序列，计算单个空间访问的支持度指标，发现访问序列中存在高频访问的空间访问点。如图 4 所示，均为支持度大于 0.05 的空间访问点，横轴是中央大街直线上相对距离的空间访问点，纵轴为支持度指标。其中，"防洪纪念塔"作为哈尔滨的地标性构筑物，其访问频率最高，远远超过其他空间访问点。此外，"索菲亚教堂""滨江铁路桥"等历史遗迹的场所，"金安国际""印象城"等大型商城，"马迭尔冷饮店"等哈尔滨特色商店的访问频率均不低于 0.2，属于高频的空间访问点。

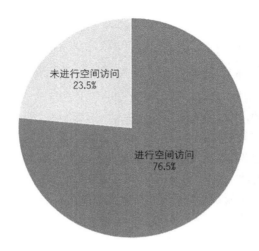

图 2　空间访问统计

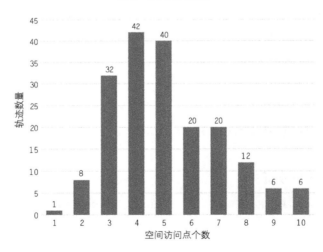

图 3　空间访问点数量统计

表 3　访问组合统计

分类	访问组合	满足阈值的访问组合
空间访问	52	27
一级功能访问	52	29
二级功能访问	158	73
总计	262	129

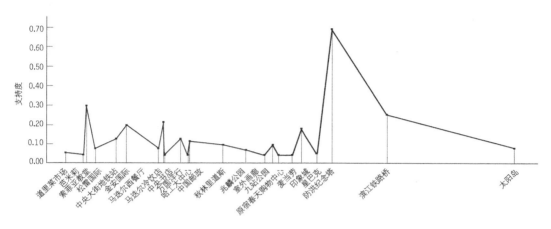

图 4　空间访问支持度指标

其次，基于功能访问序列，计算单个功能访问的支持度指标，得到访问序列中高频访问的功能，分为一级功能和二级功能，具体如图 5 所示。在一级功能中，休闲娱乐类的访问频率最高，餐饮类、购物类和住宿类访问频率均不低于 0.3；在二级功能中，历史文化遗迹访问频率最高，购物中心、饮品店和住宿服务设施的访问频率也均高于 0.3，属于高频访问的功能。此外，城市公园、地方特色餐饮、俄式西餐、快餐店、俄罗斯特色商品相对访问频率也较高，均大于 0.15。

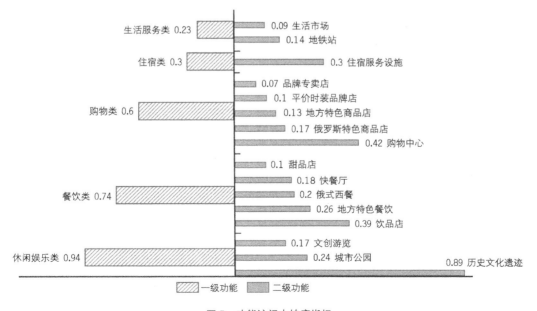

图 5　功能访问支持度指标

3.2　访问序列组合模式探究

3.2.1　空间访问组合模式特征

　　基于空间访问序列的关联规则挖掘，得到 27 组空间访问组合模式。就整体组合模式而言，其组合多为"防洪纪念塔"与其他空间访问点相组合，访问概率与组合稳定性各有不同（图 6）。研究发现，在 27 组组合模式中，"滨江铁路桥→防洪纪念塔"的支持度最高，表明其组合模式的访问概率最高，很大概率同时访问"滨江铁路桥"和"防洪纪念塔"，但提升度相对较小，低于平均水平（1.50），表明组合稳定性偏低。"哈工大中心→中国邮政"与"中国邮政→哈工大中心"的提升度最高，表明二者有很强的关联性，是稳定性最高的两组组合模式，只要选择其中一个空间访问点，很大概率会前往另一个空间访问点。但这两组组合的支持度相对较低，低于平均水平（0.09），组合模式的访问概率较小，即较小概率同时访问"中国邮政"和"哈工大中心"。

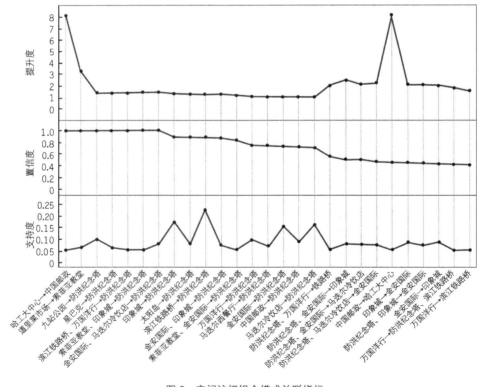

图 6　空间访问组合模式关联指标

提升度高的空间访问组合模式，其关联性更强，稳定性更高。图 7 展示了提升度大于平均水平的组合，纵轴为先访问的空间点，横轴为后访问的空间点，圆圈的尺寸越大，表明提升度越高。研究发现，"哈工大中心"和"中国邮政"与"道里菜市场→索菲亚教堂"这类空间距离较近的组合模式，提升度都大于 3，远超平均水平，其组合关联性强，稳定性高。"印象城""金安国际"等大商场与其他空间访问点的组合模式相对更多，且提升度均大于平均水平，关联性和组合稳定性较大。此外，除存在"哈工大中心→中国邮政"这种"A→B"的组合形式以外，还存在"$A_1A_2 \cdots A_n \to B_1B_2 \cdots B_n$"的组合形式（$A_1A_2 \cdots A_n$ 没有先后顺序），且这种形式的组合多以"防洪纪念塔"与"金安国际""印象城""马迭尔冷饮店"两两组合，去往另一个空间点的组合模式，如"防洪纪念塔、金安国际→印象城"，表明"防洪纪念塔""金安国际""印象城"等是整个街区的关键性空间访问点。

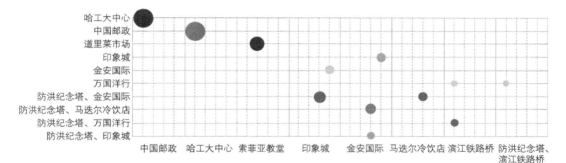

图 7　空间访问组合模式（部分）

注：横轴代表后项，纵轴代表前项。圆圈的位置越靠后，颜色越深，尺寸越大，代表的值越大。

在所有组合模式与关键性空间访问点中，"防洪纪念塔"及其相关组合模式是最典型的。"防洪纪念塔"存在最高的组合概率，且多作为组合模式的后项。如图 8 所示，圆圈的位置代表各个点的空间相对位置，圆圈大小代表组合模式的支持度，箭头的颜色代表组合模式的置信度，尺寸代表提升度。研究发现，在"A→B"组合形式中，"九站公园→防洪纪念塔""印象城→防洪纪念塔""滨江铁路桥→防洪纪念塔"的支持度高于平均水平，但提升度低于平均水平，是访问概率高但稳定性偏低的组合。在"$A_1A_2 \cdots A_n \to B_1B_2 \cdots B_n$"组合形式中，支持度都低于平均水平，但大多提升度均高于平均水平，整体稳定性较高。

3.2.2　功能访问组合模式特征

基于功能访问序列的关联规则挖掘，得到 29 组一级功能访问组合模式和 73 组二级功能访问组合模式。

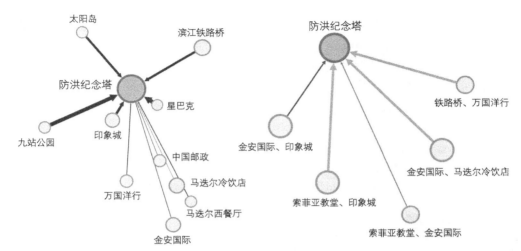

圆圈大小：支持度　　箭头颜色：置信度　　箭头粗细：提升度
a. "A→B" 组合形式

圆圈大小：支持度　　箭头颜色：置信度　　箭头粗细：提升度
b. "$A_1A_2{\cdots}A_n$→$B_1B_2{\cdots}B_n$" 组合形式

图 8　防洪纪念塔相关组合模式

（1）一级功能访问组合模式

在一级功能访问的整体组合模式中，多为餐饮、购物、休闲娱乐与住宿四类功能访问之间的相互组合，对比空间访问组合模式，整体组合模式的访问概率更高，但稳定性更弱，具体如图 9 所示。其中，"购物类→餐饮类" 和 "餐饮类→购物类" 的支持度最高，提升度低于平均水平（1.14），表明这两组组合模式访问概率高，但稳定性差。"住宿类→购物类、餐饮类" 的提升度指标最高，达到 1.3，相对其他功能访问组合模式，其稳定性最高，但组合的支持度低于平均水平（0.22），访问概率相对偏低。

在功能访问组合模式中，提升度高于平均水平，稳定性相对较高的组合模式（图 10）。研究发现，在这些稳定性高的组合中，"购物类" 与其他功能的组合模式最多，其次是 "餐饮类"，且多作为后项，表明 "购物类" "餐饮类" 与其他功能关联性较高，在进行其他功能访问后，很大概率会进行 "购物类" 和 "餐饮类" 的功能访问。同时，"住宿类" 与其他功能的组合模式也仅次于 "购物类"，且多作为前项，表明在住宿服务后极大概率会进行购物、餐饮和休闲娱乐等功能访问。相比 "休闲娱乐类" 的高访问频率，"休闲娱乐类" 与其他功能的组合模式较少。此外，对比空间访问组合模式，其组合形式更丰富，存在如 "休闲娱乐类、生活服务类、购物类→餐饮类" 的组合，表明行为主体在功能访问序列中，有多种功能需求，关注整体访问功能的多样性和丰富性。

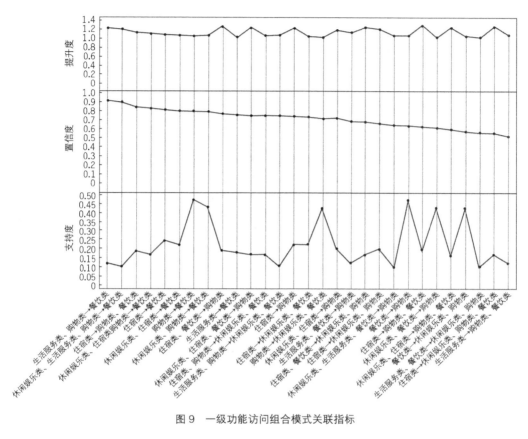

图 9 一级功能访问组合模式关联指标

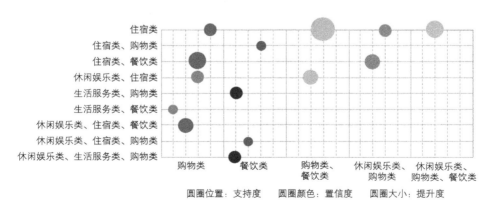

圆圈位置：支持度 圆圈颜色：置信度 圆圈大小：提升度

图 10 一级功能访问组合模式（部分）

注：横轴代表后项，纵轴代表前项。圆圈的位置越靠后，颜色越深，尺寸越大，代表的值越大。

（2）二级功能访问组合模式

在二级功能访问中，整体组合模式大多为历史文化遗迹、购物中心、饮品店和住宿服务之间的相互组合，整体组合模式的访问概率和稳定性差异较大（图 11）。其中，"饮品店→历史文化遗迹"和"历史文化遗迹→饮品店"的支持度最高，提升度低于平均水平（1.38），表明这两组组合模式访问概率高，但组合稳定性偏差。"快餐店、历史文化遗迹→购物中心、饮品店"的提升度最高，但支持度低于平均水平（0.09），表明该组合的稳定性最高，但访问概率较低。

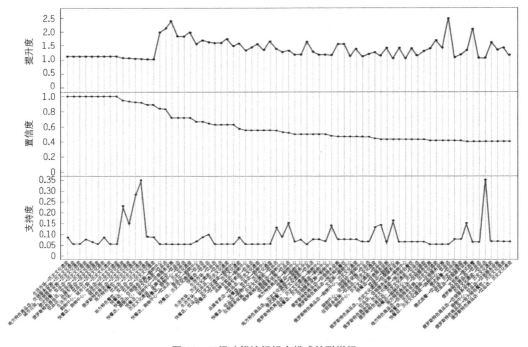

图 11　二级功能访问组合模式关联指标

由于二级功能访问组合模式较多，将对不同形式的组合模式分开讨论，具体如图 12 所示。在"A→B"中，"购物中心"与其他功能访问的组合模式较多，但大多稳定性低于平均水平，只有"甜品店→购物中心"的提升度达到 1.579。其次是"饮品店"，提升度高于平均水平的组合超过一半，整体稳定性较高。同时，在"A→B"中，"快餐店→饮品店""住宿服务设施→饮品店""饮品店→住宿服务设施"三组的支持度和提升度均高于平均水平，表明这三类组合访问概率和稳定性高。在"$A_1A_2\cdots A_n→B_1B_2\cdots B_n$"中，"饮品店""饮品店、历史文化遗迹"与其他功能访问的组合模式较多，且提升度远超平均水平。其中，"住宿服务设施、历史文化遗迹→饮品店""快餐店、历史文化遗迹→饮品店""快餐店→饮品店、历史文化遗迹"三组的支持度和提升度都高于平均水平，拥有高访问概率和稳定性。

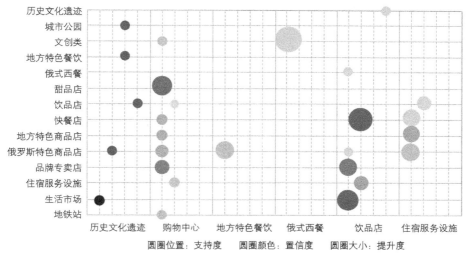

圆圈位置：支持度　　圆圈颜色：置信度　　圆圈大小：提升度

a. "A→B" 组合形式

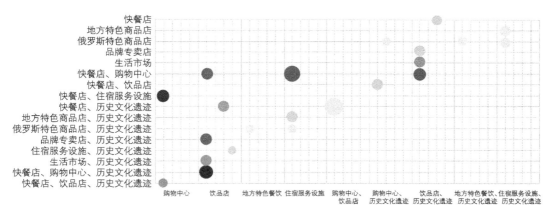

圆圈位置：支持度　　圆圈颜色：置信度　　圆圈大小：提升度

b. "A₁A₂…Aₙ→B₁B₂…Bₙ" 组合形式

图 12　二级功能访问组合模式（部分）

注：横轴代表后项，纵轴代表前项。圆圈的位置越靠后，颜色越深，尺寸越大，代表的值越大。

　　在研究过程中发现二级功能访问中存在关联性和组合率极高的四类功能访问，包括历史文化遗迹、购物中心、饮品店和住宿服务设施（图 13）。在所有组合模式中，饮品店与其他功能访问组合的模式最为丰富，且超过一半的组合模式提升度高于平均水平，展现出强烈的整体组合关联度和高稳定性。历史文化遗迹紧随其后，与其他功能的访问组合模式数量较多，但所有组合的提升度均低于平均水平，表明其关联性较弱，稳定性较低。购物中心相关的组合模式位居第三，但仅有三个组合的提升度高于平均水平，整体上呈现出较弱的关联性和较低的稳定性。相比之下，住宿服务设施虽然相关的组合模式数量较少，但其提升度均高于平均水平，显示出强烈的关联性和高度的稳定性。总的来说，饮品店和住宿服务设施表现出高关联性和稳定性，在城市功能网络中可能扮演着关键节点的角色，能够有效地吸引和连接其他功能。

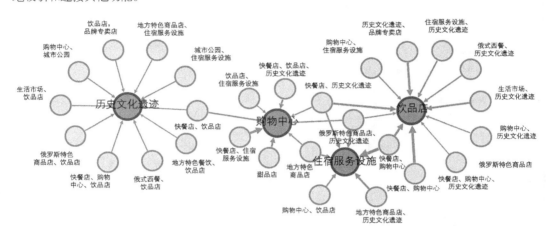

图 13　组合模式示意（部分）

注：箭头粗细代表提升度，箭头指向后项。

4　结论与讨论

4.1　结论

本文基于访问序列数据，使用关联规则算法解析行为主体实际空间活动特征与规律，在此基础上进一步探究中央大街历史街区的功能组合模式并对研究结果进行相应的解释与探讨，主要得出以下结论：

（1）在信息化和数字化时代，数据挖掘与空间研究之间的交叉融合愈发重要。基于访问序列的关联规则挖掘，可以从行为主体视角分析挖掘人与空间的互动规律，并对功能组合模式进行探究，进一步为历史街区的活化利用与功能改造提供决策参考。

（2）在功能组合模式中，餐饮类与其他功能、购物类与其他功能的组合模式占比较大，这可能与历史资源的可消费性有关。历史街区往往承载着餐饮、购物等消费功能，街区的地方特色商店与特色餐饮对行为主体具有较强的吸引作用，如马迭尔西餐厅、秋林里道斯等，这便使得餐饮功能与购物功能具有较高的访问概率。

（3）历史街区的历史文化遗存、空间本底环境与其他功能空间具有强关联性。在空间访问中，防洪纪念塔和其他历史文化遗存具有高访问率和高组合率，一定程度上带动了周边功能空间的使用。同时，高达 23.5% 的用户未进行具体的功能空间访问，表明街区本身的历史环境与氛围是决定这类人群访问行为的基础，对街区整体的空间使用具有重要意义。

4.2 讨论

本文运用行为轨迹数据解析人群的访问序列，运用关联规则算法，从行为主体角度探究了历史街区的功能组合模式，丰富了现有的实证研究。研究结果表明，历史街区功能组合模式具有多样性，其中，餐饮、购物与其他功能的组合模式占比较大，这与先前的研究相一致（徐红罡，2005）。此外，地方特色餐饮、俄式西餐、俄罗斯商店等特色功能的访问概率较大，这大多是为了寻求不同的特色体验。本文对现有文献的另一个主要贡献是为量化历史街区功能组合模式提供了一种方法参考与典型的工作流，以及一个更系统、更客观的方法流程对街区尺度历史空间的功能组合模式进行挖掘，从微观的、步行尺度层面对行为数据进行计算，相比于以往大多数文献聚焦于大尺度的空间格局层面（Mou *et al.*，2020；Liu *et al.*，2022），本文拓宽了关联规则挖掘在城市研究中的应用范围，为量化计算街区功能组合模式提供了新方法。

本文尚存在以下不足。首先，本文数据样本量较小，可能导致关联规则计算结果的精度不高，存在计算偏差，从而影响最终功能组合模式的判定；其次，本文所使用的轨迹数据信息并不包括行为主体的访问目的，对于所获取的访问序列，无法区别行为主体是否带有明确的访问目的与意愿进行访问或是因为游览过程中的空间吸引而进行短暂停留，区别不同访问目的也是未来研究的一个重要方面；最后，本文未能区分本地居民与外来游客的行为序列。游客与居民是历史街区空间使用的两类人群，现有研究结果表明，游客与居民在空间认知以及时空行为（黄潇婷，2011）等方面存在显著差异，而平衡游客与居民在历史街区中的使用活动和价值感知对于历史街区活化及文脉延续是具有重要意义的，厘清两类人群的空间行为习惯与规律，减少游客与居民的矛盾和竞争将有助于街区的可持续运维。

参考文献

[1] AGRAWAL R, IMIELINSKI T, SWAMI A. Mining association rules between sets of items in large databases[C]//BUNEMAN P, JAJODIA S. ACM SIGMOD International Conference on Management of Data, Washington, DC, 1993: 207-216.

[2] AGRAWAL R, SRIKANT R. Fast algorithms for mining association rules[C]//Proceedings of the 1994 International Conference on Very Large Data Bases, VLDB'94, Santiago, Chile, 1994: 487-499.

[3] BUSTIO-MARTÍNEZ L, CUMPLIDO R, LETRAS M, et al. FPGA/GPU-based acceleration for frequent itemsets mining: a comprehensive review[J]. ACM Computing Surveys, 2021, 9(54): 35.

[4] CHENG X Q, JIN X L, WANG Y Z, et al. Survey on big data system and analytic technology[J]. Journal of

Software, 2014, 25(9): 1889-1908.

[5] LIU W, WANG B, YANG Y, et al. Cluster analysis of microscopic spatio-temporal patterns of tourists' movement behaviors in mountainous scenic areas using open GPS-trajectory data[J]. Tourism Management, 2022, 93: 104614.

[6] MOU N, ZHENG Y, MAKKONEN T, et al. Tourists' digital footprint: the spatial patterns of tourist flows in Qingdao, China[J]. Tourism Management, 2020, 81: 104151.

[7] 黄潇婷. 北京颐和园游客与居民游憩设施竞争现象的时空行为研究[J]. 旅游规划与设计, 2011(1): 24-28.

[8] 李昊, 高晗, 赵苑辰. 日常生活与城市历史街区生活性街道更新范式[J]. 城市与区域规划研究, 2022, 14(1): 140-153.

[9] 李婷, 裴韬, 袁烨城, 等. 人类活动轨迹的分类、模式和应用研究综述[J]. 地理科学进展, 2014, 33(7): 938-948.

[10] 龙瀛, 李伟健, 张恩嘉, 等. 未来城市的冷热思考——张宇星、刘泓志、沈振江、吕斌、周榕、尹稚、武廷海访谈纪实[J]. 城市与区域规划研究, 2023, 15(1): 234-250.

[11] 司洁, 李欣鹏, 薛靖裕, 等. 基于地方性视角的历史街区商业化程度量化研究——以西安市北院门历史街区为例[J]. 城市发展研究, 2019, 26(7): 107-113+2+37.

[12] 唐玉生, 黎鹏, 刘双, 等. 我国西部地区历史商业街区演化路径及影响因素[J]. 管理学报, 2016, 13(5): 745-754.

[13] 涂建军, 唐思琪, 张骞, 等. 山地城市格局对餐饮业区位选择影响的空间异质性[J]. 地理学报, 2019, 74(6): 1163-1177.

[14] 徐红罡. 文化遗产旅游商业化的路径依赖理论模型[J]. 旅游科学, 2005(3): 74-78.

[15] 张雨洋, 杨昌鸣. 什刹海商业热点街巷区位特征及优化策略研究——基于道路中心性视角[J]. 旅游学刊, 2019, 34(7): 110-123.

[欢迎引用]

朱海玄, 吴翠玲, 赵紫璇. 基于访问序列的历史街区功能组合模式研究——以哈尔滨中央大街为例[J]. 城市与区域规划研究, 2024, 16(1): 117-134.

ZHU H X, WU C L, ZHAO Z X. Research on function combination mode of historical blocks based on access sequences — a case study of Harbin Central Street[J]. Journal of Urban and Regional Planning, 2024, 16(1): 117-134.

夜间市长研究进展与启示

王东红　蒋文莉

Progress of Research on Night Mayors and Its Inspiration

WANG Donghong[1,2,3], JIANG Wenli[1]
(1. School of Public Administration, Zhongnan University of Economics and Law, Wuhan 430073, China; 2. School of Statistics and Mathematics, Hubei University of Economics, Wuhan 430205, China; 3. Hubei Center for Data and Analysis, Hubei University of Economics, Wuhan 430205, China)

Abstract　Over the past two decades, more than 40 cities around the world have appointed night mayors or advocacy organizations for night activities and management. Despite differences in night infrastructure and regulation in cities, there is a consensus on the necessity of night governance structures. This paper sorts out relevant literature both at home and abroad and analyzes four aspects of the night mayor position: its origin, nature, potential responsibilities and model of governance. Night governance abroad, having gone through a longer development process, is with mature practical experience and research results and has the potential to improve the quality and level of urban night city management in China in terms of sound mechanism, social participation and supporting guarantees.

Keywords　urban governance; night mayor; night economy; progress

摘　要　在过去的 20 年中，全球有 40 多个城市任命了夜间市长或倡导组织，负责维持夜间活动和管理。尽管城市的夜间基础设施和监管模式存在差异，但对夜间治理结构的必要性已经成为共识。文章梳理了国内外相关文献，分析了夜间市长职位的概念起源、职位性质、潜力责任和治理模式四个方面。国外夜间治理经历了更长的发展过程，有着成熟的实践经验和研究成果，从健全机制、社会参与、配套保障等方面可为提升我国城市夜间城市管理质量和水平提供参考。

关键词　城市治理；夜间市长；夜间经济；进展

1　引言

作为城市经济的重要组成部分，夜间的经济繁荣程度被看作是一座城市经济便利度和活跃度的晴雨表。数据显示，我国有 60% 的消费发生在夜间（王珂等，2022）。进一步扩大内需，夜间经济是备受关注的发力点。

夜间经济一般是指晚 6 时至次日凌晨 2 时所发生的服务业类经济活动（Beer，2011）。2019 年，国务院办公厅印发《关于加快发展流通促进商业消费的意见》提出"活跃夜间商业和市场"。2022 年 8 月 16 日，中共中央办公厅、国务院办公厅印发《"十四五"文化发展规划》，提出"全面促进文化消费，加快发展新型文化消费模式，发展夜间经济"。打造具备"近者悦，远者来"效应的城市夜间经济，实现夜间经济健康发展与城市精细治理的融合共生，是城市管理部门需要重视的发展方向。2023 年 7 月 31 日，

作者简介

王东红，中南财经政法大学公共管理学院，湖北经济学院统计与数学学院，湖北经济学院湖北数据与分析中心；

蒋文莉，中南财经政法大学公共管理学院。

国务院办公厅发布《国务院办公厅转发国家发展改革委关于恢复和扩大消费措施的通知》，提出"推动夜间文旅消费规范创新发展，引导博物馆、文化馆、游乐园等延长开放时间，支持有条件的地区建设'24 小时生活圈'"。

　　近年来，全球化和新的政治参与形式的引入，使参与城市地区治理的阵容发生了重大变化。当代城市治理的概念指的是公共和私人资源由位于地方政府内外的广泛参与者协调，以追求集体利益的过程。地方政府的作用体现在完善公共设施、服务以及消除夜间经济的消极影响（Mcarthur *et al.*，2019），改善夜间照明、提高公共交通便利性（Jenny，2018），空间精准划分（傅舒兰，2021），秩序建构（陈浩等，2020），同时，在加强监管力度、治安管理等方面为夜间经济助力（付晓东，2019；毛中根等，2020）。虽然地方政府仍然是核心角色，但夜间城市治理涉及一个持续追求集体利益的过程，在这个过程中，非选举产生的城市治理者正变得越来越重要。已有学者提出通过框架和分类法来比较跨国城市治理（Digaetano and Strom，2003；Pierre，2011），根据城市治理的制度类型——管理、组合主义、促进增长和福利（Pierre，2011），本文将分析夜间市长职位的概念起源、职位性质、潜力责任以及夜间城市治理模式。

2　文献综述

2.1　国外研究综述

　　国外对于夜间城市的研究多以夜间经济为基础，集中关注于夜间城市规划（Tiesdell and Slater，2006；Yeo *et al.*，2016）、时间规划（Bianchini，1995；Roberts and Turner，2005）、夜间旅游（Hsieh and Chang，2006；Yoo *et al.*，2021；Song *et al.*，2020；Tutenges，2012）、产业供给（侯晓斌、闫琪，2020；Bøhling，2015；Roberts and Gornostaeva，2007；Roberts，2015）、环境创造（Richard，2001；Shaw，2013；Rozhan *et al.*，2015；Cozens *et al.*，2019）等方面。夜间治理是一个新兴的领域，目前在城市研究中没有得到充分的关注（Van Liempt *et al.*，2015）。它的起源可以追溯到 20 世纪 90 年代早期，当时少数城市文化和理论家开始使用时间视角来思考城市规划的物理与社会维度（Bonfiglioli，1997），提出了夜间城市管理新问题，随后"临时"政策和研究开始关注全天候的社会经济与社会服务（Boulin and Mückenberger，2005；Mückenberger and Boulin，2002；Mückenberger，2013）。

　　城市夜间演变这一新兴领域的研究浪潮可分为三个阶段（Hadfield，2015）。第一波研究对应于以文化为主导的重建战略，旨在将后工业城市中心的活力扩展到朝九晚五的时空之外，将夜间经济的发展视为将废弃仓库和建筑改造成酒吧、俱乐部和创意空间等，将人们带回城市（Bianchini，1995；Hadfield，2015；Consultancy，1991；Roberts，2004；Shaw，2014）。在城市之间竞争加剧的背景下，这些策略的目的是解除对"限制性"城市规划和许可制度的管制，并围绕"24 小时城市"（Shaw，2010；

VAN *et al.*，2014；Van Liempt *et al.*，2015；Diplomacy and Seijas，2018）的概念培育一种不断发展的文化。然而这些策略导致饮酒娱乐等空间在市中心的聚集，导致城市噪声、犯罪和反社会行为的上升，并引发居民和非政府组织的强烈反对（Hobbs *et al.*，2003；Roberts and Eldridge，2012）。这些意料之外的负面影响是第二波夜间城市治理研究的核心关注点，重点是评估现有结构中不断增长的负面夜间经济的治理能力（Hobbs *et al.*，2005）。

这些研究通常集中于与夜间活动相关的负外部性，并试图量化有效管理此类活动的运营成本（TBR，2012）。在媒体对这些负面后果报道的推动下，某些夜间实践和行为被丑化了，尤其是那些与饮酒有关的行为，同时掩盖了居民对活跃且更多样化的夜间体验的真实诉求（Eldridge and Roberts，2008）。因此，在这一时期，新形式的视频监控（例如闭路电视）激增，同时新法律法规的出现，为当地警察和市政府的执法提供了依据（Hadfield *et al.*，2010）。

传统上，夜间治理被用作严格维持治安和维持社会排斥结构的借口（Straw，2018）。夜间治理结构常被称为"行为监管者"（Bianchini，1995），其局限性在于反映或加剧白天秩序和控制机制，而忽略了独特的夜间城市生活特征。哈德菲尔德（Hadfield，2015）关于城市夜晚的"第三波"研究关注的就是这些结构所产生的排斥性结果，这些结构基于种族和民族、社会阶层、性别、年龄和性偏好等因素，以空间领域的多样化为特征，整合数据和规划机制，以解决城市夜间经济和治理的负面影响，如倡议夜生活经营者提高他们的安全和质量标准。包括警察、许可当局、居民团体和公共卫生机构等第三方警务（TPP）在城市夜间治理中主张采用网络措施而非专注于处理夜间犯罪和反社会行为的限制性机制，以执行秩序和监督，促进夜间规划发展（Van Liempt *et al.*，2015；Roberts，2004），并逐渐发展为城市夜间治理体系中新角色——夜间市长。

2.2 国内研究综述

我国学界对夜间城市治理的研究起步较晚，相关的研究较少，主要集中在以"24小时"生活圈推动夜间文旅消费为核心的研究，学者多以旅游学、经济学、管理学等视角进行分析研究。

部分学者基于旅游学科视角，通过对旅游活动时空分布规律的分析（王兴中等，2017），优化旅游生产力功能的合理化布局（常芳等，2014），以加强规划管理为核心促进文化与夜间旅游环境融合（郑自立，2020），为城市夜间旅游开发提供参考（顾至欣等，2016）。

基于经济学科视角，部分学者从夜间经济视角着重研究了夜间灯光数据在不同尺度对社会经济活动的预测（陈世莉等，2020；周玉科等，2017），通过夜间灯光数据来测算中国的GDP增长率，并验证统计数据的真实性（徐康宁等，2015），研究城市空间分布对于夜间经济的影响（陈梦根、张帅，2020）以及通过优化布局促进消费（王悦、赵美凤，2023）。

基于公共管理学视角，国务院及各城市政府的夜间经济专项政策文件相继出台，对城市夜间经济的发展起到引领作用（余构雄，2021；储德平等，2021）。研究表明，夜间城市经济的发展离不开政策支持，政策需注重实现多重目标（余构雄，2021），通过度量评估和空间分析（王越琳等，2022），构建夜间经济的共享模式，并完善政策运行机制（曹新向，2008）、技术创新运用（储德平等，2021）、城市公共服务，提升夜间经济发展（曹志敏，2022）。

2.3 研究述评

关于夜间规划和政策环境领域的研究在过去 10 年中有所进展，但在国内研究中，夜间市长的兴起及其从城市治理角度出发的相关性讨论尚未在城市研究中进行分析和记录。换言之，我国的夜间经济研究还处于起步阶段，关于怎样应对发展挑战方面的议题以及夜间治理的制度、人员设置与治理模式等方面的研究尚未展开。在夜间市长在世界各地迅速传播之际，本文将全面审视这一新概念，以评估其作为一种促进积极夜生活的治理机制，同时分析这一角色的转移是如何受到地方治理制度的影响。

因此，本文试图对西方文献中的夜间经济相关研究展开梳理，从概念起源、职位性质、潜力责任和模式比较四个方面对其发展脉络和机制进行总结，为我国夜间治理的理论研究与实践提供借鉴。

3 经验总结

3.1 概念起源

虽然柏林是第一个创建正式的夜间倡导组织——柏林俱乐部委员会的城市，但"夜间市长"一词起源于荷兰。20 世纪 70 年代，朱尔斯·迪尔德（Jules Deelder）由于在鹿特丹文化生活中的突出作用，为他赢得了夜间市长的绰号。在过去的 10 年里，荷兰城市任命了 20 多名夜间市长。最著名的代表是阿姆斯特丹，2003 年，首位"夜间市长"（Nachtburgemeester）应运而生并在 2014 年通过制度化创建独立的非营利组织，来指导市长和市议会设计政策用以促进和发展阿姆斯特丹的文化、社会和民族包容性的夜生活（Stichting Nachtburgemeester Amsterdam，2018）。

阿姆斯特丹实施的最成功举措在于 2013 年创建的 24 小时许可证，即允许延长位于城市郊区的夜生活场所的开放时间，并在 2017 年成为一个永久的政策（Van der Groep *et al.*，2017）。第二个获得全球认可的倡议是 2015 年的伦勃朗广场（Hospitable Rembrandt Square）项目，其旨在减少与酒精有关的暴力、提高夜生活的质量，该项目包括雇用 20 名穿着亮红色夹克的雇员或者志愿者在周五和周六晚上于该地区巡逻，以创造一种类似于节日或公共活动的轻松气氛。当为期三年的试点结束时，相关妨害报告减少了 40%，暴力报告减少了 20%（Broer *et al.*，2018）。

尽管起源于荷兰，但夜间市长的概念在法国引起了共鸣，部分城市提议选举"夜间市长"，恢复夜间城市的繁荣（Aghina and Gwiazdzinski，1999）。随着 20 世纪 90 年代夜间经济的扩张，英国治理者也逐渐处理夜间酒吧、餐馆、商店等管理事宜（Kolvin，2016）。2016 年伦敦为促进市民、地方当局和夜生活场所之间的互动而任命"夜间特使"（night czar）。在纽约等其他美国城市，"夜生活市长"（nighttime mayor）的出现是多年来支持夜生活的激进主义的结果（Hae，2012），纽约夜生活市长办公室成立于 2018 年初，是夜生活场所、居民和政府之间的联络人，虽然专注于处理投诉和违规行为，但该办公室也可以向市长和各种城市机构提供政策建议，与阿姆斯特丹的模式相反，这个职位完全由政府资助，并由市长监督。

3.2 职位性质

夜间市长头衔的变化包括"夜间经济经理""夜间经济代表""夜生活倡导者"和"夜间大使"。术语上的差异也意味了在该职位在情况和范围上的地理区别。欧洲的夜间市长是独立的倡导者，帮助在夜生活经营者和市民之间进行调解，而美国通常被称为经理或董事——是政府任命的代表，负责监督夜间经济的运作方式（Kolvin，2016；Hae，2012；Mount，2015）。

夜间市长的发展通常被描述为一场全球运动，与地区文化生活日益增长的经济重要性相关（Mount，2015）。虽然扩大夜间活动治理可以提高个人在夜间安全意识，在振兴夜间经济的同时促进中产阶级化的浪潮，但在这些浪潮的管控中，许多夜生活场所后来被关闭，成为中产阶级化成功的受害者（Aghina and Gwiazdzinski，1999）。近年来，尽管城市夜间生活获得提倡和鼓励，但它仍然是一个高度监管的空间，如实施宵禁和酒禁等限制性政策，以"在繁荣多样的夜间经济和不断增长的居民人口之间取得正确的平衡"（Jones，2018），伦敦执行的限制性政策使得 2005—2015 年超过一半的夜总会关闭（Wilson，2019），2014 年限制性政策的实施导致悉尼 176 家夜间活动场所关闭（Taylor，2018）。哈（Hae，2012）认为，必须认真对待对城市活动及其空间的抑制和消失，这种背景进一步鼓励了更多的城市任命夜间市长，以努力保护日益减少的城市夜间活动和夜间经济。

除了在文化和经济方面的贡献外，夜间城市也是社会互动、信任和身份建设的关键空间。研究显示，女性比例占夜间市长的 27%，越来越多的女性参与夜间市长的选举，如纽约、悉尼和伦敦等大都市曾选出了女性夜间市长，然而，尽管她们鼓励夜生活场所和组织为妇女创造更安全的环境，但这些贡献在减少对妇女犯罪方面的影响仍有待评估（Seijas and Gelders，2021）。

夜间市长职位和夜间倡导组织的数量呈指数级增长（表 1）。尽管截至 2013 年，各城市只任命了 6 位夜间市长，但在 2017 年和 2018 年分别设立了 10 个新职位或组织，使这些年份成为该运动中增长最高的年份，2021 年布卢明顿、曼海姆、布拉格、洛杉矶、多伦多和华盛顿特区 6 个新城市加入；爱丁堡、赫尔辛基、上海、维也纳也宣布他们有兴趣创建这个职位和组织（Seijas and Gelders，2021）。

表 1　全球成立夜间市长和夜间倡导组织

年份	城市（治理结构模式）
2001 年	德国柏林（外部）
2003 年	荷兰阿姆斯特丹（外部）
2004 年	爱尔兰都柏林（外部）、美国旧金山（内部）
2011 年	瑞士日内瓦（外部）、荷兰格罗宁根（外部）
2013 年	澳大利亚悉尼（内部）、法国图卢兹（内部）
2014 年	法国巴黎（内部）、荷兰奈梅亨（外部）、巴拉圭亚松森（外部）
2015 年	荷兰兹沃勒（外部）、瑞士苏黎世（外部）、立陶宛维尔纽斯（外部）、美国匹兹堡（内部）
2016 年	哥伦比亚卡利（内部）、英国伦敦（内部）、美国西雅图（内部）、日本东京（外部）
2017 年	英国阿伯丁（内部）、美国奥斯汀（内部）、匈牙利布达佩斯（外部）、美国劳德代尔堡（内部）、美国爱荷华城（内部）、俄罗斯喀山（外部）、西班牙马德里（外部）、美国奥兰多（内部）、墨西哥圣路易斯波托西（外部）、智利瓦尔帕莱索（外部）
2018 年	美国底特律（内部）、荷兰艾恩德霍芬（外部）、美国洛杉矶（内部）、英国曼彻斯特（内部）、美国纽约（内部）、荷兰海牙（外部）、格鲁吉亚第比利斯（内部）、以色列特拉维夫（内部）
2019 年	美国布卢明顿市（内部）、德国曼海姆（外部）、捷克布拉格（内部）、加拿大多伦多（内部）、中国上海（内部）
2020 年	美国华盛顿特区（内部）
2021 年	中国长沙（内部）
2022 年	美国亚特兰大（内部）

注：中国上海、中国长沙部分地区试行；数据基于相关研究（Seijas and Gelders，2021）整理。

3.3　潜力责任

　　谢恩（Shane，2018）将夜间市长的职责分为三个领域：传播夜间文化、艺术和夜生活，保证安全与警务，改善夜间基础设施和夜间经济并将它们有效地嵌入城市的夜间治理结构中。罗斯认为夜间市长除了作为城市夜间的倡导者、中介人和调解人外，夜间市长和市长最主要的区别是夜间市长缺乏立法或监管权威（Ross，2021）。

　　夜间市长是由城市公民挑选的作为夜生活场所、公民和地方政府之间的联络人（Seijas and Gelders，2021），其职责可以基本分为三种类型。第一是增强夜间城市的"硬件"，即以提高生活质量的方式来促进改善夜间设施环境，如扩大城市夜间交通能力、加强照明、开放公共厕所等基础服务；第二是改进并经常更新夜间城市的"软件"，即制定促进夜间活动同时减少夜间滋扰的法律法规，如为企业和公共场所确定宵禁时间段或政策指引；第三是调解和促进参与夜间治理的各种行为者之间的共识。

　　改善硬件、软件和促进调解这三个职责是夜间市长管理城市夜间环境的所有战略的核心。虽然不同城市夜间基础设施和监管差别很大，但是越来越多的共识是，夜间城市需要管理者负责策略的制定和实施的监督。这种围绕夜间治理的理念始于 21 世纪初阿姆斯特丹和柏林等城市引入夜间市长角色，并在世界各地迅速传播。截至 2022 年 4 月，已有 40 多个城市成立了夜间市长或夜间倡导组织（Seijas and Gelders，2021）。

3.4　模式比较

在相对成熟的夜间城市，如阿姆斯特丹、伦敦、纽约和巴黎，其城市夜间治理系统的机构与法规主要受到历史、文化和四个主要因素的驱动影响：城市治理模式（Pierre，1999）、当地监管者（Ross，2021）、经济前景（Brands *et al.*，2015；Frederik，2015）以及治理目标（Seijas and Gelders，2021）。

在遵循社团主义治理模式的背景下，阿姆斯特丹的夜间社团主义治理模式是保护夜间生活和经济文化，同时应对房价飙升和大量游客等巨大的外部压力的对策。遵循福利治理模式是在英国退欧过渡所体现的保守环境背景下，伦敦采取分散夜间治理模式应对减少的公共安全和维护的支出；遵循管理治理模式传统并在进步政府的背景下，纽约模式的驱动关键是管理夜间生活和中产阶级之间的联系以保证城市作为全天候目的地的声誉，并成为吸引人才和投资的最佳目的地。促进增长模式指在商界精英和政府官员的主导下达到某一特定需求，巴黎为了促进经济持续增长提倡夜间经济发展与周边社群生活的平衡（表 2）。

表 2　四种典型城市夜间治理模式比较

城市	城市治理模型	主要参与者	类型	经济前景	夜间治理目标
阿姆斯特丹	社团主义治理	各利益集团的领导者和基层公众	过程驱使型	适度支出	确保集团成员利益，建立服务政策；保护夜间生活和经济文化
伦敦	福利治理	政府官员和国家官僚机构	政府导向型	保守支出	短期目标是确保国家基金的流动以维持地方经济；参与多样化，减少公共安全和维护的支出
纽约	管理治理	公共服务的管理者	市场导向型	实质性支出	增强公共服务的生产和分配效率；管理夜生活和中产阶级化之间的联系
巴黎	促进增长模式	商界精英和政府官员	目的驱使型	平衡支出	促进经济持续增长；夜间经济发展与周边社群生活的平衡

4 借鉴与启示

4.1 角色适用范围

在过去的 20 年里，全世界已经有 40 多个城市任命了夜间市长，尽管城市治理模型是静态表示，且只关注发达国家的少数城市，但随着角色转移，其发展逐渐由发达国家向发展中国家发达城市蔓延。大多数欧洲夜间市长或者组织只是独立的倡导者和暂时的社会组织，支持调解和纳入各种各样的团体和利益，以努力保护城市的夜间活动和夜间经济；在美国和拉丁美洲的大多数地方，夜班市长被聘为全职公务员，遵循治理模式，注重效率和多机构协调。

研究结果也揭示了该角色的人选倾斜和作用范围的演变。虽然夜间市长和倡导组织遵循柏林和阿姆斯特丹的模式，注重保护夜间生活和经济文化，但是个人或者组织的管理者人选逐渐倾向于政府内部，2017—2019 年共有 23 名新夜间市长履职，其中 2/3 位于当地政府内部。夜间市长的制度化使得其职责由提高改善夜间设施环境的"硬件"机能向促进夜间活动法律法规的"软件"机能转变并逐渐渗透至参与夜间治理的各种行为者之间的共识。尽管夜间市长以及倡导组织对城市夜间生活和经济文化有积极贡献，但部分政府并不愿承认其属于新形式的官僚机构。对夜间生活的监管长期以来一直是城市治理的一部分，但在城市管理部门内设立夜间市长可以理解为对私人休闲和娱乐空间的更大控制，可能会加强而非破除现有的不平等社会结构和社会排斥（Poon，2018）。

4.2 角色的中国转换

本文对国外夜间城市治理机制的执行者——夜间市长进行介绍和比较分析，对国内夜间城市治理有一定借鉴作用，由于治理体制不同，需要把握自身的异质性。首先，我国的社会性质、经济水平、文化背景与西方国家存在较大的差异，我国在发展经济的同时更加注重社会的稳定和谐，需更加追求满足人民日益增长的美好生活需要与社会和谐稳定，而非简单的经济发展。其次，国外城市决策者最初希望通过夜间消费、夜间旅游而带动城市发展，但是由于市民经济能力不足以支撑高昂的闲暇消费反而促进廉价酒精产业等，引发系列反社会问题，所以国外夜间市长或倡导组织的关注点在于如何减少或者杜绝非良性社会现象；目前国内发展夜间文化的城市其市民具有较强的经济基础和良好的城市外部环境，因此需要用批判性视角借鉴国外研究经验。最后，大数据技术、人工智能技术等科学治理手段将进一步丰富夜间城市治理方法，为研究如何有效治理城市夜间生活提供理论基础和实践变革。

借鉴社团主义治理、福利治理、政府管理治理、促进增长模式四类治理模式；结合我国国情和体制，可以从健全机制、社会参与、配套保障等方面提升我国城市夜间城市管理质量和水平。

（1）健全制度机制。推进"服务型"城市治理体系建设，对城市夜间管理工作进行统筹，完善夜间城管工作机制，以安全为保障、以服务为导向优化治理方式，因地方夜间经济复兴而引发的空间分异、空间排斥、空间隔离等非正规性驱赶现象在西方国家司空见惯。随着我国夜间经济的发展，维护夜间经济的可持续发展与社会公平，权力关系、社会排斥现象将依靠制度机制打破。

（2）建立社会力量协同参与。由于历史原因，我国没有设置夜间市长职位，城市管理人员、辅警、协管员等是开展城市夜间治理工作的主干力量，需抓好思想教育、规范用人导向、强化业务培训等，切实做到"淄博模式"服务环境。需要推动规划政策与社群力量的上下协同，既发挥市场"无形之手"的资本力量，又需要政府"有形之手"的调控机制，完善夜间经济的多元治理体系。

（3）加大夜间配套服务保障力度。应发挥配套政策的科学指引作用，完善夜间公共基础设施建设。为适应城市治理智能化的发展，城市夜间智慧服务的效率和服务质量，整合城市治理资源，利用大数据、人工智能、云计算、物联网等技术，建设城市服务"中台"，将数字化平台与夜间城市治理紧密结合，努力创新城市夜间智慧治理。

致谢

本文受国家社科基金重点项目（21ADJ004）、教育部高校思想政治工作创新发展中心（武汉东湖学院）2023年度重点课题（WHDHSZZX2023107）、教育部高校思想政治工作创新发展中心（浙江树人学院）2023 年度一般课题（ZSSZ2023015）资助。

参考文献

[1] AGHINA B, GWIAZDZINSKI L. Les territoires de l'ombre: penser la ville, penser la nuit[J]. Revue Aménagement et Nature, 1999(133): 105-108.

[2] BEER C. Centres that never sleep? Planning for the night-time economy within the commercial centres of Australian cities[J]. Australian Planner, 2011, 48(3): 141-147.

[3] BIANCHINI F. Night cultures, night economies[J]. Planning Practice & Research, 1995, 10(2): 121-126.

[4] BØHLING F. Alcoholic assemblages: exploring fluid subjects in the night-time economy[J]. Geoforum, 2015, 58(1): 132-142.

[5] BONFIGLIOLI S. Urban time policies in Italy: an overview of time-oriented research[J]. Transfer European Review of Labour & Research, 1997, 3(4): 700-722.

[6] BOULIN J Y, MÜCKENBERGER U. Is the societal dialogue at the local level the future of social dialogue?[J]. Transfer, 2005, 11(3): 439-448.

[7] BRANDS J, SCHWANEN T, VAN AALST I. Fear of crime and affective ambiguities in the night-time economy[J]. Urban Studies, 2015, 52(3): 439-455.

[8] BROER J, VAN DER WEST R, FLIGHT, S. Evaluatie pilot gastvrij en veilig rembrandt-en thorbeckeplein[R]. Gemeente Amsterdam: Directie Openbare Orde en Veiligheid, 2018.

[9] CONSULTANCY C. Out of hours: a study of economic, social and cultural life in twelve town centers in the UK[M]. London: Gulbenkian Foundation, 1991.

[10] COZENS P, GREIVE S, ROGERS C. "Let's be friends": exploring governance, crime precipitators and public safety in the night-time economies of Cardiff (Wales) and Perth (Australia)[J]. Journal of Urbanism International

Research on Placemaking and Urban Sustainability, 2019, 12(2): 244-258.

[11] DIGAETANO A, STROM E. Comparative urban governance: an integrated approach[J]. Urban Affairs Review, 2003, 38(3): 356-395.

[12] DIPLOMACY S, SEIJAS A. A guide to managing your nighttime economy[EB/OL]. ACADEMIA, 2018. https://www.academia.edu/36858181/A_Guide_to_Managing_your_Night_Time_Economy.

[13] ELDRIDGE A, ROBERTS M. A comfortable night out? Alcohol, drunkenness and inclusive town centres[J]. Area, 2008, 40(3): 365-374.

[14] HADFIELD P, LISTER S, TRAYNOR P. "This town's a different town today" policing and regulating the night-time economy[J]. Criminology and Criminal Justice, 2010, 9(4): 465-485.

[15] HADFIELD P. The night-time city. four modes of exclusion: reflections on the urban studies special collection[J]. Urban Studies, 2015, 52(3): 606-616.

[16] HAE L. The gentrification of nightlife and the right to the city: regulating spaces of social dancing in New York[M]. New York: Routledge, 2012.

[17] HENG C K, HO K C, YEO S-J. Rethinking spatial planning for urban conviviality and social diversity: a study of nightlife in a Singapore public housing estate neighbourhood[J]. The Town Planning Review, 2016, 87(4): 379-399.

[18] HOBBS D, HADFIELD P, LISTER S. Bouncers: violence and governance in the night-time economy[M]. Oxford: Oxford University Press, 2003.

[19] HOBBS D, HADFIELD P, LISTER S, et al. Violence and control in the night-time economy[J]. European Journal of Crime Criminal Law and Criminal Justice, 2005, 13(1): 89-102.

[20] HSIEH A T, CHANG J. Shopping and tourist night markets in Taiwan[J]. Tourism Management, 2006, 27(1): 138-145.

[21] JENNY M A. The production and politics of urban knowledge: contesting transport in Auckland, New Zealand[J]. Urban Policy and Research, 2018, 37: 1-17.

[22] JONES D. "This is not a curfew" — hackney mayor responds to restrictive new licensing laws [OL]. NME, 27 July, 2018. https://www.nme.com/news/this-is-not-a-curfew-hackney-mayor-responds-to-restrictive-new-legislation-2360253.

[23] KOLVIN P. Manifesto for the night-time economy[R]. London, Philip Kolvin QC, 2016. https://cornerstone-barristers.com/cmsAdmin/uploads/night-time-economyfinal.pdf.

[24] MCARTHUR J, ROBIN E, SMEDS E. Socio-spatial and temporal dimensions of transport equity for London's night time economy[J]. Transportation Research Part A: Policy and Practice, 2019, 121(3): 433-443.

[25] MOUNT I. Got a noise complaint? Call your night mayor[EB/OL]. Fortune. （2015-11-23）. http://fortune.com/2015/11/23/london-night-mayor/.

[26] MÜCKENBERGER U. Do urban time policies have a real impact on quality of life? And which methods are apt to evaluate them?[M]. Berlin: Springer Netherlands, 2013.

[27] MÜCKENBERGER U, BOULIN J Y. Times of the city: new ways of involving citizens[J]. Concepts & Transformation, 2002, 7(1): 73-91.

[28] PIERRE J. Models of urban governance: the institutional dimension of urban politics[J]. Urban Affairs Review, 1999, 34(3): 372-379.

[29] PIERRE J. The politics of urban governance[M]. New York: Palgrave Macmillan, 2011.

[30] POON L. So you want to be a "Night Mayor"[EB/OL]. CityLab. (2018-11-14). https://www.citylab.com/life/2018/12/night-mayor-office-of-nightlife-and-culturewashington-dc/573484/.

[31] RICHARD W. A classification of techniques for controlling situational precipitators of crime[J]. Security Journal, 2001, 14(4): 63-82.

[32] ROBERTS M. Good practice in managing the evening and late-night economy: a literature review from the environmental perspective[R]. Office of the Deputy Prime Minister, London, 2004.

[33] ROBERTS M. "A big night out": young people's drinking, social practice and spatial experience in the "liminoid" zones of English night-time cities[J]. Urban Studies, 2015, 52(3): 571-588.

[34] ROBERTS M, ELDRIDGE A. Planning the night-time city[M]. New York: Routledge, 2012.

[35] ROBERTS M, GORNOSTAEVA G. The night-time economy and sustainable town centres: dilemmas for local government[J]. International Journal of Sustainable Development and Planning, 2007, 2(2): 134-152.

[36] ROBERTS M, TURNER C. Conflicts of live ability in the 24-hour city: learning from 48 hours in the life of London's Soho[J]. Journal of Urban Design, 2005, 10(2): 171-193.

[37] ROSS G S. Urban law at night: night mayors and nighttime urban governance strategies for sustainable urban night spaces and spatiotemporal equality[J]. Journal of Law and Social Deviance, 2021, 20(2): 21-82.

[38] ROZHAN A, YUNOS M Y M, OTHUMAN MYDIN M A, *et al*. Building the safe city planning concept: an analysis of preceding studies[J]. Jurnal Teknologi, 2015, 75(9): 95-100.

[39] SEIJAS A, GELDERS M M. Governing the night-time city: the rise of night mayors as a new form of urban governance after dark[J]. Urban Studies, 2021, 58(2): 1-30.

[40] SHAW R. Neoliberal subjectivities and the development of the night-time economy in British cities[J]. Geography Compass, 2010, 4(7): 893-903.

[41] SHAW R. "Alive after five": constructing the neoliberal night in Newcastle upon Tyne[J]. Urban Studies, 2013, 52(3): 456-470.

[42] SHAW R. Beyond night-time economy: affective atmospheres of the urban night[J]. Geoforum, 2014, 51(1): 87-95.

[43] SONG H, KIM M, PARK C. Temporal distribution as a solution for over-tourism in night tourism: the case of Suwon Hwaseong in South Korea[J]. Sustainability, 2020, 12(6): 2182.

[44] STICHTING NACHBURGEMEESTER AMSTERDAM. About the night mayor of Amsterdam[EB/OL]. Nachtburgemeester, 2018. https://nachtburgemeester.amsterdam/English.

[45] STRAW W. Afterword: night mayors, policy mobilities and the question of night's end[M]//NOFRE J, ELDRIDGE, A(eds.). Exploring nightlife: space, society and governance. London: Rowman and Littlefield International, 2018: 225-231.

[46] TAYLOR A. "What the hell is going on in Sydney?"176 venues disappear[N]. The Sydney Morning Herald. 27 May 2018. https://www.smh.com.au/national/nsw/whatthe-hell-is-going-on-in-sydney-176-venues-disappear-

20180527-p4zhst.html.

[47] TBR. Westminster evening and night-time economy: cost-benefit study for Westminster City Council[R]. 2012. https://www.westminster.gov.uk/evening-and-night-time-economy.

[48] TIESDELL S, SLATER A M. Calling time: managing activities in space and time in the evening/night-time economy[J]. Planning Theory & Practice, 2006, 7(2): 137-157.

[49] TUTENGES S. Nightlife tourism: a mixed methods study of young tourists at an international nightlife resort[J]. Tourist Studies, 2012, 12(2): 131-150.

[50] VAN DER GROEP R. Evaluatie 24-uurshoreca[R]. Gemeente Amsterdam: Onderzoek, Informatie en Statistiek. Openbare Orde en Veilgheid, 2017.

[51] VAN I, SCHWANEN T, VAN L I. Video-surveillance and the production of space in urban nightlife districts[M] // VAN H J, KOOPS B, ROMIIN H, et al. (eds.) Responsible innovation: the ethical governance of new and emerging technologies. Dordrecht: Springer, 2014: 315-335.

[52] VAN LIEMPT I, VAN AALST I, SCHWANEN T. Introduction: geographies of the urban night[J]. Urban Studies, 2015, 52(3): 407-421.

[53] WILSON S. Berlin protects clubs and nightlife—why doesn't London?[EB/OL]. CityLab. (2019-01-02). https://www.citylab.com/perspective/2019/01/how-late-are-clubsopen-london-berlin-nightlife/579169/.

[54] YOO H K, KIM Y S, KIM S M, et al. A study on the perception of Korea's night time economy from the perspective of tourism: focusing on Seoul, Daejeon, and Busan[J]. Journal of Product Research, 2021, 39(6): 163-172.

[55] 曹新向. 发展我国城市夜间旅游的对策研究[J]. 经济问题探索, 2008(8): 125-128.

[56] 曹志敏. 纳什博弈下夜间经济发展及升级路径[J]. 社会科学家, 2022(4): 90-95.

[57] 常芳, 王兴中, 张侃侃, 等. 创立规划"城市 24 小时社会"旅游生产力研究[J]. 西北大学学报: 自然科学版, 2014, 44(2): 292-296.

[58] 陈浩, 汪伟全, 张京祥. 都市区空间秩序建构的治理逻辑: 基于南京的实证研究[J]. 城市与区域规划研究, 2020, 12(1): 120-135.

[59] 陈梦根, 张帅. 中国地区经济发展不平衡及影响因素研究——基于夜间灯光数据[J]. 统计研究, 2020, 37(6): 40-54.

[60] 陈世莉, 陈浩辉, 李郇. 夜间灯光数据在不同尺度对社会经济活动的预测[J]. 地理科学, 2020, 40(9): 1476-1483.

[61] 储德平, 廖嘉玮, 徐颖. 中国夜间经济政策的演进机制研究[J]. 消费经济, 2021, 37(3): 20-27.

[62] 傅舒兰. 苏州传统城市治理的空间结构及其近代化研究[J]. 城市与区域规划研究, 2021, 13(2): 70-101.

[63] 付晓东. 夜间经济激发城市治理新动能[J]. 人民论坛, 2019(28): 48-51.

[64] 顾至欣, 陆明华, 张宁. 基于行为注记法的休闲街区夜间旅游活动研究[J]. 地域研究与开发, 2016, 35(3): 86-91.

[65] 侯晓斌, 闫琪. 太原市夜间经济发展现状及对策研究[J]. 生产力研究, 2020, 10(4): 95-99.

[66] 毛中根, 龙燕妮, 叶胥. 夜间经济理论研究进展[J]. 经济学动态, 2020(2): 103-116.

[67] 王珂, 齐志明, 王云娜, 等. 点亮夜间经济激发消费活力[N]. 人民日报, 2022-09-14(19).

[68] 王兴中, 王怡, 常芳. 重新解读旅游动力机制与管理供给[J]. 人文地理, 2017, 32(6): 1-14+145.

[69] 王悦, 赵美风. 天津市夜间经济业态时空分异及其影响机理[J]. 地理与地理信息科学, 2023, 39(2): 134-143.

[70] 王越琳, 魏冶, 关皓明. 基于多源大数据的沈阳市中心城区"夜经济"空间格局与特征分析[J]. 城市与区域规划研究, 2022, 14(2): 91-106.

[71] 徐康宁, 陈丰龙, 刘修岩. 中国经济增长的真实性: 基于全球夜间灯光数据的检验[J]. 经济研究, 2015, 50(9): 17-29+57.

[72] 余构雄. 夜间经济专项政策研究——基于内容分析法[J]. 当代经济管理, 2021, 43(10): 24-30.

[73] 郑自立. 文化与"夜经济"融合发展的价值意蕴与实现路径[J]. 当代经济管理, 2020, 42(6): 57-62.

[74] 周玉科, 高锡章, 倪希亮. 利用夜间灯光数据分析我国社会经济发展的区域不均衡特征[J]. 遥感技术与应用, 2017, 32(6): 1107-1113.

[欢迎引用]

王东红, 蒋文莉. 夜间市长研究进展与启示[J]. 城市与区域规划研究, 2024, 16(1): 135-147.

WANG D H, JIANG W L. Progress of research on night mayors and its inspiration[J]. Journal of Urban and Regional Planning, 2024, 16(1): 135-147.

突发公共卫生事件下城市群网络结构韧性动态响应分析

——以上海 2022 年新冠疫情为例

王 星 沈丽珍 秦 萧

Dynamic Response Analysis of the Resilience of Urban Cluster Network Structure During Public Health Emergencies — A Case Study on the 2022 Epidemic in Shanghai

WANG Xing[1], SHEN Lizhen[1,2], QIN Xiao[1]
(1. School of Architecture and Urban Planning, Nanjing University, Nanjing 210093, China; 2. Smart City Research Base of Jiangsu, Nanjing 210093, China)

Abstract The resilience of urban network structure is one of the research hotspots in time of disasters. Taking the Shanghai epidemic as an example, this paper finds that, under the impact of the epidemic, the structure resilience of people flow, information flow and composite flow in the Yangtze River Delta region shows a trend of dynamic response, first strengthening and then gradually weakening. The difference lies in the fact that the resilience of people flow network depends on the stability of the local "urban groups" during the epidemic, while its weakening results from the recovery of the connection between the core and peripheral cities due to the policy changes, making the region in question temporarily unstable. The resilience of information network increases because greater attention to the virtual world enhances the overall network connectivity, while its weakening is a result of normalization of network connectivity after a decrease in popularity. The composite network, under the impact of the superposition effect, suffers from relatively small fluctuations and enjoys a fast recovery, and it almost fully recovered during the work resumption stage. Based on these research findings, targeted suggestions are proposed for the stability and

摘 要 城市网络结构韧性是灾情下的研究热点之一。文章以 2022 年上海新冠疫情为研究案例，发现疫情冲击下的长三角人流、信息流、复合流网络的结构韧性表现为先增强再减弱的动态响应态势，差异在于：人流网络韧性增强依靠疫情期间局部地区"城市小团体"的稳定，韧性减弱则是随着政策放开，核心、边缘城市间的联系逐渐恢复，使得区域处于不稳定状态；信息网络因为虚拟空间关注度增强导致整体网络联系的增强，韧性减弱则是热度下降后网络联系趋于常态化；复合网络受到叠加作用，整体波动较小且恢复速度较快，在复工阶段已经基本恢复。基于以上结论，本研究对城市网络应对突发卫生事件时的稳定与优化提出针对性建议。

关键词 新冠疫情；城市网络；多重要素流；网络结构韧性动态响应；长三角城市群

1 引言

当今世界正经历百年未有之大变局，城市遭到全球化、气候变化等外界要素的冲击，其内外部面临金融危机、自然灾害、卫生安全事件的概率和频率也在交织叠加。这些情况，在给城市发展蒙上一层阴影的同时，也给镶嵌在全球城市网络中的区域子系统带来了一系列挑战。在此背景下，区域韧性（regional resilience）的概念被广泛应用到区域系统研究中，成为后危机时代地理与城市规划学者参与区域复兴问题讨论的核心概念之一（贺灿飞等，2019；

作者简介

王星、秦萧，南京大学建筑与城市规划学院；
沈丽珍（通讯作者），南京大学建筑与城市规划学院，江苏智慧城市研究基地。

optimization of urban network structures under epidemic impact in urban clusters.

Keywords Covid-19; urban network; multiple elemental flows; dynamic response of network structure resilience; Yangtze River Delta city cluster

Bristow and Healy，2014）。

　　区域韧性即区域面对不确定因素的响应、适应能力和恢复力（侯兰功、孙继平，2022；彭翀等，2015；顾朝林、曹根榕，2019），既是对预期威胁的预防，又是威胁突发时的即时回应和快速恢复（Eraydin and Kok，2012；黄晓军、黄馨，2015）。相关研究常把其看作区域的整体特性，然而对于空间细节、要素联动、演化机制的阐述不明（魏冶、修春亮，2020）。近年来，随着区域一体化快速发展，城市间关系逐渐呈现动态化、网络化的特征，"流空间"视角下的城市网络成为最典型的区域系统组织形式（赵金丽等，2021；吴骞等，2021），"区域韧性"也拓展出了"城市网络韧性"的概念。与前者的"原子性"相比，城市网络韧性更强调由网络和内外部相互联系所体现的韧性特征，即城市网络系统借助城市间社会、经济、生态、工程与组织等各领域的协作和互补关系，能够预防、抵御、响应和适应外部急性冲击和慢性压力的影响并从中恢复的能力（李艳等，2021）。从表征形式上，城市网络韧性可划分为结构韧性与功能韧性两个层面，其中结构韧性主要指代网络拓扑结构所导致的韧性问题（魏冶、修春亮，2020），目前已有研究证实网络连接会带来灾害传递，如金融波动（赵晓军等，2021）、疾病传播（张一鸣、甄峰，2020）等，从而对区域系统造成由点及面的破坏。同时，不同的网络拓扑结构应对干扰的能力不同（Masahiko and Upmanu，2015；Baichao et al.，2016），也直接影响着区域的功能和韧性水平（McDaniels et al.，2008；Newman，2003）。因此，城市网络结构韧性是评估区域韧性能力的重要途径，成为当前学界研究的重点。从表现内涵上，城市网络韧性包含静态和动态两个基本维度，前者代表着"长期"的摆脱锁定效应与发展新增长路径的能力，即"适应能力"（adaptability）；后者则可以理解为"短期"的应对冲击的能力，即"适应性"（adaptation），代表着"调试状态下的韧性"（Boschma，2014；张毅，2020）。

　　学界对中国城市网络结构韧性的研究方兴未艾，现有研究大多基于复杂网络理论中的城市网络结构指标，定量测度城市网络结构韧性的时间转换过程和空间分异特征。在研究对象上，大多数学者聚焦于交通流（郭卫东等，2022；彭翀等，2019）、信息流（李艳等，2021）、人流（赖建波等，2023）、创新流（徐维祥等，2022）等单一要素流网络，忽略了城市间关系的系统性与复杂性，研究结论较为片面。在研究的时间尺度上，学界多采用某一年时间截面研究静态韧性特征或基于多年时间截面研究韧性长期演化，缺少遭遇冲击时短时间内的城市网络结构动态韧性研究，过于强调长期的演化和适应能力，忽略了短期的应对和恢复能力（James and Ron，2010；Carreiro and Zipperer，2011）。在研究视角上，多聚焦于洪水、台风等自然灾害，然而 2019 年底新冠疫情的暴发，给城市网络结构韧性带来了新的问题，其虽未直接破坏实体网络的拓扑结构，但引发的封城、限流等防控措施仍然引发了社会网络的断裂与区域系统的级联失效（谢里夫等，2021；马飞等，2023）。从国内部分城市防控情况看，当面临重大疫情风险时，迅速封控往往能够取得广泛成效，然而政府的"一刀切"政策、各尺度上的各自为政、对资源调配缺乏合作使得区域并未做到协同应对，以致部分城市的生产生活遭到较大影响。尽管已经进入后疫情时代，但是以"非典""新冠"为代表的部分突发公共卫生事件仍然可能威胁城市公共安全和居民健康，因此，亟须拓展以疫情为代表的突发公共卫生事件对城市网络结构韧性影响的研究。

　　在"流空间"理论的指导下，本文以上海 2022 年新冠疫情为例，聚焦区域社会网络联系，分别构建信息流、人流及复合流网络，评估不同疫情防控场景下的城市网络结构韧性，进而分析其动态响应特征，并提出相应的策略建议。研究结论对于增强城市群重大突发公共卫生事件应对能力、构建强动态韧性的区域城市网络具有理论意义和实证价值，有利于提高区域整体防控的主动性、及时性和有效性。

2　研究区域、数据与方法

2.1　研究区域与数据来源

　　上海作为长三角的核心城市，其自身受到疫情影响的同时，必然也会对整个长三角的城际联系产生较强的冲击。鉴于此，本文选取泛长三角区域的上海、江苏、浙江、安徽共 41 个城市作为研究区域。

　　城市网络结构韧性的动态性表现在根据疫情防控政策调整而出现的网络结构变化（张毅，2020），可以划分为三个阶段，即疫情暴发后系统受到冲击、逐步吸纳风险、最后重组适应，在此基础上，本文结合 2022 年上海新冠疫情防控政策调整的不同时间节点，共划分为 6 个时期（表 1）。

表 1　疫情防控阶段划分

疫情防控阶段	时间范围	阶段描述
常态时期	2023.2.7—2023.2.28	疫情暴发前的常态化时期
网格筛查	2023.3.1—2023.3.27	华亭宾馆疫情暴发，重点区域进行网格化核酸筛查，学校封闭
静态管理	2023.3.28—2023.4.10	全市进入全域静态管理，所有人员不得外出
分区防控	2023.4.11—2023.4.21	全市按照封控区、掌控区、防范区三类实施分区分级差异化防控管理
社会清零	2023.4.22—2023.4.29	开展社会面清零攻坚，重点企业复工
复工阶段	2023.4.30—2023.5.17	首次实现社会面清零，大力推进常态化核酸采样点建设，持续推进复工

疫情冲击下，城际基础设施受破坏程度较小，但城市间"客流限制"等防控手段却会对城市间的社会网络造成较大影响。阿尔德里奇认为，在灾难情况下，社会网络可以提供信息、援助、情感和心理支持等多样化资源（Aldrich，2012），且这种非层级化网络更具弹性和调适性，也拥有存量能力来应对危机（张毅，2020）。因此，社会网络对于城市与区域的资源调配与恢复能力至关重要（The Rockefeller Foundation，2015）。社会网络中较为典型的研究对象为人流和信息流（魏冶、修春亮，2020），能够真实、准确地揭示城市间多元领域的隐性关联情况。因此，本文选择人流和信息流作为研究对象。其中人流利用百度迁徙数据（https://qianxi.baidu.com）进行表征，是各个城市间的每日人口流动数据。信息流利用百度指数数据（http://index.baidu.com）进行表征，是以城市名作为搜索关键词、以区域其他城市作为搜索来源地所获得的区域内各城市间的日关注度数据。

2.2　研究方法与模型设计

本文通过网络对称化和二值化方法构建信息流、人流、复合流网络，并在此基础上借助层级性、匹配性两个指标构建网络结构韧性动态响应评价模型。

2.2.1　多重城市网络构建

（1）网络对称化

信息流强度 I。通过城市 i、j 相互间百度指数的乘积来测度（甄峰等，2012；蒋大亮等，2015），公式为：

$$I = I_{ij} \times I_{ji} \tag{1}$$

式中：I_{ij} 为城市 i 对城市 j 的百度搜索指数；I_{ji} 为城市 j 对城市 i 的百度搜索指数。

人流强度 M。通过城市 i、j 之间迁徙指数的均值来测度，公式为：

$$M = \frac{M_{ij} + M_{ji}}{2} \tag{2}$$

式中：M_{ij} 为城市 i 到城市 j 的人口迁徙指数；M_{ji} 为城市 j 到城市 i 的人口迁徙指数。

复合流强度 W。通过对归一化后的信息流、人流矩阵分别赋予一定权重后求和获得（徐维祥等，2022），公式为：

$$W = \alpha W_1 + (1-\alpha) W_2 \tag{3}$$

式中：W_1 为归一化后的信息流矩阵；W_2 为归一化后的人流矩阵；本文认为二者同样重要，故均赋权重值为 0.5。

（2）网络二值化——迭代法

由于百度迁徙、百度指数数据的数值表征含义并不明确，只具有纵向上大小比较的意义，故需要先进行二值化处理消除数值较小的随机联系。国内外学者大多通过反复试验选取最优解（史庆斌等，2018）、全样本均值（侯兰功、孙继平，2022）或最大类间差法（谢永顺等，2020）等方法确定阈值，存在诸如主观性强、难以分割数值相近矩阵等弊端。

迭代法是确定栅格图像分割阈值的传统方法之一，由于联系矩阵与像素矩阵具有相似性，故本文尝试将此方法引入要素联系网络的构建，以此来提高阈值确定的科学性与准确性。但当背景与部分前景的区别较小时，使用迭代法会得到比较差的二值化结果。因此，本文对迭代法进行修正：对于原始矩阵 $A \times B$，将前景（有联系）和背景（无联系）的分割阈值记为 T，m_0、m_1 分别为背景区域与前景区域的联系强度均值，传统迭代法每次取 m_0 与 m_1 之和的一半来更新阈值；为了尽可能地分出具有现实意义的前景区域，需要使阈值更接近 m_0，增大 m_0 的比重，同时减小 m_1 的比重。使得第 i 次迭代前后阈值的差值绝对值 g 最小的阈值 T_i 即为所求，公式为：

$$T_i = 0.05 \times m_1 + 0.95 \times m_0 \tag{4}$$

$$g = |T_i - T_{i-1}| \tag{5}$$

2.2.2　网络结构韧性动态演化评价模型

城市网络结构韧性的度量方法包括韧性指标体系方法和韧性代理方法两种。前者围绕一系列指标对韧性进行综合评定，只强调现状特征；后者则主要关注城市网络在时间变化中的韧性或非韧性证据，通过结构属性的变化来间接表征韧性的变化（Bennett et al.，2005），也是当前学界关注的重点。国外有学者从网络连接角度出发，指出网络效率、连接数、连通性、网络规模等指标会影响网络应对外界冲击时的敏感性与脆弱性（Markus and Bert，2009；Vijaya et al.，2020）；也有学者认为节点的层次结构与组合关系更为关键，并通过度分布、度关联两项指标来评估网络韧性（Crespo et al.，2014）。国内学者在国外学者研究的基础上进行了进一步的拓展与深化。彭翀等认为网络结构韧性的主要影响因素为层级性、匹配性、传输性与集聚性（彭翀等，2018）；魏石梅等则认为多样性相对集聚性更能体现网络结构特征（魏石梅、潘竟虎，2021）。此外，也有部分学者在结构韧性的学界常用的指标体系基础上，进行了相关指标拓展，如脆弱性（郭卫东等，2022）、空间复杂性（田野等，2022）等。然而，以上研究均停留在以多项指标对结构韧性的不同方面进行评估的层面，缺少韧性水平的一体化研究框架，是离散的、间接的，并不能综合、直观地量化结构韧性水平（谢永顺等，2020）。综上所述，本文基于学界使用较广、最能直接反映网络结构韧性的层级性、匹配性两项指标，参照已有研究（谢永顺等，2020；Crespo *et al.*，2014；Balland and Rigby，2017），构建网络结构韧性的动态响应评价模型。

（1）层级性——加权度、加权度分布

层级性表征的是城市网络中各节点的等级分布情况，学界普遍采用节点中心度和度分布作为测度指标（方叶林等，2022），忽略了联系强度的影响。因此，本文考虑网络权重，借鉴位序—规模法则，根据节点加权度进行从大到小排序并绘制幂律曲线，则加权度分布公式（魏石梅、潘竟虎，2021）为：

$$W_i = C(W_i^*)^a \tag{6}$$

式中：W_i 为节点 i 的加权度，W_i^* 为其位序排名；a 为加权度分布曲线的斜率，a 为加权度分布值；C 为常数。

（2）匹配性——加权度关联

匹配性表征的是城市网络中各节点之间的相关性。若网络各节点和与之直接相连的邻接节点（V_i）具有相似的行政等级、经济文化水平等属性，则说明网络具有同配性；反之，则具有异配性（彭翀等，2018）。本文采用加权度关联作为匹配性研究指标，公式为：

$$\overline{N_i} = \frac{1}{K_i}\sum_{k \in V_i} W_k，\quad \overline{N_i} = D + bW_i \tag{7}$$

式中：$\overline{N_i}$ 为节点 i 的所有邻接节点的平均加权度；W_k 为节点 i 的邻接节点 k 的加权度；K_i 为节点 i 的度，V_i 为节点 i 所有邻接节点的集合；D 为常数；b 为加权度关联系数，若 $b>0$，网络具有同配性；反之，则具有异配性。

（3）网络结构韧性动态演化判定

根据层级性与匹配性两个指标的变化值 $\Delta|a|$ 和 Δb，可对网络结构韧性的短期响应水平进行量化。如图1，P 和 Q 分别为点（$\Delta|a|$，Δb）到参考线 $\Delta b = \Delta|a|$ 和 $\Delta b = -\Delta|a|$ 的垂直距离，P/Q 反映了该网络结构韧性动态变化的水平，值越大表示韧性提升或下降得越直接；L 为点（$\Delta|a|$，Δb）与坐标原点的距离，L 表示该网络结构韧性动态变化的幅度，值越大表示韧性变化的幅度越大。若点（$\Delta|a|$，Δb）落在参考线 $\Delta b = \Delta|a|$ 以上，表示在冲击下网络结构韧性动态减弱，用"–"表示；若点（$\Delta|a|$，Δb）落在参考线 $\Delta b = \Delta|a|$ 以下，则表示韧性动态增强，用"+"表示。据此，构建网络结构韧性动态响应水平 R：

$$R = \pm L\frac{P}{Q} \tag{8}$$

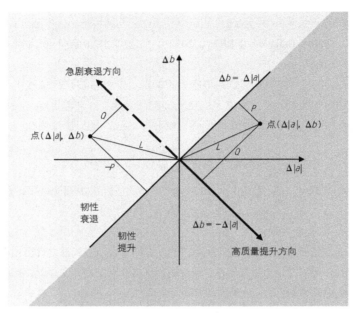

图 1 网络结构韧性动态响应水平评价模型

资料来源：谢永顺等（2020）。

3 多要素城市网络结构演化特征

3.1 多要素城市网络结构演化空间格局

人流网络结构演化格局：常态时期，第一、二层级的人流联系呈现为较为明显的"Z"字形空间结构，并由位于"Z"字形顶点的核心城市向部分邻近城市发散；第三层级基本为区域次核心城市向边缘城市的辐射联系。疫情暴发后，城市间人口流动出现了较大削弱，"Z"字形结构迅速瓦解，部分联系断裂，形成多个以南京、上海、杭州等核心城市与部分邻近城市紧密联系的城市"小团体"。直到分区防控时期，随着防疫政策的放开，人流网络开始逐渐恢复，但相对常态时期仍然差距较大。

信息流网络结构演化格局：常态时期，第一、二层级的城市间信息流网络呈现为以上海、苏州为绝对核心的放射型结构，且关联城市的能级均较高；第三层级为次核心城市向边缘城市的次一级放射结构，与人流相比，信息流形成的放射结构受省域边界影响较小。疫情暴发后，由于疫情影响，以上海为核心的放射结构进一步加强，相较常态时期而言，第一、二层级的强信息联系数量和强度均得以增强，意味着疫情暴发、防控等情况增加了上海的关注度，并呈现为持续增长的趋势，进而可能弥补人流等实体要素流动受限带来的影响，直到复工阶段才逐渐恢复至常态时期的空间结构。

复合流网络结构演化格局：常态时期，复合流网络空间结构与人流网络一致：第一、二层级的复合流同样呈现为"Z"字形空间结构，其顶点分别为南京、上海、杭州、宁波，连线上的常州、无锡、苏州、嘉兴、绍兴与相邻顶点之间同样存在强联系，进一步加强了"Z"字形的核心结构；此外，各核心城市与部分临近城市间也表现出强联系；第三层级表现为次核心城市向边缘城市扩散的辐射联系。疫情暴发后，复合流网络始终能保持核心的"Z"字形结构，同时，浙江省受影响较小，形成以杭州为核心的省内放射结构，只出现联系强度的下滑，而在疫情逐渐好转之后（社会清零、复工阶段），复合流网络又迅速恢复至常态时期的空间结构。

3.2 多要素城市网络的城市小团体划分

为了更加全面地分析长三角城市网络结构演化特征，本文进一步借助块模型对城市群进行凝聚子群划分，并筛选得到至少四个阶段处于相同子群分类的城市小团体，将没有与其他任何城市形成稳定联系的城市定义为无分类组（表2）。

表 2 不同要素流网络的城市小团体划分

要素流	类别	城市团体
人流	1	上海市、苏州市
	2	南京市、扬州市、镇江市
	3	无锡市、常州市
	4	连云港市、淮安市、宿迁市
	5	南通市、盐城市、泰州市
	6	杭州市、宁波市、金华市、衢州市
	7	杭州市、嘉兴市、湖州市、绍兴市
	8	舟山市、台州市、丽水市
	9	合肥市、芜湖市、铜陵市、安庆市、池州市
	10	合肥市、淮南市、阜阳市、六安市、蚌埠市、亳州市
	无分类	徐州市、温州市、马鞍山市、淮北市、黄山市、滁州市、宿州市、宣城市
信息流	1	上海市、无锡市、苏州市、南通市、常州市
	2	常州市、南京市、徐州市、连云港市、淮安市、盐城市、扬州市、镇江市、泰州市、宿迁市
	3	杭州市、宁波市、温州市、嘉兴市、湖州市、绍兴市、金华市
	4	绍兴市、金华市、衢州市、丽水市
	5	合肥市、芜湖市、蚌埠市、黄山市、滁州市
	6	黄山市、滁州市、马鞍山市、铜陵市、安庆市、池州市、宣城市

续表

要素流	类别	城市团体
信息流	7	淮南市、六安市、亳州市
	8	阜阳市、宿州市
	无分类	舟山市、台州市、淮北市
复合流	1	南京市、徐州市、连云港市、淮安市、盐城市、扬州市、镇江市、泰州市、宿迁市
	2	无锡市、常州市、苏州市、南通市
	3	杭州市、嘉兴市、湖州市、绍兴市、金华市、衢州市
	4	宁波市、舟山市、温州市、台州市、丽水市
	5	合肥市、淮南市、阜阳市、六安市、蚌埠市、亳州市
	6	芜湖市、马鞍山市、铜陵市、安庆市、黄山市、滁州市、池州市、宣城市
	7	淮北市、宿州市
	无分类	上海市

人流网络中共出现 10 个小团体，分类相对琐碎，且受地理空间的影响较大，小团体内的城市均为地理相邻城市，其中包括沪苏、宁镇扬等大众熟知的同城化地区。共出现徐州、黄山、滁州等 8 个城市无分类，均分布于安徽与其余省份的交界地区。

信息流网络中共出现 8 个小团体，均为核心或次核心城市，并在团体内部起到辐射带动作用；此外部分小团体中的城市并未空间相邻，表明其受地理距离影响较小。舟山、台州、淮北 3 个城市无分类，均处于长三角地区的边缘地带，受关注度相对较差。

复合流网络中共出现 7 个相对集中且均衡的小团体，每个小团体内部均表现为"核心引领-边缘联动"的完整结构，团体内部和团体之间的联系均较为稳定。只有上海无分类，这是因为受到其绝对核心属性和遭遇疫情冲击的双重影响，上海并未与其他城市形成团体。

4　多要素网络结构韧性动态响应

4.1　网络层级性

如表 3 所示，常态时期人流网络、信息流网络、复合流网络的加权度分布绝对值分别为 0.699、0.810、0.736，表明长三角多元要素流网络层级性均较高，具备能力较强的核心节点。其中信息流网络层级性最为明显，上海、苏州为主核心，南京、杭州、合肥为次核心，空间上呈现较均质的分散分布。人流网络层级性最弱，一是因为人口流动会受到铁路、公路等基础设施的制约，受地理临近性影响较大，二是因为长三角核心城市之间空间距离较大，而就业、医疗、教育等城市服务空间供给较为均衡，由此产生的"就地化"现象使得网络相对扁平化。

当遭遇疫情时，人流网络层级性在静态管理阶段迅速上升至 1.001，在之后又逐渐下降至 0.804。这是因为受上海新冠疫情扩散影响，江苏、安徽也出现局地疫情的现象，政策管控下，人口流动大幅减弱，难以维持原有城市网络结构，只保留了部分更紧密、更核心的城市联系；而浙江省内受波及程度相对较小，杭州成为区域绝对核心，疫情期间其中心度不降反升，成为区域性的人口集散中心，使得整个长三角人流网络层级性增长明显；相比防疫政策下的人流网络迅速减弱，信息流网络则经历了阶段的日常波动：一方面因为疫情暴发初期事态暂时不太严重，其次网络世界中的信息传播与扩散存在滞后性，而这之后层级性则直接上升至最高的 0.916，并随着疫情减弱逐渐下降至 0.811，已经与常态时期（0.810）一致，这既说明虚拟空间中的信息流动存在"即时性"和"动态性"。在疫情暴发过程中信息流网络层级性最大值仅 0.916，与常态时期相比仅增长 0.1，这是因为其网络密度和联系强度在疫情影响下反而有所上升，对于上海的持续性关注增强了网络层级性，但其他核心城市乃至边缘城市之间的线上关联也得以增强。值得关注的是，复合网络的网络层级性始终是最小的，即遭受冲击时，信息流和人流的综合作用下城市间联系始终保持扁平化状态，考虑到部分人流联系的断裂，这也表明线上热度带来的线上捐款、爱心鼓励、物资输送等行为确实能够对实体联系起到一定程度的补充作用。

表 3　长三角城市网络的层级性

加权度分布 |a|	常态时期	网格筛查	静态管理	分区防控	社会清零	复工阶段
人流	0.699	0.797	1.001	0.935	0.873	0.804
信息流	0.810	0.765	0.914	0.916	0.876	0.811
复合流	0.736	0.744	0.908	0.897	0.844	0.779

4.2　网络匹配性

如表 4 所示，常态时期人流网络、信息流网络、复合流网络的加权度关联系数均为负（$-0.15 > b > -0.03$），相邻城市之间存在负相关关系，即度值高的城市与度值低的城市间也存在较强的联系，城市联系呈现多元化和异配性特征。其中，人流网络（$b = -0.148$）高于信息流网络（$b = -0.032$），即不同网络的异配性存在较大差异。信息流网络异配程度较弱，核心节点相互之间信息联系密切，并一定程度上与边缘节点保持互动。虚拟空间的存在削弱了地理距离的影响，形成了"等级扩散"的信息传输结构。而由于空间上多重交通设施网络的互补协同作用，人流网络具有更高的异配性，呈现为扁平化发展趋势。复合网络的匹配性（$b = -0.129$）略低于人流网络，远高于信息网络，同样具有扁平化特征，说明多重要素流能够相互叠加、互为补充以增强区域联系路径的稳定性和多样性。

当遭遇疫情时，由于政策等因素，人流网络受影响程度最大，匹配性在静态管理阶段迅速下降至

–0.041，在之后又逐渐上升至–0.099，其中浙江省受疫情影响较小，一直维持了以杭州为核心向省内城市辐射的空间结构，而受波及较大的另外两省一市由于形成沪苏、宁镇扬等"小团体"，保持了局部地区的稳定联系。而信息流网络在疫情暴发前后的匹配性则始终较为稳定（$-0.038 > b > -0.032$），基本维持了以上海为核心的放射结构。复合网络的匹配性则基本在–0.12 左右波动，疫情期间最高到达–0.142，进一步体现了多重要素叠加下的互补作用，多元、灵活的联系使得城市网络始终具有良好的连通性。

表 4　长三角城市网络的匹配性

加权度关联 b	常态时期	网格筛查	静态管理	分区防控	社会清零	复工阶段
人流	–0.148	–0.154	–0.041	–0.073	–0.072	–0.099
信息流	–0.032	–0.038	–0.033	–0.035	–0.033	–0.035
复合流	–0.129	–0.104	–0.124	–0.142	–0.103	–0.092

4.3　城市网络结构韧性动态演化综合评价

根据层级性与匹配性的动态变化结果，构建层级性、匹配性动态变化量坐标系和分阶段结构韧性动态变化图（图 2）。整体上看，人流、信息流、复合流网络结构韧性均呈现出相似的动态响应规律：常态时期-网格筛查、网格筛查-静态管理的网络结构韧性均呈现为动态提升的态势，表现为城市网络在应急时迅速加强结构韧性，通过维系核心节点之间的必要联系保持了"Z"字形核心结构，使得区

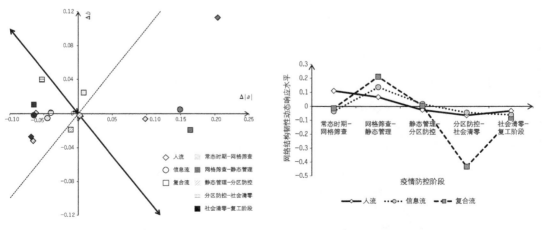

a. 层级性、匹配性动态变化量坐标系　　　　　b. 分阶段结构韧性动态变化

图 2　网络结构韧性动态响应情况

域网络结构相对稳定。静态管理-分区防控时期是转折点，网络结构韧性变化幅度较小，几乎维持不变。分区防控-社会清零、社会清零-复工阶段两个时期韧性动态减弱，因为随着疫情管控的放开，区域重心由"防控"向"发展"转变，稳定的"防御结构"也开始逐渐恢复至原先的区域城市网络系统运行状态。

在此基础上，利用韧性动态响应水平评价模型，定量评估三个联系网络应对疫情冲击时的结构韧性变化情况。人流网络在前两时期层级性大幅度增强，常态时期-网络筛查期间 L 值不大、P/Q 值较大，说明网络结构变化较小，这与"Z"字核心结构的保持相互印证，网络筛查-静态管理时期则是 L 值较大、P/Q 值不大，网络变化较大，长三角地区核心结构瓦解，只保持了浙江省内、其余地区部分"小团体"的内部人口流动，这种"化整为零"的特征也相对提高了区域系统的整体韧性。后三个时期均出现层级性、匹配性下降的情况，但 L 值均不大，网络结构和韧性变化也较小。信息流网络匹配性几乎无变化，层级性则变化较大，因此韧性的变化也主要源自层级性的变化。最开始上海新冠疫情成为全民关注的焦点，层级性大幅度提升，极化效应增强，之后随着疫情的好转长三角信息流网络的层级性迅速回归常态。复合流网络的 P/Q 值和 L 值变化幅度均较为明显，直到分区防控时期其都始终能保持住"Z"字形核心结构，韧性也一直处于上升趋势，这是面对疫情冲击时的防御状态，但是之后的社会清零、复工阶段韧性却出现大幅度下滑，这是因为随着疫情管控的放开，核心城市逐渐恢复与边缘城市的多元要素联系，即网络结构恢复期间出现的韧性减弱，是从低级别的稳定结构向网络联系覆盖度更高的稳定结构变化期间的暂时状态。

综上所述，在疫情冲击下的不同防控阶段，人流网络、信息网络整体空间结构和结构韧性动态变化情况存在较大差异（表5）。其中，人流网络受到疫情冲击影响最大，空间结构遭到破坏，恢复速度也相对较慢。但是疫情防控期间，部分小团体内部保持了相应的联系，通过削弱团体之间的联系起到防御作用，其中以浙江省整体最为明显，其内部相对其余地区受到的影响相对较小，因此相应其省内城市之间的联系得以保留。信息网络受到的影响相对较小，匹配性几乎未出现变化，层级性则进一步

表 5　疫情冲击下的网络结构形态变化

多重城市网络	疫情前后	疫情期间
人流网络		

续表

多重城市网络	疫情前后	疫情期间
信息流网络	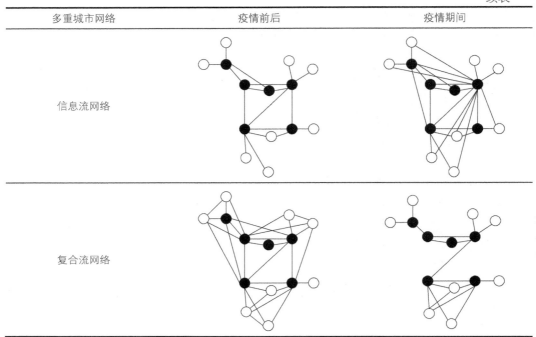	
复合流网络		

提升，这是因为疫情期间上海成为关注的中心，因而信息流网络中几乎所有城市的加权中心度都出现了略微的上升，不影响整体结构。这表明虚拟流能够突破地理空间的限制，并在某种程度上起到补充或者替代实体流的作用。由人流、信息流叠加的复合流网络则表现出较强的动态韧性，具体体现在疫情各阶段均能维持核心的"Z"字形空间结构、网络结构指标变化幅度较小、整体恢复速度较快，这表明网络叠加作用确实能够实现多元联系互补以提升系统韧性。

5　城市网络结构动态韧性优化对策

网络的拓扑结构很大程度上影响着网络功能（Li and Xiao，2017）和网络韧性。本文探讨了受到疫情冲击时，不同要素流网络的结构韧性如何动态响应，整体之间是否能够形成互补、替代关系。基于前文的研究结果，本文尝试进一步从核心城市、要素流动、边缘城市三个方面追溯长三角城市网络结构韧性动态响应的制约因素。①核心城市：长三角以上海为绝对核心，当上海遭遇疫情时，就会迅速向外辐射扩散，几乎影响了整个长三角三省一市区域；同时，其余核心城市只能承担小区域的辐射职能，难以替代上海在区域中的要素集散作用，导致区域整体面对灾情时的适应能力较弱。②要素流动：突发公共卫生事件下，联系与流动会进一步导致疫情的传播，但是不流动又会影响城市和区域运行，合理、恰当的联系模式以及要素的替代性值得重视；部分片区内出现要素流大幅减弱乃至断裂现象，在灾情冲击下并不能保持片区城市团体的稳定，导致部分城市呈现单打独斗的不稳定状态。③边缘城市：边缘城市相互之间的联系较少，网络扁平化程度不够，网络结构相对不稳定；目前与核心城市的联系以人流为主，路径较为单一，同质化趋势严重，并未充分利用要素流之间的替代作用，当受到外界冲击时恢复速度较慢。

基于上述制约因素，本文针对点、面、线三个维度，从提高区域韧性动态演化水平和联系稳定性的角度，提出城市网络结构应对突发公共卫生事件的对策建议。

（1）多核引领。核心城市往往呈现更高程度的人口、产业等资源要素的集聚特征，在城市群中能够起到"以点带面"的作用，需要充分发挥其头部引领效应，带动区域内部各层级城市节点协调互助，促进多元要素合理流动，实现区域一体化发展；同时注意避免单核心的情况，实现多核引领发展模式，避免出现突发公共卫生事件下绝对核心被隔离导致整体网络瘫痪的窘境，保证核心城市的引领带动作用，使得城市间必要联系、城市群核心结构得以保留，确保损失最小化。目前，长三角城市群网络层级性明显，城市规模分布呈现非均质化现象，上海、南京、杭州等城市尤其突出，应重点强化这些核心城市作为区域资源要素集散地的辐射作用，并重点突破上海的单核效应，与南京、杭州形成核心组群，实现多核破局，提高区域整体效能和动态韧性。

（2）结构优化。促进区域各城市间联系多元化、灵活化发展，引导突发公共卫生事件下的城市系统仍能够保持功能互补、统筹协同的"核心突出-边缘扁平"网络体系。一是加强"核心-核心"联系，目前，上海、南京、杭州相互联系较为紧密，合肥、宁波则与其余核心城市的联系较弱，需要强化核心城市间的互动以提高区域集聚程度；二是重视"核心-边缘"联系，边缘节点应精准定位自身层级与功能，加强与周边核心城市的联系，通过职能分工、功能辐射等形式形成小团体，依托小团体内部的紧密协作形成网络协同效应，通过增强、减弱关键的节点和联系来积极应对外部干扰。2022 年上海新冠疫情暴发后，迅速基于实体要素流网络产生扩散，各区域均形成小团体抗疫，有效遏制了疫情的蔓延，其中浙江省整体维持了以杭州为核心的小集团网络结构，最大程度削弱了上海新冠疫情对于自身政策部署和省内要素流动的干扰，从而确保疫情只波及较小区域的正常运行。

（3）网络复合。疫情冲击下的人流、信息流网络结构特征和结构韧性的动态变化差异较大。而二者叠加而成的复合网络则综合了二者的优势，在疫情不同阶段均表现出较强的动态韧性特征，始终能够维持核心结构，且能够迅速恢复。所以，长三角城市群需要重视不同要素流之间的相互作用，做好城市间多重要素流之间的协同工作，在产业分工合作、区域公共卫生、资源协调配置等领域进一步拓展不同要素流动下的城市间联系。尤其是后疫情时代，更需要重视多重网络的叠加效应，具体来说，应基于现有的要素传输、扩散情况，进一步提高节点城市的交流环境：①信息空间营造。充分利用虚拟流的替代与补充作用，营建区域一体化的数字化社区论坛，重点关注线上平台的构建、网络会议的实现，由此提高城市间的信息传输效率，使得其余节点提前开展措施降低损失，也为开展线下救援打下基础，以虚拟空间弥补实体空间。②交通体系优化。以上海为主核心，重点强化南京、杭州两大次核心的交通主轴线，形成三角形的综合运输核心结构，进而以各自为中心完善小集团内部的人流网络，以杭州辐射浙江，南京辐射苏、皖，加快构建区域高速公路网及铁路网，积极融入全国综合交通体系中。

6　结论与讨论

本文构建了突发公共卫生事件下城市网络结构韧性动态响应的评价模型，主要结论如下：

（1）从网络空间结构变化情况来看，常态时期信息网络呈现出"等级放射"的结构模式，人流网络和复合网络均呈现出"Z 字核心-节点放射"的结构模式，且复合网络结构更为明显与稳定。疫情冲击下，人流网络受损严重，信息网络和复合网络受影响较小，恢复速度较快。

（2）从网络结构韧性动态响应情况来看，疫情冲击下的三大网络均出现韧性先动态增强再逐渐减弱的响应过程，但也存在差异。人流网络韧性增强依靠疫情期间部分小团体联系的维持，韧性减弱则是随着政策放开核心城市逐渐恢复与边缘城市的联系，导致暂时结构不稳定；信息网络韧性增强则是因为虚拟空间关注度增强导致整体网络联系的增强，韧性减弱则是热度下降后网络联系趋于常态化；复合网络受到多元要素叠加作用，整体波动较小，且恢复速度较快，在复工阶段已经基本恢复。

同时，本文仍然存在不足。首先，百度指数、百度迁徙数据均来自单一数据源，不可避免地存在局限性和有偏性等问题；其次，本文只涉及了信息流、人流这两个社会要素，但是实际网络中要素流的类别更加多元，且同权重的简单叠合也不足以表征真实的社会复合网络系统；最后，绝对韧性的城市网络系统是不存在的，相关研究与规划建议只能让系统更加完善和灵活、更加"韧性"，以应对外部冲击带来的影响。未来期望能够从以上不足之处入手，一方面拓展应用手机信令等更精细数据以及物资、资金流动等多维数据，提高数据科学性；另一方面，综合考虑要素流之间的复杂的耦合关系，借助机器学习、神经网络等模型算法对城市网络系统进行更综合、更真实的模拟，提高研究的实践价值。

在历史进程中，"非典"、新冠等重大公共卫生事件一次次考验着我国各区域的抵抗力和恢复力，也在不同阶段形成了差异化的城市治理与风险管控模式。尽管目前全球的新冠疫情已经进入尾声，但它的暴发仍然给我们敲响了警钟：区域协同不只是发展的协同，也需要重视风险管控的协同。因此，我们需要以此为鉴，用动态的、整体的、系统的眼光看待问题，不断推进区域一体化发展，实现协同治理与管控。

参考文献

[1] ALDRICH D P. Building resilience: social capital in post-disaster recovery[M]. Chicago: University of Chicago Press, 2012.

[2] BAICHAO W, AIPING T, JIE W. Modeling cascading failures in interdependent infrastructures under terrorist attacks[J]. Reliability Engineering and System Safety, 2016, 147: 1-8.

[3] BALLAND P A, RIGBY D. The geography of complex knowledge[J]. Economic Geography, 2017, 93(1): 1-23.

[4] BENNETT E M, CUMMING G S, PETERSON G D. A systems model approach to determining resilience surrogates for case studies[J]. Ecosystems, 2005, 8(8): 945-957.

[5] BRISTOW G, HEALY A. Regional resilience: an agency perspective[J]. Regional Studies, 2014, 48(5): 923-935.

[6] BOSCHMA R. Towards an evolutionary perspective on regional resilience[J]. Regional Studies, 2014, 49(5): 733-751.

[7] CARREIRO M M, ZIPPERER W C. Co-adapting societal an ecological interactions following large disturbances in urban park woodlands[J]. Austral Ecology, 2011, 36(8): 904-915.

[8] CRESPO J, SUIRE R, VICENTE J. Lock-in or lock-out? How structural properties of knowledge networks affect regional resilience[J]. Journal of Economic Geography, 2014, 14(1): 199-219.

[9] DIXIT V, VERMA P, TIWARI M K. Assessment of pre and post-disaster supply chain resilience based on network structural parameters with CVaR as a risk measure[J]. International Journal of Production Economics, 2020, 227: 107655.

[10] ERAYDIN A, KOK T. Resilience thinking in urban planning[M]. New York: Springer, 2012.

[11] JAMES S, RON M. The economic resilience of regions: towards an evolutionary approach[J]. Cambridge Journal of Regions, Economy and Society, 2010, 3(1): 27-43.

[12] LI X, XIAO R. Analyzing network topological characteristics of eco-industrial parks from the perspective of resilience: a case study[J]. Ecological Indicators, 2017, 74: 403-413.

[13] MARKUS B, BERT J M, DE VRIES. Networks that optimize a trade-off between efficiency and dynamical resilience[J]. Physics Letters A, 2009, 373(43): 3910-3914.

[14] MASAHIKO H, UPMANU L. Flood risks and impacts: a case study of Thailand's floods in 2011 and research questions for supply chain decision making[J]. International Journal of Disaster Risk Reduction, 2015, 14: 256-272.

[15] MCDANIELS T, CHANG S, COLE D, et al. Fostering resilience to extreme events within infrastructure systems: characterizing decision contexts for mitigation and adaptation[J]. Global Environmental Change, 2008, 18(2): 310-318.

[16] NEWMAN M E J. Mixing patterns in networks[J]. Physical Review E. Statistical, Nonlinear, and Soft Matter Physics, 2003, 67(2): 241-251.

[17] THE ROCKEFELLER FOUNDATION, ARUP. City resilience framework[EB/OL]. 2015. http://Publications. Arup.Com/Publications/C/City_Resilience_Framework.Aspx.

[18] 阿尤布·谢里夫, 阿米尔·雷扎·卡瓦里安-格姆西尔, 王广义, 等. 新冠肺炎疫情对城市的影响及对城市规划、设计和管理的主要教训[J]. 城市与区域规划研究, 2021, 13(1): 187-213.

[19] 方叶林, 苏雪晴, 黄震方, 等. 中国东部沿海五大城市群旅游流网络的结构特征及其韧性评估——基于演化韧性的视角[J]. 经济地理, 2022, 42(2): 203-211.

[20] 顾朝林, 曹根榕. 韧性城市的规划研究: 澳门的思考[J]. 城市与区域规划研究, 2019, 11(3): 19-31.

[21] 郭卫东, 钟业喜, 冯兴华. 基于脆弱性视角的中国高铁城市网络韧性研究[J]. 地理研究, 2022, 41(5): 1371-1387

[22] 贺灿飞, 夏昕鸣, 黎明. 中国出口贸易韧性空间差异性研究[J]. 地理科学进展, 2019, 38(10): 1558-1570.

[23] 侯兰功, 孙继平. 复杂网络视角下的成渝城市群网络结构韧性演变[J]. 世界地理研究, 2022, 31(3): 561-571.

[24] 黄晓军, 黄馨. 弹性城市及其规划框架初探[J]. 城市规划, 2015, 39(2): 50-56.

[25] 蒋大亮, 孙烨, 任航, 等. 基于百度指数的长江中游城市群城市网络特征研究[J]. 长江流域资源与环境, 2015, 24(10): 1654-1664.

[26] 赖建波, 朱军, 郭煜坤, 等. 中原城市群人口流动空间格局与网络结构韧性分析[J]. 地理与地理信息科学, 2023, 39(2): 55-63.

[27] 李艳, 孙阳, 陈雯. 反身性视角下信息流空间建构与网络韧性分析: 以长三角百度用户热点搜索为例[J]. 中国科学院大学学报, 2021, 38(1): 62-72.

[28] 马飞, 赵成勇, 孙启鹏, 等. 重大公共卫生灾害主动限流背景下城市轨道交通网络集成韧性[J]. 交通运输工程学报, 2023, 23(1): 208-221.

[29] 彭翀, 陈思宇, 王宝强. 中断模拟下城市群网络结构韧性研究——以长江中游城市群客运网络为例[J]. 经济地理, 2019, 39(8): 68-76.

[30] 彭翀, 林樱子, 顾朝林. 长江中游城市网络结构韧性评估及其优化策略[J]. 地理研究, 2018, 37(6): 1193-1207.

[31] 彭翀, 袁敏航, 顾朝林, 等. 区域弹性的理论与实践研究进展[J]. 城市规划学刊, 2015(1): 84-92.

[32] 史庆斌, 谢永顺, 韩增林, 等. 东北城市间旅游经济联系的空间结构及发展模式[J]. 经济地理, 2018, 38(11): 211-219.

[33] 田野, 高欣, 罗静, 等. 长江经济带民航城市网络的空间复杂性与结构韧性[J]. 地域研究与开发, 2022, 41(3): 82-88.

[34] 魏石梅, 潘竟虎. 中国地级及以上城市网络结构韧性测度[J]. 地理学报, 2021, 76(6): 1394-1407.

[35] 魏冶, 修春亮. 城市网络韧性的概念与分析框架探析[J]. 地理科学进展, 2020, 39(3): 488-502.

[36] 吴骞, 高文龙, 王一飞. 我国国家级城市群信息流多中心网络演变特征研究[J]. 城市与区域规划研究, 2021, 13(1): 82-98.

[37] 谢永顺, 王成金, 韩增林, 等. 哈大城市带网络结构韧性演化研究[J]. 地理科学进展, 2020, 39(10): 1619-1631.

[38] 徐维祥, 周建平, 周梦瑶, 等. 长三角协同创新网络韧性演化及驱动机制研究[J]. 科技进步与对策, 2022, 39(3): 40-49.

[39] 张毅. 风险样态转换下的动态韧性与科层化协同[J]. 南京社会科学, 2020(9): 16-23+57.

[40] 张一鸣, 甄峰. 基于城市网络联系的长三角城市群 COVID-19 疫情空间扩散及其管控研究[J]. 城市与区域规划研究, 2020, 12(2): 132-150.

[41] 赵金丽, 王成新, 曹莎. 基于多元要素流的长江流域与黄河流域城市网络结构研究[J]. 中国人口·资源与环境, 2021, 31(10): 59-68.

[42] 赵晓军, 王开元, 何泮. 突发公共事件、产业网络与宏观经济风险[J]. 上海金融, 2021(10): 12-23.

[43] 甄峰, 王波, 陈映雪. 基于网络社会空间的中国城市网络特征——以新浪微博为例[J]. 地理学报, 2012, 67(8): 1031-1043.

[欢迎引用]

王星, 沈丽珍, 秦萧. 突发公共卫生事件下城市群网络结构韧性动态响应分析——以上海 2022 年新冠疫情为例[J]. 城市与区域规划研究, 2024, 16(1): 148-165.

WANG X, SHEN L Z, QIN X. Dynamic response analysis of the resilience of urban cluster network structure during public health emergencies — a case study on the 2022 epidemic in Shanghai[J]. Journal of Urban and Regional Planning, 2024, 16(1): 148-165.

创新型城市研究三十年

——基于科学知识图谱视角

郑　烨　杨　青

Research on Innovative Cities of Thirty Years—From the Perspective of Scientific Knowledge Mapping Domains

ZHENG Ye[1,2], YANG Qing[1]
(1. School of Public Policy and Administration, Northwest Polytechnical University, Xi'an 710072, China; 2. Co-innovation Research Center for National Governance, Northwest Polytechnical University, Xi'an 710072, China)

Abstract The concept of innovative city has had a history of more than 30 years since it was brought to attention in the 1990s, but currently there are few systematic studies on it, which is bound to affect the theoretical innovation and practical development of innovative city research. This paper uses 401 papers on innovative cities collected from the SSCI journal database of WOS from 1990 to 2021 as samples, including papers published by Chinese scholars on international journals. Using CiteSpace V to draw a knowledge map of innovation-oriented cities for more than 30 years, this paper systematically analyzes and summarizes the overview, hot topics and evolution of innovative city research. The findings are as follows: (1) The literature in this field displays a distribution of an inverse "L-shaped" curve, and it is a multidisciplinary research topic, with scattered cooperation among institutions and a lack of a core research teams; (2) The research mainly focuses on seven aspects: entrepreneurship, public participation, economic development, policy innovation, smart cities, urban competition, and sustainable development; (3) The research has gone through three development stages: the budding stage (1990-2006), the development stage (2007-2017),

作者简介
郑烨，西北工业大学公共政策与管理学院，西北工业大学国家治理协同创新研究中心；
杨青，西北工业大学公共政策与管理学院。

摘　要　自从创新型城市概念在 20 世纪 90 年代被学界关注，已有三十余年的历史，但是仍然少有研究对其进行系统梳理，这势必会影响到创新型城市研究的理论创新与实践发展。文章以 1990—2021 年 WOS 数据库中 SSCI 期刊数据库收录的 401 篇研究创新型城市的论文为样本，其中包括中国学者在国际期刊上发表的论文，采用 CiteSpace V 绘制三十余年来创新型城市研究的知识图谱，对创新型城市研究的基本概况、热点主题与演进脉络进行系统分析与总结。研究发现：①该领域文献呈反"L"形曲线分布，是一个多学科交叉领域的研究议题，机构间合作比较分散，缺乏核心研究团队；②研究主要围绕企业家精神、公众参与、经济发展、政策创新、智慧城市、城市竞争、可持续发展等七个方面展开；③研究经历了萌芽期（1990—2006 年）、发展期（2007—2017 年）、爆发期（2018—2021 年）三个发展阶段，整体发展脉络由创新型城市的概念、内涵等主题，向建设所需要素、建设成效、智慧建设等主题，再转向绿色创新、技术发展与创新效率等方向进行演进。基于此，总结了未来研究的三个方向。

关键词　创新型城市；科学知识图谱；CiteSpace V；文献计量分析

1　引言

党的二十大报告提出，"提高城市规划、建设、治理水平，加快转变超大特大城市发展方式，实施城市更新行动，

and the explosive stage (2018-2021). The overall development trend has shifted from the concept and connotation of innovative cities to the themes of required construction elements, construction effectiveness, and smart construction. Then it will evolve toward green innovation, technological development and innovation efficiency. Based on this, three directions of future research are summarized.

Keywords innovative city; knowledge mapping domains; CiteSpace V; bibliometrics

加强城市基础设施建设，打造宜居、韧性、智慧城市"，这为推动创新型城市的建设与发展指明了方向。自 20 世纪 90 年代起，全球多个巨型城市开始实施创新型城市发展战略，到现在，已经有三十余年的历程了。其中，日本东京建设生态优美、低碳经济、绿色节能、人与自然和谐发展的绿色生态创新型城市；美国波士顿凭借其首屈一指的科教资源、人才支撑、创新文化、创新环境等建设智能创新型城市；中国北京、上海、深圳等城市把建设世界一流创新型城市作为发展目标，努力成长为有竞争力、创新力且影响力卓著的全球示范城市。总之，加快推进创新型城市建设，对于增强自主创新能力、加快经济发展方式转变、促进区域经济社会又好又快发展和建设创新型国家而言意义重大。

回顾创新型城市的研究起源，"创新型城市"最早是从经济学家约瑟夫·熊彼特"创新"一词的概念引申而来。在 20 世纪 90 年代，"创新"一词被运用到城市发展的论述中来，城市被认为应该通过创新来打造国际化城市（Soldatos，1991）。英国伦敦大学规划学教授彼得·霍尔是世界权威的城市研究者之一，其较早地指出文化被视为一种创造城市新形象的设备，使得城市更具有吸引力和创新力（Hall，2000）。英国学者查尔斯·兰德利首次系统地提出了创新型城市的概念、要素以及发展框架，他指出创新型城市可以系统地运用可行的创新方案去处理发展的问题。

迄今为止，少有学者基于文献计量的方式对其进行系统梳理和总结。鉴于此，本文以 1990—2021 年 Web of Science（WOS）引文索引数据库收录的 401 篇研究创新型城市的论文为样本，其中包括中国学者在国际期刊上发表的论文。采用 CiteSpace V 软件绘制知识图谱，对创新型城市研究的发文趋势、作者、期刊及机构等进行分类梳理，在此基础上，深入挖掘创新型城市研究的热点主题并揭示其演进脉络趋势。之后，基于当前国际研究状况，凝练研究不足及未来研究方向，推动创新型城市理论研究的不断深入，为创新型城市实践和拓展奠定基础。

2　研究方法和数据来源

2.1　研究方法

科学知识图谱作为展示研究领域现状、勾画知识结构、预测动态发展趋势的可视化研究方法，得到学术界的普遍认可，已被广泛应用于各个领域（朱军文、李奕赢，2016）。本文选取 CiteSpace V 作为分析工具，通过生成可视化科学知识图谱直观地对创新型城市研究的论文作者、重点期刊、研究机构以及研究热点与趋势等进行分析。

2.2　数据来源

本文以 WOS 作为数据来源，检索过程如图 1 所示。在 WOS 核心合集数据库中选择 SSCI 引文数据库，"innovative city"是目前西方关于创新型城市研究最主流的表述，因此将主题词设定为"innovative city"或"innovative urban"或"innovation city"。由于 1990 年以前有关创新型城市的文献收录较少，较为系统的创新型城市的研究文献出现在 1990 年以后，因此，本文将检索时间设定为 1990 年 1 月 1 日—2021 年 12 月 31 日，文献类型设定为"article"，通过逐篇校读这些文献、核对研究主题，在剔除关联较小文献信息后得到 401 篇相关文献，将文献的检索信息导出，输入 CiteSpace V 软件以备后续分析。总的来说，三十余年来创新型城市研究的视角较为广泛，具体为环境研究（115 篇）、环境科学（78 篇）、城市研究（78 篇）、区域城市规划（67 篇）、地理（58 篇）以及绿色可持续技术（55 篇）等领域。需要说明的是，本文没有选取 SCI 数据库主要是因为 SCI 收录的论文涉及的学科领域大多偏向工程、材料、医疗等层面，不太利于把握创新型城市研究的整体趋势和发展特点。

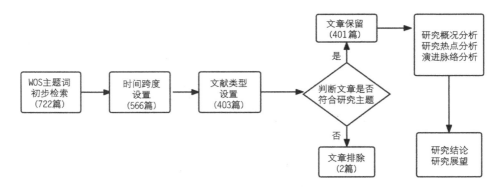

图 1　研究文献检索流程

3 创新型城市研究的基本概况

3.1 发文趋势

发文数量可以用来判断创新型城市这一研究主题在一定时期的研究热度、动态变化、未来趋势（王国华、石国良，2019）。图 2 展示了三十多年来创新型城市研究文献的年度发文数量及整体发展趋势，结果显示：相关研究的发文量整体上呈现出一个逐渐增长的趋势，即反"L"形曲线特征。具体而言，1990 年起，学术界开始对创新型城市形成一定的关注度，1990—2007 年学者每年发文数量在 1—7 篇之间波动变化；而在 2008 年发文量快速增长，直接跃升至 18 篇，这一变化与 2007 年之后全球城市人口大于农村人口、2007 年开始连续发布全球创新城市指数、2008 年全球金融危机这些全球性的事件无不相关；随后一年发文量明显回落；而 2010 年以后迎来爆发增长，2010—2021 年这 13 年的发文数量呈现指数式增长趋势，创新型城市研究热度逐步形成，尤其 2021 年的发文量达到最高峰值（86 篇），体现出学者对创新型城市研究的重视。

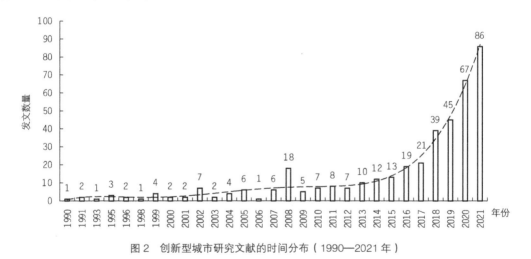

图 2　创新型城市研究文献的时间分布（1990—2021 年）

3.2 著者分布

表 1 统计了 1990—2021 年发文量排名前 10 的作者。整体而言，这些专家学者发文数量不多，但是论文的被引频次较高。其中，伦敦大学伦敦政治经济学院的 Rodriguez-Pose、Lee，武汉大学的 Fan 是发文量排名前三的作者，三人都是研究创新型城市的著名专家学者，为该领域的发展起到了极大的推动作用，在该领域贡献度最高的学者是 Rodriguez-Pose，被引频次高达 11 160，这也反映出其研究成果得到了学者们的高度认可。

表 1　1990—2021 年发文量排前 10 位的作者

排名	作者	发文量	作者单位	被引频次总计
1	Rodriguez-Pose A	6	London School of Economics and Political Science, University of London	11 160
2	Lee N	5	London School of Economics and Political Science, University of London	1 204
3	Fan F	5	Wuhan University	393
4	Qi Y	3	Hong Kong University of Science and Technology	1 529
5	González-Romero G	3	University of Sevilla	75
6	Caragliu A	3	Polytechnic University of Milan	2 641
7	Caravaca I	3	University of Sevilla	92
8	Mendoza A	3	University of Sevilla	42
9	Song Q	3	Tarim University	258
10	Bramwell A	3	University of North Carolina	440

3.3　期刊分布

期刊作为论文发表载体代表科研产出，一个学科所有期刊作为整体构成该学科研究的知识库（李春发等，2021）。表 2 是该领域 1990—2021 年载文数量最多的 15 种重点期刊的基本信息，这些期刊的载文量均超过 5 篇，其中，*Sustainability* 期刊载文量最多，为 33 篇。*Journal of Cleaner Production* 期刊影响因子最高，为 11.072，在此期刊上有关创新型城市研究的载文量为 10 篇。管理类知名期刊 *Technological Forecasting and Social Change* 和 *Sustainable Cities and Society* 累计发表了 12 篇创新型城市的文章，这体现出创新型城市这一研究主题在生态环境、科技创新管理等领域的研究应用。除此之外，在 *European Planning Studies*、*Regional Studies*、*Urban Studies* 等城市区域规划期刊中的载文量也比较多，这说明创新型城市是一个涉及多学科多领域的交叉研究议题。

表 2　1990—2021 年载文量排前 15 位的期刊

排名	期刊名称	载文量	影响因子
1	*Sustainability*	33	3.889
2	*European Planning Studies*	15	3.777
3	*Journal of Cleaner Production*	10	11.072
4	*Regional Studies*	10	4.595

续表

排名	期刊名称	载文量	影响因子
5	*Innovation Organization Management*	8	2.453
6	*Technological Forecasting and Social Change*	7	10.884
7	*Urban Studies*	7	4.418
8	*Cities*	6	6.077
9	*Innovation Management Policy Practice*	6	2.453
10	*International Journal of Environmental Researchand Public Health*	6	4.614
11	*Journal of Urban Affairs*	6	2.559
12	*Journal of Urban Technology*	6	5.15
13	*Growth and Change*	5	2.704
14	*Landuse Policy*	5	6.189
15	*Sustainable Cities and Society*	5	10.696

3.4 发文机构与机构之间的合作分布

机构发文量是评价学术机构学术水平以及权威程度的重要指标（武常岐等，2019）。表 3 显示，目前有关创新型城市的发文机构大多为高校，发文机构排前 4 位且发文量超过 10 篇的高校分别是伦敦大学（20 篇）、多伦多大学（11 篇）、武汉大学（11 篇）、伦敦政治经济学院（10 篇）。在发文量排名前 20 的高校机构中，位于中国和美国的大学均有 6 所，占比均为 30%；位于英国的大学有 4 所，占比 20%，其他国家的大学有 4 所，占比 20%。这也充分论证了美国和中国在创新型城市领域均具有较强的科研能力，英国也是研究该领域的重要的中坚力量。究其原因，是这些国家都积极地构建创新型城市，由此可见，一个国家学者的研究方向和该国家的政策环境息息相关。进一步地，对研究机构之间的合作关系进行描述（图 3），可以看出，香港科技大学与印第安纳大学系统，莫纳什大学与曼彻斯特大学，浙江大学与武汉大学，兰卡斯特大学、伦敦政治经济学院与代尔夫特理工大学等机构间形成了一定的合作，但是机构间整体合作网络关系处于比较分散的状态，未能形成明显的合作研究团队和子群，因此需要加强研究机构之间的合作交流。

表 3　1990—2021 年发文量排前 20 位的机构

排名	发文机构	篇数	排名	发文机构	篇数
1	University of London	20	11	University of North Carolina	5
2	University of Toronto	11	12	University of Turin	5
3	Wuhan University	11	13	Zhejiang University	5
4	London School Economics and Political Science	10	14	Aalto University	4
5	University of California System	9	15	Chinese Academy of Sciences	4
6	State University of New York SUNY System	7	16	Chongqing University	4
7	University College London	6	17	City University of New York CUNY System	4
8	University of California Berkeley	6	18	Delft University of Technology	4
9	Harbin Institute of Technology	5	19	Hong Kong University of Science Technology	4
10	Lancaster University	5	20	Indiana University System	4

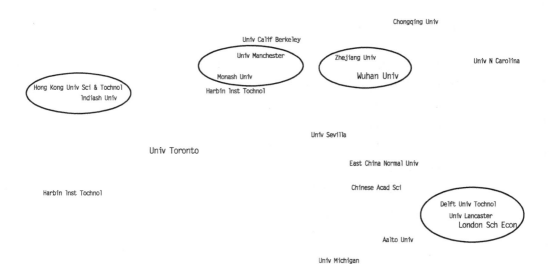

图 3　1990—2021 年关于研究创新型城市的合作网络

4 创新型城市研究的热点主题

在梳理研究概况的基础上，进一步对创新型城市的研究热点主题进行分析和探讨。通常而言，关键词图谱可以帮助分析研究热点及研究方向（郑烨，2014）。图 4 是 1990—2021 年关于创新型城市研究的高频词网络，圆圈的大小能反映出关键词出现的频次，圆圈越大越能体现研究的热点。结果显示，创新型城市的研究重点围绕 city（城市）、smart city（智慧城市）、performance（绩效）、growth（增长）、impact（影响）、management（管理）、system（系统）、knowledge（知识）、governance（治理）等展开。

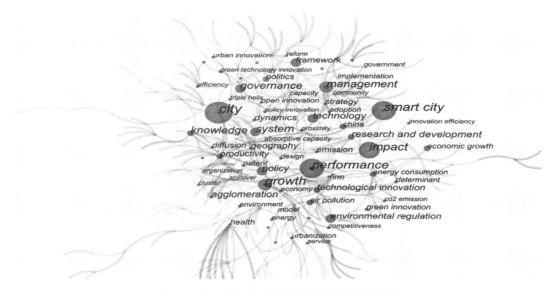

图 4　1990—2021 年创新型城市研究的高频词网络

为了更加清楚地识别创新型城市研究的热点主题，对关键词进行聚类（图 5），在 CiteSpace V 中把时间切片定为一年，选择 LLR 算法（log-likelihood ratio，p-level）对关键词图谱进行聚类，分析阈值设为前 10%，得到聚类的 Silhouette 值均大于 0.5，说明聚类结构显著且合理。影响力较大的聚类包括企业家精神、公众参与、经济发展、政策创新、智慧城市、城市竞争、可持续发展七个方面。

4.1　热点主题一：企业家精神

主题聚类 entrepreneurship（企业家精神）包含的关键词主要有 entrepreneurship（企业家精神，5.64，0.05，其中 5.64 为对数似然比，0.05 为 p 水平，下同）、knowledge-based development（知识型发展，4.61，0.05）、employment（就业，4.61，0.05）、knowledge spillover theory（知识溢出理论，4.61，0.05）、

open government data（政府数据公开，4.61，0.05）、public-private collaboration（公私合作，4.61，0.05）
等。目前，该领域主要探究了企业家所具备的改革意识、组织能力、技术技能、社会资本、知识储备
等精神对创新型城市建设的重要作用，以及如何通过发扬企业家精神来推动创新型城市建设。

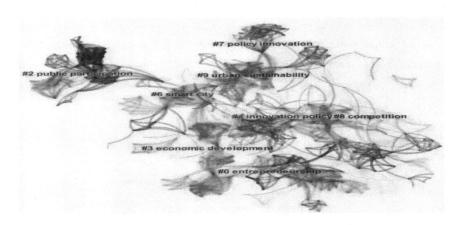

图 5　创新型城市研究的主题聚类图谱

　　企业家作为开拓者和创新者，通过激发其创新精神，能够将创新型城市所需要的科技、人才、知
识、文化等要素进行重组，进而有效地促进创新型城市的发展。作为创新理论研究的鼻祖，熊彼特在
其《经济发展理论》一书中，首次提出"创新理论"，他认为企业家可以通过其远大的梦想、征服的欲
望、创造的欢乐、坚强的意志等精神创新建立一种新的生产函数，前所未有地把生产要素和生产条件
的"新组合"引入生产体系（熊彼特，2008）。建设创新型城市需要具备富有创意的人、意志与领导力、
人的多样性与智慧获取等要素，与企业家精神具备一定的吻合性（Landry，2000）。还有一些学者对企
业家精神与创新型城市的关系进行研究，结果发现，企业家精神和创新型城市的建设具有双向的吸引和
促进关系，具体而言，吸引和留住具有创新创业精神的人才能有效地促进城市的经济增长，同时，城市
可以凭借其丰富的设施和产业的多样性来吸引高技能和高才华的人才（Florida and Mellander，2016）。

4.2　热点主题二：公众参与

　　该主题主要包括聚类 public participation（公众参与），包含的关键词主要有 public participation（公
众参与，7.83，0.01）、stakeholder engagement（利益相关者参与，0.08，1.0）、environmental education
（环境教育，7.83，0.01）、telephone program（电话程序，7.83，0.01）、physical activity（体力活动，
7.83，0.01）、planning standards（规划标准，7.83，0.01）、urban green space（城市绿地，7.83，0.01）
等。目前，该领域主要探究了公众参与对创新型城市建设的重要作用，关注公众是如何参与到创
新型城市的监督、管理过程中，以及公共组织如何提升公民素质以便让其更好地参与创新型城市

的建设。

创新型城市通过提供更完备的公共服务以及更美好的生活环境来提升公民生活水平（Appio *et al.*，2019）。归根到底，创新型城市是以人的需求为根本，它的一切变革与创新都是为了形成一种有价值、有温度的城市发展体系，从而改善民生福祉。纵观全球的创新型城市，我们不难发现，一些较为成功的创新型城市建设都鼓励公民的广泛参与，甚至还有具体的措施来激励公民参与的积极性。例如，创新型城市的社会属性表现在民主参与提升城市的总体水平（Chong and Habib，2018）。另外，公众参与创新型城市建设过程中通常需要一定的技术手段，例如：欧洲通过建立以公民为中心的互联网服务来促进创新型城市建设中的社会和技术创新（Paskaleva and Cooper，2018）。

4.3 热点主题三：经济发展

该主题主要包括聚类 economic development（经济发展），该聚类包含主要关键词 economic development（经济发展，6.64，0.01）、growth（增长，0.64，0.5）、adaptive management（适应性管理，5.13，0.05）、urban innovative agriculture（城市创新农业，5.13，0.05）、digital city（数字城市，5.13，0.05）、intellectual capital（智力资本，5.13，0.05）等。目前，该主题主要探究了创新型城市建设对城市经济发展的影响。

创新被认为是能推动经济高质量发展的关键因素，创新型城市建设能显著提高城市经济增长质量，且能促进经济持续增长。创新环境对一个城市的经济发展起到了非常重要的作用，城市化可以促进各个系统的飞速发展，促进相关行业产生更大的需求，产生溢出效应并带来经济的增长和城市发展（Leamer and Storper，2014）。有研究以罗马尼亚克卢日-纳波卡为例，发现了创新型城市在全球创新网络中的作用以及促进国家创新能力的发展（Fan *et al.*，2019）。有学者论证了随着城市规模的不断扩大和创新驱动理念的不断深入，创新城市试点对创新型经济转型具有重要的意义（Li *et al.*，2021）。

4.4 热点主题四：政策创新

该主题主要包括聚类 innovation policy（创新政策）、policy innovation（政策创新）。聚类的关键词主要有 innovation policy（政策创新，10.3，0.005）、environmental regulation（环境规制，6.64，0.01）、new institutionalism（新制度主义，5.13，0.05）、land administration（土地管理，5.13，0.05）、innovation systems（创新体系，5.13，0.05）、low-carbon policy（低碳政策，2.52，0.5）、advocacy（倡导，5.76，0.05）等。目前，该领域主要探究了政策创新对城市经济发展的重要作用以及政策试点如何影响创新型城市。

城市的创新性强度关键取决于政策的灵活性。创新政策的内涵是提出激励性制度来实现社会的持续发展和变革。有学者指出，试点项目是常用的政策工具之一，创新型城市试点政策可以通过政府财政支出、城市产业集聚程度和人力资本水平等要素提升城市创新水平（Zhou and Li，2021）。在政策实施的数量方面，有研究表明每个城市大概有四个原始政策创新，然而只有 1/3 的政策创新能得到实际实施，近一半的城市没有应用政策创新（Song *et al.*，2021）。在政策实施的效果来看，创新型城市试点政策显著提升了城市创新水平且具有一定的动态性和持续性（Zhou and Li，2021）。

4.5　热点主题五：智慧城市

该主题主要包括聚类 smart city（智慧城市），该聚类包含主要关键词 smart city（智慧城市，5.49，0.05）、community（社区，4.73，0.05）、open innovation（开放式创新，4.73，0.05）、urban agriculture（城市农业，4.73，0.05）、business（商业，4.73，0.05）、job growth（就业增长，4.73，0.05）、knowledge network（知识网络，4.73，0.05）、smart city projects（智慧城市项目，2.15，0.5）等。目前，该领域主要探究了创新型城市建设过程中智慧城市建设的内涵和作用。

智慧城市通过科学化、精细化、智能化的方式为公众生活提供便利，是城市创新的主要驱动力之一，也是解决城市问题的重要方法。现有研究主要从以下两个方面进行探讨：第一，关于智慧城市的内涵。智慧城市治理被视为不是一个技术问题，而是一个复杂的制度变革过程（Meijer and Bolívar，2016）。有学者全面阐述了智慧城市的概念，并且通过实证研究发现了智慧城市的演化模式高度依赖于本地环境因素（Neirotti *et al.*，2014）。第二，关于智慧城市的作用。智慧城市可以通过实时监督、改善、优化城市治理效率，来提升公民的生活质量（Batty *et al.*，2012），同时智慧城市可以通过技术创新解决城市发展中的一些问题，从而对城市经济发展产生积极影响（Caragliu and Del，2019）。

4.6　热点主题六：城市竞争

该主题主要包括聚类 competition（竞争），该聚类包含的主要关键词有 competition（竞争，9.41，0.005）、quality of urban life（城市生活质量，4.69，0.05）、technological development（技术发展水平，4.69，0.05）、city size（城市规模，4.69，0.05）、innovation dynamics（创新动力，4.69，0.05）、city/region economic performance（城市/地方经济绩效，4.69，0.05）等。目前，该领域主要探究了城市竞争对创新型城市建设的影响作用。

在日益激烈的全球城市竞争格局中，创新型城市因其对经济增长、生活质量和城市动态形象的重要影响导致其无疑成为全球城市竞争的核心要素。政府之间的竞争往往会影响城市进行开发、管理和创新，这就促使城市纷纷调整自身的内部布局、构建发展规划、优化产业结构、制定创新政策来提升综合实力。在城市经济学的观点下，创新型城市被理解为具有竞争力的城市地区（Hospers，2008），其竞争力不只取决于城市的硬件，而是越来越依赖于城市的通信技术、教育水平、城市环境等（Caragliu *et al.*，2013）。同时有学者研究发现地方政府环境竞争对城市绿色创新有明显的正向影响，并存在显著的空间溢出效应（Nie *et al.*，2022），同时发现在世界范围内，城市空间管理和开发方面的本土创新往往受到国家政府竞争的显著影响（Cowley and Joss，2022）。

4.7 热点主题七：可持续发展

该主题主要包括聚类 urban sustainability（城市可持续发展），该聚类主要包含关键词 urban sustainability（城市可持续发展，5.23，0.05）、natural resource（自然资源，5.23，0.05）、local economic development（地方经济发展，5.23，0.05）、green technology innovation（绿色技术创新，0.3，1.0）、innovative method（创新方法，5.23，0.05）、pivotal talent pool（关键人才，5.23，0.05）、city development life cycle（城市发展生命周期，5.23，0.05）等。目前，在该领域研究中，学者们主要从环境监管、环境信息公开、碳排放绩效、环境规制等方面对创新型城市的建设发展进行探讨。

实现可持续发展目标是当前世界发展的紧迫问题，越来越多的国家决定将绿色发展作为一项重点战略，在生态文明视域下建设低碳、文明、智慧的创新型城市。学者们从多个角度对实现可持续发展的方法进行探究，例如城市在实现低碳排放这一目标中发挥着关键作用，要想实现低碳城市，需要城市具有明确的战略和因地制宜地进行创新（Fuso *et al.*，2019）；在绿色创新政策框架已经完善的情况下，生态创新是实现绿色经济的主要促成因素（Beretta，2018）；城市可以积极形成绿色经济城市群，勠力同心，形成合力，实现区域的共同发展（Ren and Ji，2021）；人工智能和数字技术创新能够从不同维度提升城市环境发展的可持续性，减少污染，并实现节能减排的目标（Ortega-Fernández *et al.*，2020）。

5 创新型城市研究演进脉络与趋势

为更全面、清晰展现创新型城市研究前沿并梳理研究前沿的进展历程，利用 CiteSpace V 软件绘制文献的关键词突现分析和共现时区演化分析（高玉娟、石娇，2022）。图 6 每个圆圈代表一个关键词，圆圈的面积越大则代表此关键词出现的频次越高，线条代表着各个关键词之间的联系。图 7 绘制的突现词图谱包括突现词、出现年份、突现强度和起止时间。在此，本文结合图 6 和图 7 共同揭示创新型城市研究领域的发展演进脉络。下面对三个阶段进行详细阐述：

5.1 第一阶段：研究的萌芽期（1990—2006 年）

西方发达国家在 1990 年以后逐渐提出建设创新型城市这一发展战略，形成了诸如美国的波士顿、澳大利亚的悉尼、英国的伦敦等重点创新型城市，这也标志着城市经济社会发展步入以创新驱动为引擎的新阶段（郑烨，2014）。1990—2006 年，学者主要研究的是创新型城市的概念、内涵及所需要

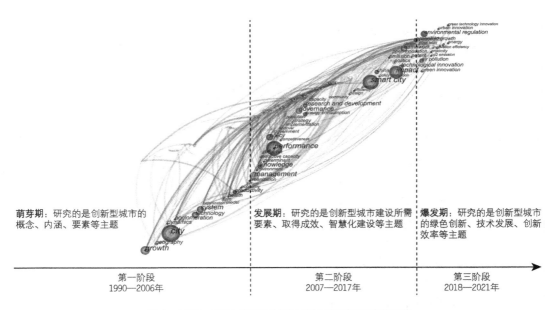

萌芽期：研究的是创新型城市的
概念、内涵、要素等主题

发展期：研究的是创新型城市建设所需
要素、取得成效、智慧化建设等主题

爆发期：研究的是创新型城市
的绿色创新、技术发展、创新
效率等主题

第一阶段	第二阶段	第三阶段
1990—2006 年	2007—2017 年	2018—2021 年

图 6　1990—2021 年创新型城市研究的关键词时区图谱

关键词	年份	强度	开始	结束	1990—2021 年	
increasing return	1990	2.04	**1999**	2011	▬▬▬▬▬▬▬▬▬▬▬▬▬▬▬▬▬▬▬▬▬▬▬▬▬▬▬▬▬▬	⎫ 第一
knowledge	1990	1.92	**2008**	2016	▬▬▬▬▬▬▬▬▬▬▬▬▬▬▬▬▬▬▬▬▬▬▬▬▬▬▬▬▬▬	⎭ 阶段
care	1990	1.87	**2011**	2017	▬▬▬▬▬▬▬▬▬▬▬▬▬▬▬▬▬▬▬▬▬▬▬▬▬▬▬▬▬▬	⎫
health	1990	2.03	**2012**	2014	▬▬▬▬▬▬▬▬▬▬▬▬▬▬▬▬▬▬▬▬▬▬▬▬▬▬▬▬▬▬	⎪
growth	1990	2.81	**2013**	2016	▬▬▬▬▬▬▬▬▬▬▬▬▬▬▬▬▬▬▬▬▬▬▬▬▬▬▬▬▬▬	⎪
community	1990	1.97	**2013**	2018	▬▬▬▬▬▬▬▬▬▬▬▬▬▬▬▬▬▬▬▬▬▬▬▬▬▬▬▬▬▬	⎪
cultural diversity	1990	1.79	**2013**	2015	▬▬▬▬▬▬▬▬▬▬▬▬▬▬▬▬▬▬▬▬▬▬▬▬▬▬▬▬▬▬	⎪
geography	1990	2.00	**2014**	2015	▬▬▬▬▬▬▬▬▬▬▬▬▬▬▬▬▬▬▬▬▬▬▬▬▬▬▬▬▬▬	⎪ 第二
creative industry	1990	1.82	**2014**	2015	▬▬▬▬▬▬▬▬▬▬▬▬▬▬▬▬▬▬▬▬▬▬▬▬▬▬▬▬▬▬	⎬ 阶段
service	1990	1.90	**2015**	2015	▬▬▬▬▬▬▬▬▬▬▬▬▬▬▬▬▬▬▬▬▬▬▬▬▬▬▬▬▬▬	⎪
city	1990	3.56	**2016**	2018	▬▬▬▬▬▬▬▬▬▬▬▬▬▬▬▬▬▬▬▬▬▬▬▬▬▬▬▬▬▬	⎪
management	1990	2.48	**2016**	2021	▬▬▬▬▬▬▬▬▬▬▬▬▬▬▬▬▬▬▬▬▬▬▬▬▬▬▬▬▬▬	⎪
smart city	1990	2.59	**2017**	2021	▬▬▬▬▬▬▬▬▬▬▬▬▬▬▬▬▬▬▬▬▬▬▬▬▬▬▬▬▬▬	⎪
social innovation	1990	1.82	**2017**	2019	▬▬▬▬▬▬▬▬▬▬▬▬▬▬▬▬▬▬▬▬▬▬▬▬▬▬▬▬▬▬	⎭
governance	1990	3.71	**2018**	2021	▬▬▬▬▬▬▬▬▬▬▬▬▬▬▬▬▬▬▬▬▬▬▬▬▬▬▬▬▬▬	⎫
politics	1990	3.08	**2018**	2019	▬▬▬▬▬▬▬▬▬▬▬▬▬▬▬▬▬▬▬▬▬▬▬▬▬▬▬▬▬▬	⎪
open innovation	1990	2.64	**2018**	2018	▬▬▬▬▬▬▬▬▬▬▬▬▬▬▬▬▬▬▬▬▬▬▬▬▬▬▬▬▬▬	⎪
adoption	1990	2.08	**2018**	2019	▬▬▬▬▬▬▬▬▬▬▬▬▬▬▬▬▬▬▬▬▬▬▬▬▬▬▬▬▬▬	⎪
lesson	1990	1.98	**2018**	2019	▬▬▬▬▬▬▬▬▬▬▬▬▬▬▬▬▬▬▬▬▬▬▬▬▬▬▬▬▬▬	⎪ 第三
framework	1990	2.33	**2019**	2021	▬▬▬▬▬▬▬▬▬▬▬▬▬▬▬▬▬▬▬▬▬▬▬▬▬▬▬▬▬▬	⎬ 阶段
patent	1990	2.14	**2019**	2021	▬▬▬▬▬▬▬▬▬▬▬▬▬▬▬▬▬▬▬▬▬▬▬▬▬▬▬▬▬▬	⎪
impact	1990	3.05	**2020**	2021	▬▬▬▬▬▬▬▬▬▬▬▬▬▬▬▬▬▬▬▬▬▬▬▬▬▬▬▬▬▬	⎪
economic growth	1990	2.34	**2020**	2021	▬▬▬▬▬▬▬▬▬▬▬▬▬▬▬▬▬▬▬▬▬▬▬▬▬▬▬▬▬▬	⎪
air pollution	1990	2.34	**2020**	2021	▬▬▬▬▬▬▬▬▬▬▬▬▬▬▬▬▬▬▬▬▬▬▬▬▬▬▬▬▬▬	⎪
technological innovation	1990	1.82	**2020**	2021	▬▬▬▬▬▬▬▬▬▬▬▬▬▬▬▬▬▬▬▬▬▬▬▬▬▬▬▬▬▬	⎭

图 7　1990—2021 年创新型城市研究的突现关键词

素等主题，因此，这一时期可以看作是研究创新型城市的萌芽阶段。出现的高频词围绕 city（52）、growth（30）、system（22）、technology（14）、geography（13）、agglomeration（13）、dynamics（11）、productivity（10）展开，主要突变词为 increasing return 等。

这一阶段，学界从系统视角、创新视角、要素视角对创新型城市的概念进行界定，其中在系统视角中，创新型城市通常被视为依靠系统的创新方案去处理城市发展过程中交通管理、产业发展、城市环境与重组整合等问题的良方（Landry，2000）。在创新视角下，创新作为城市经济发展的主要驱动力，创新型城市可以完美地将社会发展的新理念和新思想融入城市发展的过程（Simmie，2001）。在所需要素视角下，有学者认为创新型城市包括基础设施、治理、技术、知识和控制等创新要素组成（Hwang and Park，2006），还有学者认为创新型城市的七个要素包括富有创意的人、意志与领导力、人的多样性与智慧获取、开放的组织文化、对本地身份的强烈的正面认同感、城市空间与设施和上网机会（landry，2000）。

在研究的萌芽阶段，虽然发表的文献数量较少，但为后续研究奠定了基础。城市如何构建创新型城市？构建怎样的创新型城市？创新型城市在城市发展中的作用如何？这些问题成为下一阶段学者研究的重中之重。

5.2 第二阶段：研究的发展期（2007—2017年）

联合国报告指出 2007 年是全球城市进程中的重要标志，这一年全球一半的总人口入驻城市，人类历史上首次城市人口超过乡村人口，这也预示着城市化趋势的加快（Kourtit *et al.*，2012）。同时，自 2007 年起国际组织连续发布全球创新城市指数、评选全球创新城市 100 强，因此，可以将 2007 年作为研究创新型城市的一个新阶段，至此创新型城市研究进入到发展期。该阶段出现的高频词围绕 performance（31）、knowledge（19）、policy（13）、management（22）、governance（18）、research and development（15）、smart city（34）等展开，主要突现词为 service、health、care、community、social innovation 等。这一阶段学界主要研究的是创新型城市建设要素、创新型城市建设效果，以及创新型城市智慧化建设等主题。

首先，在有关创新型城市建设要素中，发现科技、知识、人才、文化、产业、风投、制度等创新资源缺一不可，这些要素至关重要，同时，城市也为这些要素生根发芽提供了培养皿作用，有学者主张创新和创业精神不是发生在城市，而是依赖城市，无法脱离城市（Florida *et al.*，2018）。其中，创新政策和创新环境对创新型城市建设起着非常重要的作用。知识要素是创新型城市获取关键竞争力的核心，产业要素是创新型城市发展的主体，科技要素是城市创新型转型的主要驱动力，文化要素为城市创新营造氛围。综上所述，各类要素在创新型城市的发展中发挥着非常重要的作用，因此，城市可以加大创新要素的投入以促进创新型城市的建设和发展。

其次，在论证创新型城市建设效果方面，随着创新型城市如火如荼地建设，其建设效果和绩效评价成为发展阶段研究的热点。就创新型城市建设的效果来看，创新型城市建设取得了瞩目的成绩，具体体现在创新资源投入显著增加，自主创新能力大幅提升，成果转化水平显著增强，高新技术产业快速增长，众创空间蓬勃发展等。例如，有学者发现城市在孕育创新和新兴产业方面表现卓越（Shearmur，2012）。也有学者指出，创新型城市建设带来的新知识创造和传播推动了知识密集型生产和服务活动的创新，进而推动了经济绩效和增长（Wolfe *et al.*，2008）。

最后，在创新型城市智慧化建设方面，智慧城市被定义为使用技术来改造核心系统（人员、商业、交通、通信、水和能源）并优化有限资源的城市（Dirks and Keeling，2009）。智慧城市的运用可以促进城市规划、建设、管理和服务智慧化的新理论和新形式。随着智慧城市建设的兴起与发展，其涌现出的智慧化数字技术、基础设施、考评体系等优势是解决城市发展问题的灵丹妙药，为城市创新注入新的活力，为创新型城市的发展提供新的方向。越来越多的城市开始探索创新型智慧城市的构建，用数智赋能城市创新，打造面向群众、高效有序、安全智慧、信息共享的新型创新型城市蓝图，为经济发展注入新的动能。

总之，这一阶段学者们大多基于定性比较研究的方式，回答了建设创新型城市所需因素、取得成效及建设重点，提出了一些有益理论，这些理论也成为研究创新型城市领域的核心知识基础，为学界的未来研究指明了方向。

5.3　第三阶段：研究的爆发期（2018—2021 年）

2018 年，在全球创新指数排名中，中国首次晋升世界最具创新性的前 20 个经济体之列，以中国为代表的发展中国家的创新能力在逐步上升，与发达国家之间的差距逐渐缩小，这一事件具有里程碑的重要意义，预示着多极创新新格局的形成，可以看作研究创新型城市的一个新阶段。该阶段出现的高频词围绕 impact（27）、environmental regulation（12）、technological innovation（11）、emission（9）、green innovation（8）、patent（8）等展开。主要突变词包括 impact、economic growth、air pollution 等。该阶段研究主要围绕三个主题展开。

其一是创新型城市的绿色化、低碳化发展。可持续发展是城市高质量发展的必然趋势，这一时期学术界在研究城市经济发展的同时兼顾环境保护，将研究重点放在可持续发展领域，探索碳达峰与碳中和及创新型城市的结合，积极构建绿色创新型城市，加速了创新型城市绿色化、低碳化的迈进步伐。研究表明，政府在创新型城市绿色发展中的重要作用，一方面，政府可以通过制定相关政策文件，明确绿色规划的规划背景、规划概要、主要规划内容和规划目标来推动创新型城市的可持续发展（盛明洁等，2019）；另一方面，政府也需要把重点放在实施和监管方面，做到认识到位（Feng *et al.*，2019）、责任到位、监管到位、追究到位、宣传到位，坚持问题导向，突出检查重点，切实加大环境监管力度。

其二是创新型城市的科学化、精细化发展。随着大数据与人工智能时代的到来，技术促使城市演变呈现出前所未有的速度、规模与复杂性。引进、使用新技术和新方法去解决城市发展中人居、交通、能源、环境、健康等未来城市关键领域的现实问题成为当前城市经济发展的新范式（武廷海等，2020）。这一时期学术界纷纷从实证研究的角度出发，探讨科学技术在城市发展中的重要作用，例如有学者对2008—2018 年 113 个城市的面板数据进行实证分析，识别了静态和动态情况下绿色技术创新在城市环境信息披露、经济发展和环境污染方面的重要作用（Feng *et al.*，2021）。也有学者基于 2006—2016 年中国沿海 11 个省份的面板数据，探究了技术创新对沿海城市绿色经济全要素生产率的影响（Ren and Ji，2021）。

其三是创新型城市的高效化、高水平发展。随着创新型城市的发展，创新效率的重要性不言而喻，学者们对不同区域、不同经济发展水平的创新效率测度展开了分析，得出了绿色创新效率和高科技创新效率存在较大空间失衡的结论，因此可以根据各个城市的资源禀赋和产业优势，找准各个城市的发展定位，因地制宜建设创新型城市，如文化创新型城市、工业创新型城市、科技创新型城市等，科学有效地提升创新效率。此外，学术界也越来越重视城市区域间的合作创新，以提升整体的创新效率，例如有学者指出城市在制定提高创新效率和科技资源管理的政策过程中，应该充分考虑附近区域的影响，加强城市间的合作创新（Fan *et al.*，2020）。

总之，这一时期研究的范式发生了转移，即由过去采用定性研究方法转移到了定量研究上。另外，这一阶段创新型城市研究的深度和广度都有明显提高，重点聚焦创新型城市发展中绿色创新、技术发展与创新效率等现实问题，为今后创新型城市发展政策的制定也指明了方向。

6 结论与展望

6.1 结论

本研究基于 CiteSpace V 对创新型城市的研究文献进行了深入分析，为该领域的研究提供了一个比较完整的理论图谱（图 8），得出以下研究结论：①三十余年来创新型城市研究文献发文数量呈现出反 "L" 曲线特征；伦敦大学伦敦政治经济学院的 Rodriguez-Pose、Lee，武汉大学的 Fan 是研究创新型城市的著名专家学者；创新型城市载录于各个领域刊物上，是一个涉及多学科交叉的研究议题；研究的核心力量主要分布在美国、中国、英国的知名高校中；目前机构间整体合作网络关系处于比较分散的状态，未能形成明显的合作研究团队和子群。②创新型城市的研究热点主要围绕企业家精神、公众参与、经济发展、政策创新、智慧城市、城市竞争、可持续发展七个方面展开。③创新型城市研究的演进包括萌芽期（1990—2006 年）、发展期（2007—2017 年）、爆发期（2018—2021 年）三个发展阶段，研究的整体发展脉络由创新型城市的概念、内涵主题，向着建设要素、建设成效、智慧化建设等主题，再朝向绿色创新、技术发展与创新效率的方向进行演进。

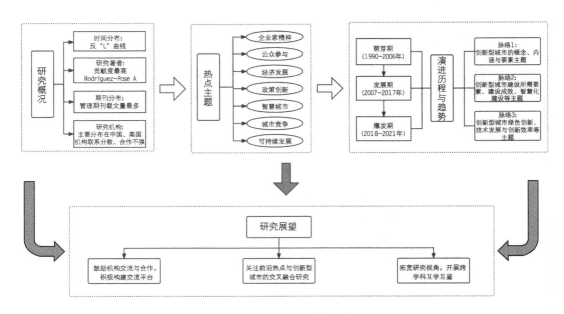

图8　创新型城市研究的整合框架

6.2　展望

在对已有研究文献分析的基础上，本文对创新型城市研究的未来展望提出以下三方面思考：

第一，鼓励机构交流与合作，积极构建交流平台。研究发现目前研究机构彼此之间的联系处于一个比较分散的状态，未能形成明显的合作网络图谱，而创新型城市又是一个多理论、综合性的议题。因此，未来应当加强学者之间、机构之间的合作和交流，形成若干研究核心与网络，鼓励高校与科研院所承办国际学术研讨会，吸引中外学者交流互鉴，通过优势互补、联手联合，围绕创新型城市发展的战略性、综合性、前瞻性问题建立交流平台，整合研究资源，积极组织国际交流，加强信息共享，共同为创新型城市的发展建设贡献智慧和力量。

第二，关注前沿热点与创新型城市的交叉融合研究。当前，空气污染、技术革新、城市管理、智慧城市、治理方式等主题是研究创新型城市的热点。这些突现词具有很强爆发性，且该关键词至今仍处于突现期，说明这些关键词在当前和未来一段时期仍有很大影响力，是关于创新型城市研究的前沿问题。因此未来研究可进一步关注上述核心热点主题，探索创新型城市发展过程中经济发展与环境保护的均衡，用科技引领城市全方位建设，全面推动新一代信息技术与城市发展深度融合，运用新理念、新技术、新方法努力建设形成智慧高效、充满活力、精准治理、安全有序、人与自然和谐相处的创新型城市。

第三，拓宽研究视角，开展跨学科互学互鉴。一方面，现有创新型城市研究学科视角相对单一，较难解释复杂的城市问题。未来研究要尽可能在研究过程中吸纳其他学科的理论与方法，从政治学、法学、社会学、地理学等多元学科视角对现有创新型城市研究进行深度探索，发现新的研究问题和领域；另一方面，进一步融合现有的制度经济学、环境经济学、数字经济学方面成熟的理论，对创新型城市的制度建设、绿色创新、智慧化发展等问题展开深入探索，揭示创新型城市发展过程中的规律及作用机制，更好地指导现实实践。

6.3 局限

本文研究也存在一定的局限性：首先，在样本选择层面，本文选取的文献检索范围是 WOS 数据库中以创新型城市为主题的 SSCI 期刊论文，这种选取方式使得文献的覆盖面不够全面，因此未来可以拓展文献来源，以便系统揭示创新型城市研究的概况、热点与演进情况；其次，本文仅基于文献分析视角对当前创新型城市研究状况进行总结与梳理，缺乏实践层面创新型城市建设的文本分析，未来研究应在文献分析的基础上与创新型城市的实践文本梳理进行有效结合，以便更准确、全面地揭示创新型城市发展现状及未来趋向；最后，本文的研究仅是对国内创新型城市的探索，未来的研究可以对国内外创新型城市的研究文献展开深入比较研究，并提出符合中国特色的创新型城市发展的理论与实践研究体系。

致谢

本文受国家自然科学基金青年项目（72004182）、教育部人文社会科学研究青年基金项目（19YJCZH267）、陕西省软科学研究计划一般项目（2022KRM183）资助。

参考文献

[1] APPIO F P, LIMA M, PAROUTIS S. Understanding smart cities: innovation ecosystems, technological advancements, and societal challenges[J]. Technological Forecasting and Social Change, 2019, 142: 1-14.

[2] BATTY M, AXHAUSSEN K W, GIANNOTTI F, et al. Smart cities of the future[J]. The European Physical Journal Special Topics, 2012, 214(1): 481-518.

[3] BERETTA I. The social effects of eco-innovations in Italian smart cities[J]. Cities, 2018, 72: 115-121.

[4] CARAGLIU A, DEL B C, NIJKAMP P. Smart cities in Europe[M]//Smart cities. Routledge, 2013: 185-207.

[5] CARAGLIU A, DEL B C. Smart innovative cities: the impact of smart city policies on urban innovation[J]. Technological Forecasting and Social Change, 2019, 142: 373-383.

[6] CHONG M, HABIB A, EVANGELOPOULOS N, et al. Dynamic capabilities of a smart city: an innovative approach to discovering urban problems and solutions[J]. Government Information Quarterly, 2018, 35(4): 682-692.

[7] COWLEY R, JOSS S. Urban transformation through national innovation competitions: lessons from the UK's future city demonstrator initiative[J]. Journal of Urban Affairs, 2022, 44(10): 1432-1458.

[8]　DIRKS S, KEELING M. A vision of smarter cities: how cities can lead the way into a prosperous and sustainable future[M]. New York: IBM Institute for Business Value, 2009.

[9]　FAN P, URS N, HAMLIN R E. Rising innovative city-regions in a transitional economy: a case study of ICT industry in Cluj-Napoca, Romania[J]. Technology in Society, 2019, 58: 101139.

[10] FAN F, LIAN H, WANG S. Can regional collaborative innovation improve innovation efficiency? An empirical study of Chinese cities[J]. Growth and Change, 2020, 51(1): 440-463.

[11] FENG Y, WANG X, DU W, et al. Effects of environmental regulation and FDI on urban innovation in China: a spatial Durbin econometric analysis[J]. Journal of Cleaner Production, 2019, 235: 210-224.

[12] FENG Y, WANG X, LIANG Z. How does environmental information disclosure affect economic development and haze pollution in Chinese cities? The mediating role of green technology innovation[J]. Science of the Total Environment, 2021, 775: 145811.

[13] FLORIDA R, MELLANDER C. Rise of the startup city: the changing geography of the venture capital financed innovation[J]. California Management Review, 2016, 59(1): 14-38.

[14] FLORIDA R, ADLER P, MELLANDER C. The city as innovation machine[M]//Transitions in regional economic development. Routledge, 2018: 151-170.

[15] FUSO N F, SLOB A, ERICSDOTTER E R, et al. A research and innovation agenda for zero-emission European cities[J]. Sustainability, 2019, 11(6): 1692.

[16] HALL P. Creative cities and economic development[J]. Urban Studies, 2000, 37(4): 639-649.

[17] HOSPERS G J. Governance in innovative cities and the importance of branding[J]. Innovation, 2008, 10(2-3): 224-234.

[18] HWANG H Y, PARK J. Innovation system model building for innovation city and the application of Osong bio-city[J]. Journal of Korea Planning Association, 2006, 41(5).

[19] KOURTIT K, NIJKAMP P, ARRIBAS D. Smart cities in perspective — a comparative European study by means of self-organizing maps[J]. Innovation: The European Journal of Social Science Research, 2012, 25(2): 229-246.

[20] LANDRY. The creative city: a toolkit for urban innovators[M]. London: Earthscan, 2000.

[21] LEAMER E E, STORPER M. The economic geography of the internet age[M]//Location of international business activities. London: Palgrave Macmillan, 2014: 63-93.

[22] LI Y, ZHANG J, YANG X, et al. The impact of innovative city construction on ecological efficiency: a quasi-natural experiment from China[J]. Sustainable Production and Consumption, 2021, 28: 1724-1735.

[23] LI J, DU Y X. Spatial effect of environmental regulation on green innovation efficiency: evidence from prefectural-level cities in China[J]. Journal of Cleaner Production, 2021, 286: 125032.

[24] MEIJER A, BOLÍVAR M P R. Governing the smart city: a review of the literature on smart urban governance[J]. Revue Internationale des Sciences Administratives, 2016, 82(2): 417-435.

[25] NEIROTTI P, DE MARCO A, CAGLIANO A C, et al. Current trends in smart city initiatives: some stylised facts[J]. Cities, 2014, 38: 25-36.

[26] NIE Y, WAN K, WU F, et al. Local government competition, development zones and urban green innovation: an empirical study of Chinese cities[J]. Applied Economics Letters, 2022, 29(16): 1509-1514.

[27] ORTEGA-FERNÁNDEZ A, MARTÍN-ROJAS R, GARCÍA-MORALES V J. Artificial intelligence in the urban environment: smart cities as models for developing innovation and sustainability[J]. Sustainability, 2020, 12(19): 7860.

[28] PASKALEVA K, COOPER I. Open innovation and the evaluation of internet-enabled public services in smart cities[J]. Technovation, 2018, 78: 4-14.

[29] REN W, JI J. How do environmental regulation and technological innovation affect the sustainable development of marine economy: new evidence from China's coastal provinces and cities[J]. Marine Policy, 2021, 128: 104468.

[30] SIMMIE J. Innovative cities[M]. London & New York: Spon Press, 2001.

[31] SOLDATOS P. Strategic cities alliances: an added value to the innovative making of an international city[J]. Ekistics, 1991: 346-350.

[32] SONG Q, LIU T, QI Y. Policy innovation in low carbon pilot cities: lessons learned from China[J]. Urban Climate, 2021, 39: 100936.

[33] SHEARMUR R. Are cities the font of innovation? A critical review of the literature on cities and innovation[J]. Cities, 2012, 29: S9-S18.

[34] WOLFE D A, BRAMWELL A. Innovation, creativity and governance: social dynamics of economic performance in city-regions[J]. Innovation, 2008, 10(2-3): 170-182.

[35] ZHOU Y, LI S. Can the innovative-city-pilot policy promote urban innovation? An empirical analysis from China[J]. Journal of Urban Affairs, 2023, 45(9): 1679-1697.

[36] 高玉娟, 石娇. 基于CNKI数据库的国内草原生态补偿研究的知识图谱分析[J]. 中国农业资源与区划, 2022, 43(8): 210-217.

[37] 李春发, 顾润德, 孙桂平. 京津冀区域发展30年: 热点聚焦、主题嬗变与研究展望[J]. 城市与区域规划研究, 2021, 13(2): 142-162.

[38] 盛明洁, 顾朝林, 李燕. 日本城市规划编制框架及其内容——以别府市为例[J]. 城市与区域规划研究, 2019, 11(2): 64-75.

[39] 王国华, 石国良. 近十年国外舆情研究知识图谱分析[J]. 情报科学, 2019, 37(8): 152-157+162.

[40] 武常岐, 钱婷, 张竹, 等. 中国国有企业管理研究的发展与演变[J]. 南开管理评论, 2019, 22(4): 69-79+102.

[41] 武廷海, 宫鹏, 郑伊辰, 等. 未来城市研究进展评述[J]. 城市与区域规划研究, 2020, 12(2): 5-27.

[42] 〔美〕熊彼特. 经济发展理论[M]. 孔伟艳等, 译. 北京: 北京出版社, 2008.

[43] 郑烨. 基于引文分析的国外创新驱动研究的知识图谱[J]. 科技管理研究, 2014, 34(24): 7-13.

[44] 朱军文, 李奕嬴. 国外科技人才国际流动问题研究演进[J]. 科学学研究, 2016, 34(5): 697-703.

[欢迎引用]
郑烨, 杨青. 创新型城市研究三十年——基于科学知识图谱视角[J]. 城市与区域规划研究, 2024, 16(1): 166-185.
ZHENG Y, YANG Q. Research on innovative cities of thirty years—from the perspective of scientific knowledge mapping domains[J]. Journal of Urban and Regional Planning, 2024, 16(1): 166-185.

1960 年以来韩国国土空间开发与人口集聚规律研究

王超深 吴 潇 冯 田

Research on the Spatial Development and Population Agglomeration Law in Republic of Korea Since 1960

WANG Chaoshen, WU Xiao, FENG Tian
(College of Architecture and Environment, Sichuan University, Chengdu 610065, China)

Abstract Lack of understanding of population mobility patterns, which in turn affects the spatial allocation of production factors and the formulation of corresponding policies, has long existed in China and is subject to significant academic controversy. In this context, the Republic of Korea which has a development foundation and process highly similar to China, is taken as the empirical object. This paper reflects on the strategy of balanced national development from the perspective of population change. It finds that population agglomeration towards metropolitan areas is a common pattern, and its relationship with population change is studied from three aspects: economic growth, transportation network, and public policy. We have constructed a mechanism model for population agglomeration and believe that in the context of dominance of the tertiary industry, the capital metropolitan area, relying on strong economies of scale and decision-making power, always obtains more factor allocation and development opportunities and can better lead regional or national development, so its population agglomeration is inevitable.
Keywords land and space development; population agglomeration; metropolitan area; high-speed railway

摘 要 对人口流动规律认识不到位,进而影响生产要素空间配置与相应政策制定的情况,在我国长期存在且学术争议大。在此背景下,文章以发展基础和历程与我国高度接近的韩国为实证对象,重点从人口变化视角对国土均衡发展战略进行了反思。研究发现,人口向都市区集聚是普遍规律,因此,文章从经济增长、交通网络和公共政策三个方面研究了其与人口变化的关系,建构了人口集聚的机制模型。在第三产业主导背景下,首都都市区依赖强大的规模效应和决策话语权,始终获得更多的要素配置和发展机会,能更好地引领地区或国家发展,其人口集聚难以避免。
关键词 国土空间开发;人口集聚;大都市区;高速铁路

1 引言

人口作为地区社会经济发展的最基础要素,在地区发展中有着无可替代的作用。长期以来,我国对特大城市实施限制落户的政策(Lee and Chun, 2016),但直辖市及绝大多数省会城市人口规模不断突破规划值。北京和上海自 2015 年以来采取了异常严格的人口控制措施,爆炸式增长的态势方得到初步遏制,"七普"数据显示,其他腹地较大的省会城市和副省级城市在 2010—2020 年,人口均有大幅增长[①]。从发达国家的人口演进历程看,都市区[②]的人口持续增长是普遍规律,当前我国正积极构建以城市群为主体形态的城镇化发展模式,2019 年国家发展改革委公布了《关于培育发展现代化都市圈的指导意见》(发改规划〔2019〕

作者简介
王超深、吴潇、冯田(通讯作者),四川大学建筑与环境学院。

328 号），首次在国家层面提出了都市圈的重要性，并试图扭转特大城市人口过度密集的问题。但从都市圈视角研究人口流动规律与目标导向的文献却较少，吴九兴、黄征学（2023）发现在 2010—2020 年，我国仅有东北的四个都市圈人口呈明显的减少状态，其他都市圈人口均呈增长状态，且东部地区都市圈增量最大。牛毅（2023）认为北京人口调整应立足于通勤圈，进行更加精细化的调控。杜明军（2021）分析了省会城市人口吸引力普遍较强的原因，盛亦男、贾曼丽（2016）发现，城市影响力和交通辐射能力起重要的支撑作用，吴九兴和黄征学发现人口流动存在经济逐利和公服逐利两个阶段，城市规模越大越能提供更多的就业选择机会以及较高的经济收入，这是超（特）大城市人口吸引力较强的重要内因（牛毅，2023；杜明军，2021；王超深、赵炜，2020）。既有文献没有从都市圈或更大的区域视角研究人口分布与演进特征，也缺少人口变化特征与经济发展、交通网络效应及国土开发政策间的关联性分析，没有回答不同城镇化水平条件下人口流动的普遍规律问题。在更加关注区域协同发展的背景下，本文以同属亚太文化圈、国土开发条件和历程与我国更加接近的韩国为比较对象（王文刚等，2017；古恒宇等，2020），深入研究其国土空间开发与人口演变特征，为我国，尤其是省域国土空间规划编制及人口政策制定提供经验借鉴。

韩国与我国绝大多数省份相比，有着近似的国土开发条件，普遍存在土地与矿产资源匮乏、自然灾害多发等发展瓶颈，且有着近似的工业发展基础。自 20 世纪 60 年代以来，韩国强化中央政府在国家发展中的统筹和管治，推行统一的国土空间规划作为中央政府调节、干预国土开发和空间秩序管制的政策工具，有力地指导了韩国经济社会发展（李恩平，2006）。从经济指标看，2020 年韩国人均 GDP 已达到 3.14 万美元。总体来看，具有"政府主导型市场经济"[③]特点的韩国，与日本及其他西方国家相比（刘力华、朴英爱，2019；沈振江等，2019），在经济发展、政治制度、文化基因等方面与我国有更多的相似之处（武廷海等，2019），其国土空间演进历程与我国也高度接近，其取得的先发经验能够为我国提供较好的方向指南。人口规模是一个地区社会经济发展活力最直接的表征参数，很大程度上反映了人民的职住意愿，在以人民为中心的城镇发展理念下，本文重点从人口变化和空间分布特征角度总结韩国城镇聚落的演变特征，分析其形成原因，提出我国超大城市人口集聚的建议。

2 韩国国土空间演进历程典型特征

2.1 韩国社会经济发展历程与主要指标

2.1.1 韩国案例的典型性

韩国国土面积为 10 万平方千米，其中山地面积占 65.7%，人口规模为 0.52 亿人，人口规模和人口密度指标与中国诸多非平原型省份较为接近，存在人多地少、资源匮乏等共性特征，且同属东方文化圈，文化基因、政府体制等同我国诸多省份较为接近。自 20 世纪 50 年代末以来，韩国虽然发展基础差，但经济增长活跃，1960—2000 年实现了年均 8.3%的高速增长，2001—2019 年实现了年均 4.5% 的中速增长，2020 年人均 GDP 达到 3.14 万美元。城镇化率由 1960 年的 28%增长至 2000 年的 78%，年均增长 1.5%，2000 年以来城镇化率基本维持在 80%左右（图 1）。总体来看，韩国在 2000 年前的经济增长历程和城镇化历程与中国改革开放以来高度接近，2000 年后面临的增长模式调挡换位等问题也与当前我国面临的发展问题高度接近，韩国案例具有较强的参考性。很多专家认为韩国在资源禀赋较差的条件下取得较快且可持续的发展，与其有效的国土空间开发政策和规划紧密相关（吴九兴、黄征学，2023；王文刚等，2017），研究韩国案例对当前我国国土空间规划编制具有参考意义。

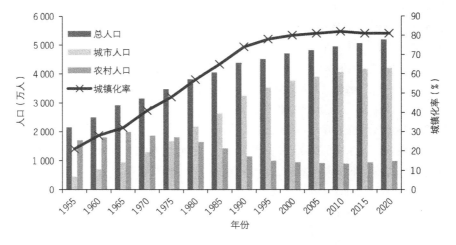

图 1　韩国城镇化率增长历程（1955—2020 年）

资料来源：作者根据韩国统计信息服务网站（https://kosis.kr/index/index.do）相关统计数据整理。

2.1.2　人口布局现状特征

自 1960 年以来，经过 60 年的中高速发展，韩国经济空间分布呈现以首尔和釜山两大都市圈为核心，其他市、道均衡发展的格局。从人口空间分布看，有 2 595 万人分布在首尔都市区（由首尔市、仁川市与京畿道构成，面积 1.1 万平方千米，又称之为首都圈或首尔都市圈）范围内，有 786 万人分布在釜山都市区（由釜山市、蔚山市和庆尚南道构成，面积 1.2 万平方千米）范围内，分别占韩国人口总量的 50.0%和 15.2%，按照二级行政单元统计，人口密度较高的市或郡也主要集中在首尔和釜山都市区。

从城市规模序列特征看，除京畿道外，其他各道均没有 100 万人以上的大城市，六个广域市①人口规模均大于 100 万人，其中釜山、大邱和仁川人口规模分别为 346 万人、219 万人和 280 万人，大田、光州和蔚山人口规模分别为 156 万人、152 万人和 116 万人。广域市行政面积大都在 500—1 000 平方千米，辖区内人口密度除釜山与蔚山整体较高外，其他城市均较低。从上述城市空间布局特征看，它们均位于平原地带，且各自具有明显的腹地，例如大田市是忠清南道和忠清北道的中心城市，全州市是全罗北道的首府城市，光州则是全罗南道中心城市，庆尚南道和庆尚北道则以首尔都市区为核心城市、以大邱为中心城市。位于韩国东北部的江原道，由于境内地形以山地为主，人口规模整体较小，且中心城市春川在首尔都市区辐射范围内，人口规模亦较小。

2.2 韩国国土空间开发历程特征

2.2.1 国土开发历程概况

20 世纪 50 年代中后期，在经历了抗美援朝战争的影响后，韩国处于绝对贫困状态，1960 年人均 GDP 仅为 79 美元。因此，战后加快发展国计民生显得尤为重要，在上述背景下，韩国先后实施了《第一次经济开发五年计划（1962—1966）》和《第二次经济开发五年计划（1967—1971）》，增加生产和收入是国民经济发展的首要大事。针对资源匮乏的发展基础，韩国抓住了西方国家产业转移的历史机遇，采用了近似于日本的外贸主导型经济模式，即由国外进口原材料，在国内进行初加工，再出口至国外，具有明显的"工业优先"发展特征，但受技术条件限制影响，韩国 20 世纪 60 年代主要发展初级工业产品。为率先支持国家复苏经济，在区域发展战略上集中开发潜力大的区域战略，韩国称之为成长据点，即传统的增长极区域，优先在海港开发条件好的仁川、蔚山区域进行工业开发。这一时期虽然没有制定全国性的区域开发规划，但是，已开启了优势区域率先开发战略，并提出对汉城（首尔）进行人口规模控制，完成了《国土计划基本构想（1966—1986）》，为后续国土综合开发提供了框架指南。

1962—1971 年，在经济落后的背景下，韩国通过两个经济开发五年计划，在国家力量的主导下打下了工业化的基础，自 1972 年起，陆续实施了四轮国土综合开发计划或规划。总体来看，国土开发在目标上经历了"非均衡-均衡-均衡-非均衡"的开发过程，关注目标由起初的重点关注经济增长到关注环境保护、人民福祉到当前关注国家竞争力转变，国土政策由开发增长向经营管理转变，国土空间结构由最初的点（首尔市与釜山市）、面（首尔和釜山都市区）向轴（京釜轴线、西海岸轴线）、网（整个韩国陆海空间）发展转变（蒋绚，2017）（表 1）。

2.2.2 国土开发计划实施效果的反思

韩国自 20 世纪 80 年代以来强化了国土均衡开发的政策导向，2000 年位于西海岸的首尔都市圈、中部都市圈和西南都市圈人均 GDP 相当接近，在同一都市圈范围内核心城市与外围地区的人均 GDP 也基本接近，最大差距不超过 1.5 倍，仅从各地经济指标看，均衡开发似乎得到了有力的贯彻落实。但均衡开发使得资源配置效率降低，导致首尔都市圈乃至韩国竞争力降低，为此，在 2006 年第四次国土综合规划修编中，再次强调了非均衡发展，中央政府通过政策引导与管控，强力支撑了首尔市、忠

表 1　韩国国土综合开发历程

名称	前两个五年计划（1962—1971）	第一次国土综合开发计划（1972—1981）	第二次国土综合开发计划（1982—1991）	第三次国土综合开发计划（1992—2001）	第四次国土综合开发计划（2000—2020）
总体背景	1953—1961 年战后重建和经济复苏	两个五年计划中伴随的急速城市化和工业化等问题	圈域中心带动效果不好、首尔过度极化、对环境破坏大等问题	国土非均衡与低效开发、环境污染、地价飙涨等问题	首都圈与其他区域不均衡发展现象依然严重等问题
经济状况背景	人均 GDP 106 美元(1962 年)，贫困	人均 GDP 319 美元（1972 年），较为贫困	人均 GDP 1 824 美元（1982 年），成为发展中国家	人均 GDP 7 007 美元（1992 年），成为中等发达国家	人均 GDP 9 988 美元（2002 年），成为发达国家
城镇化率	28.3%(1960 年)	50.2%（1970 年）	71.5%（1980 年）	74.0%（1990 年）	78.0%（2000 年）
规划目标	快速改善国民生计，积累生产资本	城乡有机均衡发展、农工并立发展，改善国民生活环境	诱导人口向地方分散；提高国民福利水平，保护自然环境	构建地方分散型国土框架，提高国民福利、保护国土环境	均衡国土、绿色国土、开放国土、统一国土
区域空间结构	以首尔、仁川为核心集聚发展	首都圈和东南海岸线据点开发	抑制首都圈开发与圈域开发	培育西海岸产业带与地方城市	"倒 π 形"国土轴线（2006 年修订后提出）
交通建设情况	1968 年建成京仁高速 24 千米，1970 年建成京釜高速 428 千米	期间建成高速公路 793 千米；1981 年，总计拥有高速公路 1 245 千米、铁路 3 121 千米	期间建成高速公路 306 千米；1991 年，总计拥有高速公路 1 551 千米、铁路 3 091 千米	期间建成高速公路 1 080 千米；2001 年，拥有高速公路 2 637 千米、铁路 3 325 千米	期间建成高速公路 2 020 千米，总计建成 4 667 千米（2018）；2017 年，拥有铁路 4 192 千米
优先支持的区域增长中心	以首尔、仁川为核心，釜山、大邱为次级中心	首尔和釜山为核心，支持蔚山、浦项、光阳等地区发展，转移首尔与釜山产业	大田、光州、大邱、江陵、清州、天安、木浦、济州等 15 个据点增长城市	釜山、大邱等 7 个广域圈，突出发展特色产业	首都圈、江陵圈、大邱圈、釜山圈、忠清圈、全北圈、光州圈和济州圈在内的"7＋1"广域圈
首都圈政策	极核发展	首都圈人口再分配	首都圈整顿计划	抑制首都圈的集中	提高首都圈竞争力

清南道和光州市的发展，至 2016 年三个地区的人均 GDP 是都市圈其他地区的 1.5—2 倍（表 2）。从统计学指标看，2000 年人均 GDP 标准差为 1 377，方差为 1 897 081，2016 年分别变为 6 563 和 43 083 663，可以看出数据更加离散，反映了变化值总体上趋大，实现了预定的非均衡发展目标。此外，不同地区产业结构与类型差异较大，城镇化率较高的地区人均 GDP 不一定高，人均 GDP 与城镇化水平没有明

显的正相关关系。例如，忠清南道城镇化率较低，但人均 GDP 在韩国处于最高的水平，这与其产业自动化程度高，人均和地均产出高有直接关系；再如，蔚山市人均 GDP 居韩国第一位，其重要原因是其强大的工业制造能力，汽车、造船、石化等产业占韩国的比重均在 30% 以上，依托强大的产业集群形成的强大的创新能力，一直引领当地行业发展，产业附加值高而常住人口规模小，人均 GDP 高成为必然。由此可见，可以通过非城镇化的方式提高地区经济增长值，这对国土空间开发有重要的启示意义。

表 2　2000 年韩国三大都市圈主要指标统计

都市圈	构成	面积（平方千米）	2000 年人口（万人）	2000 年城镇化率（%）	2000 年人均 GDP（美元）	2016 年人均 GDP（美元）
首尔都市圈	首尔市	606	990	100.0	10 309	31 232
	仁川市	965	248	96.8	9 069	19 296
	京畿道	10 135	898	78.7	10 182	25 441
首都圈小计/均值		11 706	2 136	90.7	10 113	25 323
中部都市圈	大田市	540	137	100.0	8 245	20 166
	忠清北道	7 342	147	58.5	11 256	30 167
	忠清南道	85 538	185	32.4	12 117	42 969
中部圈小计/均值		16 558	469	60.3	10 711	31 100
西南都市圈	光州市	501	135	100.0	7 828	23 971
	全罗北道	8 050	189	66.1	7 933	22 033
	全罗南道	11 987	200	40.5	10 849	32 658
西南圈小计/均值		20 538	524	65.1	9 013	26 220

资料来源：根据韩国统计信息服务网站（https://kosis.kr/index/index.do）相关数据整理。

3　人口变化与相关因素关联分析

　　人口在空间的集聚情况很大程度上反映了一个地区的包容力，进而影响了其综合竞争力，对于人口大国而言，人口规模大的首位城市往往拥有最强的竞争力，很大程度上说明了其土地空间开发的高效性。既有研究证实，经济增长、交通网络和公共政策是人口流动的主要影响因素（牛毅，2023；杜明军，2021；王超深、赵炜，2020），本节着重从上述三个方面解析它们与人口流动的关联性。

3.1　人口变化与经济发展的关联分析

2000 年前后，从人均 GDP 指标看，韩国基本实现了"均衡发展"，且这一时期韩国城镇化率达到近 80%，但此后韩国居民由其他城市向首尔和釜山都市区聚集的历程并没有改变，在 2001—2015 年，京畿道年均新增人口仍达到 23.3 万人，位于大都市区近郊的仁川市和庆尚南道年均人口增量分别为 2.7 万人和 2.3 万人，是这一时期韩国人口增幅最大的区域（图 2），但从人口变化量与人均 GDP 增长量的相关性看，没有呈现人均 GDP 增幅越大，人口增幅越大的特征（图 3）。例如，2001—2015 年，京畿道地区人均 GDP 增加了 1.5 万美元，远低于忠清南道、蔚山等地区，但人口增幅却最大，很大程度

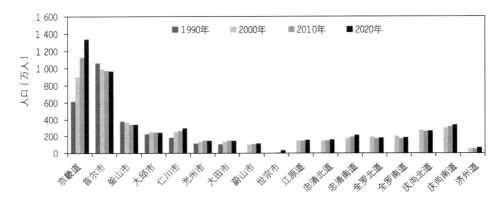

图 2　韩国 17 个行政区人口规模变化（1990—2015 年）

资料来源：根据韩国统计信息服务网站（https://kosis.kr/index/index.dohttp://kosis.nso.go.kr）相关统计数据整理。

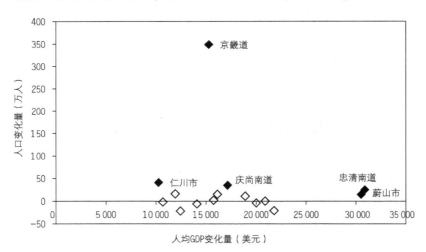

图 3　韩国主要行政区人口变化量与人均 GDP 变化量（2000—2015 年）

上说明了这一时期大都市区吸纳外来人口的动力除优厚的经济收入外，文化、教育、医疗等公共服务设施的高度集中和更多的就业机会和选择类型也是重要外因（吴九兴、黄征学，2023；王文刚等，2017）。此外，GDP 指标仅反映了地区生产能力或经济规模变化情况，受产业结构[①]与分配制度影响，人均 GDP 高并不意味着人均收入高，而影响人口流动的主要影响因素是收入水平。由于本文未获取韩国收入指标，尚不能进行更加深入的关联分析。

3.2 人口变化与交通网络效应的关联分析

交通设施很大程度上影响了生产资料和商品的流通，对劳动力、技术等空间外溢也有巨大的影响。基于需求的供给逻辑不断强化先发地区的交通可达性和便捷性，使得先发地区的交通竞争力始终保持在较高的水平，为人口和产业集聚创造了重要的支撑条件，尤其是进入服务业主导的都市化时代，信息、创意和临近决策中心显得更加重要，以首都为中枢的高铁网络会不断强化人口和产业集聚。

梳理韩国高等级交通设施演进特征，从表 1 可以看出，韩国国土空间开发在交通支撑方面，初期以铁路网和骨架高速公路网为核心依托，均以首尔为枢纽中心，不断完善放射线，在 1981 年即拥有铁路 3 121 千米，铁路网密度达到 3.1 千米/100 平方千米；高速公路自 1968 年起先后建成京仁、京釜、湖南和岭东等线路，至 1975 年建成高速公路 1 142 千米，基本形成全国高速公路骨架网，有力地支撑了工业发展。韩国第二产业在经济结构中的份额于 1993 年达到 43.5%的历史最高，此后长期稳定在 40%左右，第三产业自 20 世纪 90 年代以来长期维持在 55%左右。20 世纪末，现代服务业对空间交流需求提出更高的要求，迫使韩国发展更高运行速度的高铁交通。2004 年，京釜高速铁路首尔至大邱段贯通，2010 年首尔至釜山段全线贯通，极大地支撑了京釜轴线的发展，当前日均客流达到 40 万人左右；此外，为促进国土空间均衡发展和欠发达地区的旅游发展，分别建设了五松到光州的湖南线（182 千米，2015 年贯通）、原州至江陵高速铁路（120 千米，2017 年贯通），在为光州及江陵地区提供资本、技术等发展要素的同时，也加速了上述地区人口向首尔都市区流动和集聚。

为支撑国土空间均衡发展，2000 年以来，韩国高速公路网大幅加密，试图实现国土空间发展机会的均等化，2018 年拥有高速公路 4 767 千米，国土密度为 4.76 千米/100 平方千米，铁路网里程亦达到近 4 200 千米，传统的欠发达地区在经济快速增长的同时，并没有出现预想的人口集聚现象，首尔都市区仍然拥有最强的人口吸引力。在很大程度上说明，在城镇化基本完成的背景下，人口流动的主要方向是超大城市或大都市区。

3.3 人口变化与国土开发政策的关联分析

韩国注重法律对国土空间开发的管控作用（表 3），在全国层面形成了《国土建设综合规划法》（20 世纪 70 年代初制定），在首都圈层面制定了《首都圈整备规划法》（1982 年颁布），在上述法律指导框架下分别制定了多轮《国土综合开发规划》和《首都圈整备规划》，《国土综合开发规划》为城市体系均衡发展提出指导方向，而《首都圈整备规划》以抑制首都圈的规模膨胀为主要内容。自 1982 年以来，虽然历版的韩国国土空间规划均以均衡发展为目标，但仅从人口空间集聚特征看，首尔和釜山两个大都市区人口始终处于增长中，尤其是首尔市外围的京畿道地区，在韩国城镇化率 1990 年已达到 83% 的背景下，年均人口增幅仍达到 20 万—30 万人/年，显示了大都市区强大的人口吸引力。

表 3　韩国国土空间规划目标与实施情况梳理

规划名称	规划目标	现实情况
《第一次国土综合开发计划（1972—1981）》	围绕高速经济增长所需，改善国民生活环境，实施据点开发和流域圈开发	基本如期实现目标
《第二次国土综合开发计划（1982—1991）》	围绕地方人口政策和改善生活方式目标，重点抑制首都圈，诱导人口向地方分散，实施分散的据点开发、地域生活圈开发和地区经济圈开发战略，构筑多核国土结构	首都圈人口快速增长，地方圈人口大幅减少，多核国土空间不明显
《第三次国土综合开发计划（1992—2001）》	围绕提高国土环境保护的目标，实施地方大城市成长管理和道域圈开发战略，通过培育西海岸产业地带和地方城市，推进地方分散型国土开发	首都圈人口仍快速增长，西海岸产业带凸显
《第四次国土综合开发计划（2000—2020）》	均衡国土、绿色国土、开放国土、统一国土	从人口空间分布特征看，均衡国土目标难以实现

3.4　韩国国土空间开发总体思考

总体来看，韩国国土空间开发在中后期阶段试图控制首都圈人口规模，但是从实际情况来看，首都圈人口始终处于持续增长过程中，仅从人口规模控制的角度看无疑是失败的，但从韩国经济发展历程看，其维持了 60 年左右的中高速增长，国土生态环境经历了从破坏到修复的过程，社会发展水平显著提高，从这一角度看其国土空间开发无疑是成功的。

韩国在相关规划中提出的国土开发目标虽然明确为均衡发展，但是在交通设施供给、政策支撑等方面，受既有的发展路径及激烈的外部竞争等因素影响，实际发展中总是采用非均衡的资源配置策略。例如，发展初期在军政府体制下，韩国采用非均衡的发展策略，将有限的资金投入到最紧迫的基础设施建设上，大力发展运行效率更高的铁路交通、高速公路骨架和能源基础设施，支撑首尔和釜山都市区先期发展，完成了初期的资本积累，为后期的"技术立国"创造了前提条件。进入 20 世纪 80 年代后，政府投资积极适应民众的需求，逐步关注医疗、教育等公共福利事业发展，尤其是关注首尔、釜山等都市区内公共服务设施供给，为其后期持续发展提供了强大的人力资源保障。21 世纪以来，为提高韩国在东北亚地区乃至全球的竞争力，相关规划再次支持首尔都市区发展，强化高速铁路和高速公路网络化的支撑作用，形成了更加发达的放射形交通网络。

4 韩国国土空间开发与人口集聚规律研究

4.1 人口集聚的普遍规律

总结韩国近 70 年的国土空间开发历程，可以看出区域发展存在循环累积的因果机制，先发地区得益于优质的人力资源积累和决策话语权，始终是地区发展的创新源和动力引擎，尤其是在产业业态升级至第三产业主导的背景下，超大城市强大的中枢控制职能得以充分发挥，形成了信息服务为优势的能级更高的发展要素。因此，无论采取何种国土空间开发政策，首都都市区始终拥有强大的人口吸引力，人口流动总体上呈现"大区域集聚、小区域分散"的普遍规律。例如，对韩国而言，首尔都市区始终是人口吸引力最强的地区，在 20 世纪 90 年代之前，首尔市拥有较多的建设用地空间，新增人口主要集中在首尔市范围内。此后，随着首尔市居住用地开发殆尽，新增人口主要向周边的京畿道下属城市集聚，人口增幅最大的城市由起初的水原市、城南市、龙仁市逐步变更为华城市、果川市和始兴市等，整体上呈现在首尔都市区空间范围内下属中小城市分散集聚的特征。纵观全球发达地区人口大国首都都市区人口演进历程，无一不与韩国案例高度一致，例如日本东京都市区、英国伦敦都市区、法国巴黎都市区，上述国家在城镇化率已高度稳定的条件下，首都都市区人口仍在持续增长，且新增人口主要分布在外围地区。

4.2 人口集聚内在机制解析

人口之所以在特定空间集聚，其基本前提是这一地区能够提供足够的就业岗位，以满足基本的经济需求（图 4）。而人口在首都都市区的持续增长主要得益于这一地区拥有更强的地区竞争力，始终引领产业升级和消费习惯更迭，始终能提供多样化的就业机会和消费机会，更有利于人的全面发展，所以首都都市区人口始终处于增长态势。

从地区发展的初始条件看，在国土尺度上，城市之间的资源禀赋条件往往有明显的差距，首都城市作为全国中枢管理中心，在发展之初即有与全国各地连通的交通网络，在国内具有较强的比较优势，加之首都往往选址于建设成本较低的地区，在拥有更多劳动力人口的条件下总是率先发展，这也符合区域非均衡发展理论，即地区发展中总是先有增长极，而后带动周边地区发展，形成"核心-外围"结构。

产业是一个地区发展的核心动力，对韩国首都都市区而言，得益于厚实的劳动力资源以及发达交通网络形成的市场腹地，实现了"生产-流通-需求"的畅通转换，促成了产业分工，进而提升了产业竞争力（周静，2020）。在产业升级演进过程中，"人"作为创新的原动力，受经济收入相对更高、有更加多元化的就业机会等吸引，不断向首都都市区集聚，在提供充足的劳动力的同时，也衍生了更多的交通出行需求，迫使区域进行重大交通设施建设。此后，运输成本下降、空间交往机会增多，再次增大了市场腹地，也为韩国首都都市区提供更加丰富的人力和创新资源要素，进入正向循环累积因果发展链条。

在上述过程中，韩国国家空间发展政策亦起到重要的支撑作用，在相应的国土空间开发战略中，强大的人口规模和经济规模，加之更加丰富的政治资源，使得首都都市区无疑拥有更强的话语权（杨小凯，1998），尤其是在国家发展要素资源配置实施过程中，首都都市区在涉及自身利益时，往往"分毫必争"，获得实实在在的竞争优势，在规模报酬递增作用机制下（高伟俊等，2019），将会再次强化非均衡发展格局。

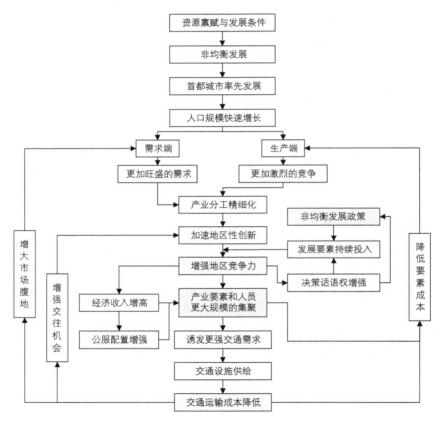

图 4　国土空间开发与人口集聚机制

4.3　集聚负外部性的消解对策

城市人口在集聚过程中必然会带来环境压力增大、交通拥堵、热岛效应等负外部性问题，而交通供给能力的有限性决定了城市功能区人口和产业不可能无限增长，当个人或企业组织投入的总成本大于获取的总收益时，即会出现集聚力小于扩散力现象，城市功能外溢成为必然，并成为城市应对负外部性的核心举措。在此过程中，高（快）速路、快速轨道交通等现代运输方式起到了极强的支撑作用，实现了"时间换空间"（金凤君，2013），即在近似的出行时间内，外围地区的企业依旧可以找到合适的劳动力，并享受城市核心区服务。从更大的区域单元看，规模效应仍是支配城市持续发展的核心动力。上述机制有力地解释了人口大国的超大城市为什么始终处于规模增长中。当中心城区承载力饱和后，城市功能向外围地区拓展；当外围地区近似饱和时，再次向距离核心区更远的地区拓展（王超深等，2022）。总体来看，都市区对外交通的发达程度和腹地人口规模是影响城市规模的核心因素。

5 结论与启示

5.1 主要结论

（1）首都都市区是韩国主要的人口承载地

韩国自 20 世纪 70 年代起在国土空间开发中实施多据点开发战略，希望培养区域中心城市带动地区发展，并抑制首尔市人口快速增长。但是，从人口集聚的空间特征看，相应政策并未取得预期效果。首都都市区始终具有较强的人口吸引力，尤其是在都市化后期，经济发展水平高、人口规模小的城市人口吸引力往往较弱，首都都市区强大的人口规模效应带来的正外部性是其他规模偏小城市所不具备的，在都市圈层面解决特大城市过度密集问题现实操作性较差，应立足于距离核心城市 50 千米的都市区范围内统筹人口空间布局问题。

（2）高铁线路会拉大地区间经济差距

在服务业成为地区产业的主体后，创新和创意产业在地区发展中作用更加明显，以客运为核心运输功能的高铁，能大幅加快人员流动频率，为首都都市区提供更多的劳动力和更大的市场腹地，加速首都都市区创新发展，进而提升其产业竞争力和经济收入。从韩国案例看，在高速铁路网络未建成之前，以不同地区人均 GDP 指标为参照，国土空间基本实现了均衡发展，而京釜高铁贯通后，各地经济均有快速增长的同时，首尔市与其他地区间的经济差距普遍拉大，反映了高铁交通对服务业及流经济有更强的集聚能力。

（3）国土空间均衡开发策略有违社会经济发展规律

以人口相对均质化分散或控制超（特）人口规模为典型特征的国土均衡开发策略，并不符合规模报酬递减规律。因此，在现实情境中，以首尔都市区为典型代表的首都都市区，在国家城镇化已完成多年的背景下，人口仍在增长。对于民众而言，这是基于个体情况作出的理性的最优决策，对于每一位新增的常住人口而言，其获取的总收益一定大于总成本，否则不会成为常住人口。因此，城市人口增长是民众主动选择的结果，是无数个体理性选择后的集体涌现形式，是社会经济发展规律的常态，政府应尊重这一选择意愿，并积极满足其合理的基本需求。

5.2　对中国的启示

（1）客观认知超（特）大城市人口增长现象

人口向超（特）大城市集聚是难以避免的社会规律，国外人口规模超过 5 000 万人的发达国家，均形成了以首都城市或经济首位城市为核心依托的都市区，首尔都市区人口占全国的比例超过 50%并非个例。受人口基数更大、放射性交通干线更加发达、发展要素自上而下的配置特征更加明显等影响，我国城镇密集区人口向直辖市或省会城市迁徙具有更强的自发性和必然性，应客观看待这一现象。总体来看，任何一位迁徙人之所以迁入超（特）大城市，是因为其能获取更多的经济收益或公服收益。从这一视角看，城市新增人口均可获得正向收益，城市总产出也大于总成本。不应对新增人口进行过分严格的控制，应基于新增规模强化相应的公服供给，最大限度地满足个体的实际需求。从现实情况看，当前超（特）大城市骨架道路网络、高运量轨道交通、大型综合医院等基础设施和公共服务设施仍在高强度供给中，城市服务水平不断提升，进行人口控制对既有的常住人口群体而言，无疑更加有利。但是，低技能群体的"政策性"排外，使得城市包容性也在降低，最终影响城市生产效率和总体竞争力。

（2）区域协同发展应首先立足于经济规律

在资源配置与发展要素的投放方面，韩国政府与我国省级政府较为接近，经济首位城市均具有明显的优先权。其重要原因是经济首位城市作为地区发展的引擎，在行政决策中具有最高的话语权，由此获得更多的政策优势。而在市场要素自由流动方面，经济首位城市得益于强大的规模效应，能提供更优质的公共服务资源和更加多元化、便捷化的生活条件，吸引更加多元化的人才，为企业发展提供多类型的人力资本和智力资源，在非资源依赖型产业集聚方面拥有不可替代的优势，这是规模偏小的城市所难以具备的发展条件。由此看出，不论是外生性政策要素还是内生性特征明显的资本、技术、管理等传统发展要素，大都市区均具有明显的优势，不同产业类型在相应的空间区位大都能找到理想的生产空间。

因此，不论是从合理性角度还是必然性角度看，经济首位城市将始终引领地区发展。当中心城区交通运能供给达到上限，集聚负外部性效应大于正外部性效应时，在市场力作用机制下，相关产业会自动向外围地区迁移，直至外围地区出现集聚不经济性现象，而后相关产业再次向外迁移。从这一角度看，希冀附加值较低的产业一次性转移至都市区最外围地区，忽视产业空间布局的阶段性特征，有违经济规律，这也是当前都市圈一体化进程中产业协同度不高的核心原因。区域协同应首先立足于经济规律，深入分析不同产业类型对发展要素的阶段需求特征及相应的空间区位黏性，而不能单纯依靠行政命令进行区域协同，否则只会降低空间功效。

（3）都市圈外围地区城市应强化公服供给与人居环境提升

当城市群地区城镇化率超过 70%后，都市区常住人口增速将明显放缓，这为都市圈外围地区城市人口增长提供了更好的条件。外围地区城市人口规模普遍偏小，规模效应优势不突出，对高技能群体吸引力不足，这是规模偏小城市难以弥补的短板。当前，城市新增就业人口更加关注多样化的游憩机会和品质化的生活空间，以及更加优质的公服供给，流动人口在关注经济收益的同时，更加关注公共服务和生活品质。因此，通过提升城市人居环境水平和提供更优质的公共服务吸引新增人口，应成为都市圈外围地区城市提升内生动力和竞争力的主要路径，具体包括提升义务教育与高中阶段师资与教育水平、增加城市公共休憩空间、提升城市服务设施便捷程度等。

致谢

本文受成都市哲学社会科学规划项目"成都建设生态宜居国际化大都市路径及对策研究"（2023BS115）、中国博士后科学基金项目"快速交通网络影响下的成都都市圈产业集聚机制及空间对策研究"（2021M692258）、四川省哲学社会科学重点研究基地文旅融合发展研究中心 2024 年度一般课题"川西高原地区小众旅游场所消费场景营造基础理论研究"（WRF202405）资助。

注释

① 广州、深圳、杭州、厦门、海口、南宁、长沙、贵阳、昆明、成都、郑州、银川等城市人口增幅均在 30%以上，西安、拉萨超过 50%，除哈尔滨、长春外，其他省会城市和副省级城市人口增幅均超过 10%。

② 受行政区划影响，国外特大城市并非单一城市，而是多以都市区的空间形态呈现。例如，人口规模大、密度高的巴黎都市区由巴黎市、上塞纳省、塞纳-圣德尼省和瓦尔德马恩省构成，东京都市区则由东京都、神奈川县、埼玉县、千叶县和茨城县南部地区构成。

③ 这一概念在 20 世纪 90 年代即提出，其典型特征是在市场经济的基础上，政府干预和计划调节的作用更强些。

④ 广域市是与道同级的行政单元，类似于我国的直辖市，韩国共设置六个广域市，首尔为特别市。

⑤ 例如，对于矿产资源类产业，纵然人均 GDP 很高，但是人均收入却不一定高。高端装备制造业也存在类似现象。

参考文献

[1] CHUNG J Y, KIRKBY R J R. The political economy of development and environment in Korea[M]. London and New York: Routledge, 2001.

[2] FINN M. Is all government capital productive?[J]. Federal Reserve Bank of Richmond Economic Quarterly, 1993, 79(4): 53-80.

[3] LEE M, CHUN Y. Residential relocation in a metropolitan area: a case study of the Seoul metropolitan area, South Korea[M]//Spatial Econometric Interaction Modelling. Springer International Publishing, 2016: 441-463.

[4] 杜明军. 省会城市人口吸引力的支撑因素识别与政策启示[J]. 区域经济评论, 2021(1): 64-78.

[5] 高伟俊, 沈昊, 郝维浩, 等. 日本国土空间规划的研究与启示[J]. 城市与区域规划研究, 2019, 11(2): 49-63.

[6] 古恒宇, 李琦婷, 沈体雁. 东北三省流动人口居留意愿的空间差异及影响因素[J]. 地理科学, 2020, 40(2): 261-269.

[7] 蒋绚. 制度、政策与创新体系建构：韩国政府主导型发展模式与启示[J]. 公共行政评论, 2017, 10(6): 86-110+211.

[8]　金凤君. 功效空间组织机理与空间福利研究[M]. 北京: 科学出版社, 2013.

[9]　李恩平. 韩国城市化的路径选择与发展绩效[M]. 北京: 中国商务出版社, 2006: 79.

[10]　刘力华, 朴英爱. 韩国国土开发政策分析[J]. 东疆学刊, 2019, 36(1): 27-31.

[11]　牛毅. 建设现代化首都都市圈背景下构建更精准人口调控目标探索[J]. 北京规划建设, 2023, 209(2): 112-114.

[12]　沈振江, 马妍, 郭晓. 日本国土空间规划的研究方法及近年的发展趋势[J]. 城市与区域规划研究, 2019, 11(2): 92-106.

[13]　盛亦男, 贾曼丽. 我国特大城市外来人口调控政策的发展[J]. 人口与社会, 2016, 32(4): 36-44.

[14]　王超深, 李艳茹, 张莉. 新型城镇化背景下大都市区人口集聚特征解析及对策研究——基于成都市的调查分析[J]. 成都行政学院学报, 2022(3): 28-38＋116-117.

[15]　王超深, 赵炜. 首尔大都市区职住空间演进规律探究及启示[J]. 国际城市规划, 2020, 35 (2): 95-103.

[16]　王文刚, 孙桂平, 张文忠, 等. 京津冀地区流动人口家庭化迁移的特征与影响机理[J]. 中国人口·资源与环境, 2017, 27(1): 137-145.

[17]　吴九兴, 黄征学. 新阶段中国都市圈的人口规模与经济发展状况比较研究[J]. 经济研究参考, 2023(2): 88-110.

[18]　武廷海, 卢庆强, 周文生, 等. 论国土空间规划体系之构建[J]. 城市与区域规划研究, 2019, 11(1): 1-12.

[19]　杨小凯. 经济学原理[M]. 北京: 中国社会科学出版社, 1998.

[20]　周静. 韩国国土规划发展经验与新动向及启示[J]. 中国国土资源经济, 2020, 33(7): 47-50＋67.

[欢迎引用]

王超深, 吴潇, 冯田. 1960 年以来韩国国土空间开发与人口集聚规律研究[J]. 城市与区域规划研究, 2024, 16(1): 186-200.

WANG C S, WU X, FENG T. Research on the spatial development and population agglomeration law in Republic of Korea since 1960[J]. Journal of Urban and Regional Planning, 2024, 16(1): 186-200.

首都北京城市总体规划中人口规模问题之论争（1949—1959）

李 浩

The Debate on Population Size in the Urban Master Plan of Beijing, 1949-1959

LI Hao
[School of Architecture and Urban Planning, Beijing University of Civil Engineering and Architecture, Beijing 100044, China; Hangzhou International Urbanology Research Center (Zhejiang Research Center of Urban Governance), Hangzhou 311100, China]

Abstract Population size of the capital city was an important and controversial issue in the overall urban planning work of Beijing during the early days of the founding of the People's Republic of China. On the basis of extensive access to a batch of original archives and interviews with senior experts, a relatively systematic review was conducted on the research, discussions, disagreements, and decisions related to the urban population size in the urban planning work of Beijing from 1949 to 1959, and the main factors affecting the determination of the population size of the capital city were analyzed. Research has shown that the policy directives of our policymakers have had a fundamental and significant impact on the determination of the population size of Beijing in the early stages of New China, and have determined the direction of the overall urban planning. This case suggests that appropriate distinctions should be made between professional technical work and policy research content in urban planning, and policy research work in urban planning should be effectively strengthened.

Keywords history of urban planning; capital; Beijing; Urban Master Plan; population size

摘 要 首都人口规模是新中国成立初期北京城市总体规划工作中的一个重要的争议性问题。文章基于查阅原始档案及老专家访谈，对1949—1959年首都北京城市规划工作中有关城市人口规模的研究、讨论、分歧和决策等情况进行了相对系统的梳理，分析了影响首都人口规模确定的主要因素。研究表明，国家领导人的政策指示对新中国初期北京人口规模的确定产生了根本性的重大影响，并决定了城市总体规划工作的走向。这一案例启示，应对城市规划中的专业技术工作和政策研究内容进行适当的区分，并切实加强城市规划的政策研究工作。

关键词 城市规划史；首都；北京；城市总体规划；人口规模

作者简介
李浩，北京建筑大学建筑与城市规划学院，杭州国际城市学研究中心（浙江省城市治理研究中心）。

城市人口规模是决定城市用地规模进而影响城市空间布局和各项设施安排的一项基础性要素，也是城市规划工作中经常争论的一个焦点问题，新中国成立初期首都北京的城市总体规划同样如此。1953年底第一版北京城市总体规划上报中央后，国家计划委员会（以下简称"国家计委"）在审查报告中提出四点不同意见，其中之一便是对该版总规提出的500万人口规模持有异议，由此引发了关于首都人口规模问题的争论。这是北京城市规划史上的一个重大问题，也是城市规划工作中人口规模预测和决策的一个典型案例，值得作专门的研究和探讨。

从北京城市规划史的相关研究来看，尽管对人口规模问题多有提及，但有关讨论内容相当简略[①]（董光器，1998；刘欣葵等，2009；李浩，2021）；围绕北京人口规模问题的一些专题论文，其研究对象大多限于改革开放以后的几版北京总规（龙瀛等，2010；胡兆量，2011；顾朝林、袁晓辉，2012；陈义勇、刘涛，2015；石晓冬等，2017；王吉力等，2018）。因而，新中国成立初期北京城市总体规划工作中的人口规模问题，仍然是一个有待厘清的研究问题。有鉴于此，本文在广泛查阅一大批原始档案资料，对部分重要历史当事人的日记等特殊史料进行整理以及老专家访谈的基础上，试就 1949—1959 年首都北京城市总体规划中的人口规模问题作一相对系统的梳理，以期引起同行的关注和讨论。

1　新中国早期规划探索中关于北京人口规模的认识（1949—1953）

1949 年 9—11 月，首批苏联市政专家团对北京进行技术援助，该团成员、苏联建筑专家 М. Г. 巴兰尼克夫（М. Г. Баранников）于 1949 年 11 月 14 日作城市建设专题报告，会后进一步整理完成的书面报告《北京市将来发展计画的问题》是北京现代城市规划的第一份纲要文件，它预测北京"在一五至二十年的期间，人口可能增加一倍"；"除郊区人口暂不计算外"，北京市人口将由当时的 130 万增加到 260 万[②]。对此，梁思成等认为 1950 年初大北京市区内人口已达 203 万人，"如果十五年后人口增加一倍，则为四百余万人。到工业发达时，计算增到四百五十万还比较接近事实"（李浩，2019）。

1950 年 4 月 20 日，朱兆雪、赵冬日联名提交的《对首都建设计划的意见》中建议："人口增加限制在四百万，地区扩展总面积按每人占土地面积一百五十平方公尺计算，约六百平方公里"[③]。

1950 年底前后，北京市都市计划委员会在中外专家意见的基础上提出首都建设发展计划，"预计十五到二十年间，全市人口增加到四五百万人，用地 540 平方公里"[④]。

1953 年春，北京市都市计划委员会根据市领导指示，完成北京市总体规划甲方案（华揽洪、陈干负责）和乙方案（陈占祥、黄世华负责），"两个方案的规划年限为 20 年，规划总人口为 450 万"，"面积约 500 平方公里"[④]。

2　第一版北京总规确定的人口规模及国家计委和北京市的论争（1953—1954）

2.1　第一版北京总规确定的人口规模

1953 年 7 月，中共北京市委成立畅观楼规划工作小组，经过几个月的封闭工作，于 1953 年 12 月 9 日完成《改建与扩建北京市规划草案》并向中央呈报，这就是首都北京第一版城市总体规划。规划中提出："在二十年左右，首都人口估计可能发展到五百万人左右，北京市的面积必须相应地扩大至六万公顷左右"⑤。

那么，规划中提出的 500 万人口规模究竟是如何确定的呢？该版总规是在第二批来华的苏联规划专家 Д. Д. 巴拉金（Д. Д. Барагин）的技术援助下完成的，据当时规划工作的主持者郑天翔（时任中共北京市委秘书长、畅观楼规划小组负责人）在日记中记载，1953 年 9 月 3 日巴拉金指导北京市规划时曾指出："北京之意义：首都，文化古都，工业要发展之城市，有许多文化古迹。全国之心脏，要成为先进城市"；"将发展到 500 万人口，这是北京发展范围，必须补充土地"⑥。9 月 17 日，规划人员分专题向巴拉金汇报规划工作进展，其中对人口规模有详细分析，包括自然增长率、1953—1958 年的增长率、后 15 年的增长率以及基本人口、服务人口和被抚养人口的比例等具体项目，巴拉金在谈话中指出："计算方法［是］科学的，可以满足需要"；"工作中弱的环节：缺少经济资料。倒过来算，假设性大些。没办法，这样可以"⑥。

在 1953 年版北京总规制订过程中，存在着工业建设和国民经济发展计划等基础资料较为缺乏的情况，不得已的情况下，当时的规划工作采取了将城市人口规模设定为 500 万，其他各方面指标据此倒推的技术方法，而之所以假定为 500 万，由于当时中国正掀起全面向苏联学习的热潮，显然是对标于苏联的首都规划，1935 年莫斯科改建规划确定的人口规模正是 500 万。

2.2 国家计委的审查意见及其解读

1953 年版《改建与扩建北京市规划草案》上报中央后，中央批示由国家计委进行审查研究，国家计委于 1954 年 10 月 16 日向中央正式呈报《对于北京市委关于"改建与扩建北京市规划草案"意见的报告》（以下简称《国家计委意见》）。该报告在明确"建议中央原则上批准北京市委所拟的规划草案"的同时，却用相当大的篇幅（全文长达 7 000 字）阐述了四个方面的不同意见：①不赞同城市性质中关于把北京"建设成为我国强大的工业基地"的提法；②认为在 20 年左右北京市发展为 500 万人口的规模"似还大了点"，与之密切相关的 9 平方米/人的居住定额"在十五年至二十年内是不可能实现的"；③认为"有些道路似乎太宽"，公共绿地"每人二十平方公尺，有些过高"；④"建议北京市可不再设置单独的'文教区'"⑦。

关于人口规模，《国家计委意见》指出："北京市委提出在二十年左右北京市发展为五百万人口的规模，我们认为根据首都在政治、经济与文化上的地位，这一规模可作为长远发展的目标。但从发展的速度看，要在十五年至二十年内达到这个规模，似还大了点。"随后，意见对北京市的现状人口及发展趋势进行了相当细致的分析和讨论，进而提出："北京市规划区内的发展人口，估计在十五至二十年内可能达到四百万人左右（不包括规划外的郊区农业人口和门头沟、长辛店、琉璃河、窦店及周口店等镇甸的工业职工）"⑦。

如前所述，1953 年版北京总规采用的 500 万人口规模系假定数字。另外，1953 年 9 月 29 日中共北京市委讨论北京市规划草案时，也曾将人口规模假定的计算方法列为当时规划工作的弱点："从 500 万倒推算，缺乏真实的基础，主观成分大，但基本方法对。今后实施，可能出入甚多"⑥。由此，国家计委对北京人口规模问题提出异议，也属正常现象，因为它本来就不是严密科学预测的结论。

值得关注的是，1953 年版北京总规关于 500 万人口规模的假定，是明确针对城市远景规划而言，而《国家计委意见》则指出"这一规模可作为长远发展的目标"⑦，这表明，国家计委对于将 500 万人口作为首都北京的远景发展规模，其实是认同的。如果仅就此而论，国家计委和北京市对于首都人口规模问题其实并无根本的分歧。

那么，国家计委的意见针对的又是什么问题呢？仔细研读《国家计委意见》，国家计委其实并不认同北京市规划草案中 500 万人口规模是针对城市远景规划的，而认为它是要"在十五年至二十年内达到"的一个阶段性目标，故而认为难以实现。

国家计委的这一立场，同样表现在对人均居住面积指标问题的认识上。一方面，《国家计委意见》认同北京市规划"远景可按每人居住面积九平方公尺计算"，另一方面却又指出"每人九平方公尺的居住定额在十五年至二十年内是不可能实现的"⑦。

2.3　北京市对国家计委审查意见的意见

获悉国家计委的审查意见后，中共北京市委于 1954 年 12 月 14 日进行了专题讨论，中共北京市委书记兼市长彭真在讲话中指出："按 500 万人布局，不会多了，只会少了。布局后不会再变"；"计委人口的估算少了。把人口估计大点，由中心向外发展，没危险。否则，将来发展[到]800 万，[将会是]不可克服的困难"⑧（图 1）。

根据彭真的意见，中共北京市委于 1954 年 12 月 18 日正式向中央呈报《北京市委对于国家计划委员会对北京市规划草案的审查报告的几点意见》（以下简称《北京市委意见》）。意见中提出："计委估计北京人口在十五年到二十年内可能达到四百万左右，我们觉得小了。我们估计北京人口在二十年左右可能发展到五百万人左右"⑨。意见在指出北京总规制订缺乏工业建设计划作为根据的基础上，详述了对北京人口规模预测的一些考虑，继而总结提出"莫斯科现在市内和近郊的居民已达八百万人，中国人口比苏联人口多两倍，我们的首都人口将来恐怕绝不止五百万人"⑨。

2.4　国家建委的态度和倾向

在国家计委和北京市就人口规模等问题争论的过程中，我国于 1954 年 11 月新成立了国家建设委员会（以下简称"国家建委"），周恩来总理批示国家建委一并对北京市规划草案进行研究。国家建委于 1955 年 8 月和 10 月前后提出两份审查意见的草稿（图 2）。

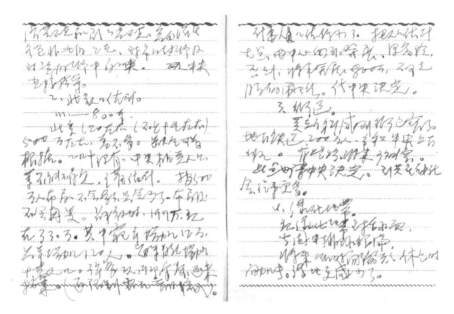

图 1　彭真对国家计委审查意见的意见的谈话记录（1954 年 12 月 14 日，郑天翔日记，部分页）

资料来源：郑天翔：1954 年度工作笔记，郑天翔家属提供。

　　国家建委在审查意见中指出："根据首都在我国政治、经济与文化、科学上的地位，以及前述工业发展的规模，远景人口控制在五百万人，是比较恰当的。但也不宜再扩大，因为：第一，大体上五〇〇万人的规模，可以符合我国首都的地位了；第二，五〇〇万人的规模，已可以使人口的阶级构成形成一个比较合理的比例；第三，解决五〇〇万人的住房、文化福利设施、水电瓦斯供应、交通运输以及物质供应，已经是一件十分复杂困难的事情，如再扩大，则将增加更多困难"[⑩]。

　　由此可见，对于远景 500 万人口规模，国家建委也是认同的。然而，对于规划分期及各分期的人口规模等比较具体的技术细节，国家建委意见中的表述则相当灵活："至于在达到远景五〇〇万人以前，分期的人口发展数字（如十五年到廿年究竟是发展到四百万或五百万），现在很难提出充分的根据，可在拟定分期的建设计划时，根据各部门提供的资料具体计算之"[⑩]。

3　国家计委和国家建委意见的基本统一（1955）

　　由于国家计委、国家建委和北京市对首都规划的一些重大问题持有不同意见，中央决定向苏联聘请一个城市总体规划专家组来华，专职帮助北京市修改和完善城市总体规划方案。第三批苏联规划专家组于 1955 年 4 月 5 日正式到京，他们开展工作之初便向北京市领导询问对于首都工业发展及人口规

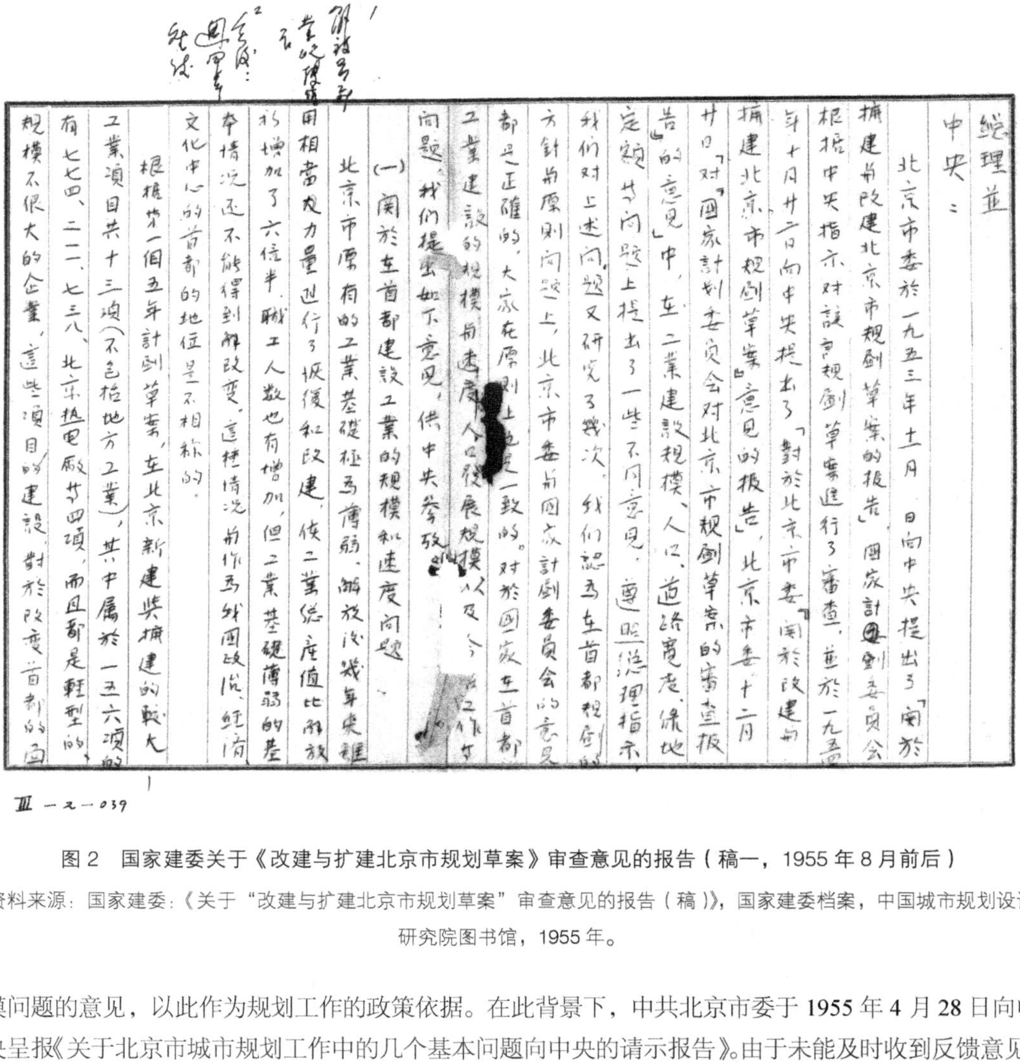
總理並
中央：
北京市委於一九五三年十一月 日向中央提出了「關於擴建與改建北京市規劃草案的報告」，國家計劃委員會根據中央指示對該項規劃草案進行了審查，並於一九五四年十月廿二日向中央提出了「對於北京市委『關於改建與擴建北京市規劃草案』意見的報告」，北京市委十二月廿日對「國家計劃委員會對北京市規劃草案的審查報告」的意見中，在工業建設規模、人口、道路寬度、綠地定額等問題上提出了一些不同意見。遵照總理指示我們對上述問題又研究了幾次，我們認為在首都規劃的方針與原則問題上，北京市委與國家計劃委員會的意見都是正確的，大家在原則上是一致的。對於國家在首都工業建設的規模與速度、人口發展規模以及今後工作問題，我們提出如下意見，供中央參考。
（一）關於在首都建設工業的規模和速度問題
北京市原有的工業基礎極為薄弱，解放後幾年來經過用相當大力量進行了恢復和改建，使工業總產值比解放前增加了六倍半，職工人數也有增加，但工業基礎薄弱的基本情況還不能得到根本改變，這種情況與作為我國政治、經濟文化中心的首都的地位是不相稱的。
根據第一個五年計劃草案，在北京新建與擴建的較大工業項目共十三項（不包括地方工業），其中屬於一五六項的有七七四、二一一、七三八、北京熱電廠等四項，而且都是輕型的、規模不很大的企業，這些項目的建設，對於改變首都的面
Ⅲ—2—039

图 2　国家建委关于《改建与扩建北京市规划草案》审查意见的报告（稿一，1955 年 8 月前后）

资料来源：国家建委：《关于“改建与扩建北京市规划草案”审查意见的报告（稿）》，国家建委档案，中国城市规划设计研究院图书馆，1955 年。

模问题的意见，以此作为规划工作的政策依据。在此背景下，中共北京市委于 1955 年 4 月 28 日向中央呈报《关于北京市城市规划工作中的几个基本问题向中央的请示报告》。由于未能及时收到反馈意见，遂于同年 8 月 7 日又再次向中央呈报《关于请中央早日决定首都发展规模的请示》。

在苏联专家组已经抵京、北京城市总体规划制订工作紧张推进的现实背景下，面对北京市的不断请示，国家计委和国家建委经过反复研究与讨论，终于达成一致意见，于 1955 年 12 月 12 日联合向中央呈报《关于首都人口发展规模问题的请示》，报告明确：“建议规划区以内以五百万人作为远期（四五十年）规划的控制指标”[11]（图 3）。

图 3　国家计委和国家建委联合向中央呈报的《关于首都人口发展规模问题的请示》

（首尾页，1955 年 12 月 12 日）

资料来源：同图 2。

以 1955 年 12 月 12 日两部门的联名报告为标志，国家计委和国家建委对首都人口规模达成了一致意见。这样的一致意见是否为北京城市总体规划提供出了确定性的依据呢？答案是否定的。原因在于：中央领导尚未就首都规划问题发表意见。两部门的联名报告，标题也是《关于首都人口发展规模问题的请示》，它只是为中央领导的最终决策提供参考性意见而已。

4　中央领导对首都人口规模的重要指示（1956）

国家计委和国家建委的联名报告呈送中央后，中央领导对首都规划问题发表了重要指示，这使北京城市总体规划的制订工作出现了重大的变数。

据《毛泽东年谱》记载，1956 年 2 月 21 日下午，毛泽东主席听取城市建设总局局长万里等的工作汇报。"毛泽东提出，城市要全面规划。万里问：北京远景规划是否摆大工业？人口发展到多少？毛泽东说：现在北京不摆大工业，不是永远不摆，按自然发展规律，按经济发展规律，北京会发展到一千万人，上海也一千万人。将来世界不打仗，和平了，会把天津、保定、北京连起来。北京是个好地方，将来会摆许多工厂的"（中共中央文献研究室，2013）。

　　中央领导听取国家城建总局汇报的隔日（2 月 23 日），万里向北京市领导郑天翔等传达中央领导的指示精神。据郑天翔日记，关于人口问题，中央领导指出"控制不住"；对于北京的人口，中央领导表示"没 1 000 万人口下得来？将来还不把长辛店联合起来？天津联起来？"⑧（图 4）

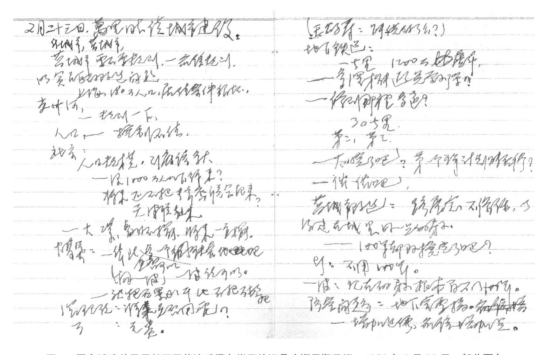

图 4　国家城建总局局长万里传达毛泽东指示的记录（郑天翔日记，1956 年 2 月 23 日，部分页）

注：破折号（"——"）之后的文字系毛泽东指示。

资料来源：郑天翔：1956 年度工作笔记，郑天翔家属提供。

　　听取中央领导的指示后，北京规划工作者对 1 000 万人口规模问题展开研究与讨论。1956 年 4 月 6 日，郑天翔与第三批苏联规划专家共同研究这一问题。苏联规划专家 B. K. 兹米耶夫斯基（B. K. Змиевский）提出："1 000 万，作为政府规定的数字。从自然增长、机械增长率来看，这是可能的"；对于规划工作，他建议"算：年龄结构，劳动结构""人口分布：多找几个方案"；至于市区人口规模，他认为 500 万—600 万比较合适，他同时表示，1 000 万人口规模"无前例可援"，这属于区域规划；

苏联专家组组长 C. A. 勃得列夫（С. А. Болдырев）表示这是"北京地区的规划了，和国民经济发展有关"，"远景农业人口，可以算城市人口"，市区人口 500 万—550 万比较合适[⑫]。

此后，北京城市总体规划的制订工作中开始融入区域规划的思想观念，在制订市区规划的同时也同步开展了整个市域范围的"地区规划"。

5 北京城市总体规划的重大调整和变化（1956—1959）

根据中央领导的指示精神，1956 年 4 月 19 日，中共北京市委起草了一份关于城市规划问题向中央的报告，报告指出："我们这次规划，是分近期和远景两个期限来做的……远景不定期限，大体上是按 10 个至 15 个五年计划设想的，原来按城市人口 500 万做文章，经主席指示，按 1 000 万人规划"[⑬]。该报告阐述了对于 1 000 万人口规模的理解，并将农村人口一并纳入计算范畴。

由于首都人口规模的重大变化，城市建设用地及空间布局必然要作相应的调整，规划工作者提出的一个应对思路即卫星城镇建设与集团式发展："近期和远景的城市布局都准备采取集团式的发展，即中心是一个大的市区（母城或主体），周围是若干市镇（子城），形成所谓'子母城'的布置方式"；"在远景，我们考虑市区本身人口是 500 万—600 万人（各种经济指标按 550 万人计算）。各个市镇的发展，主要决定于大工业的建设或个别重大科学研究机关或高等学校的建设……大概要有 50 个市镇，各个市镇的人口［合计］约 400 万人。另外估计流动人口 50 万人。共 1 000 万"[⑭]。

1956 年初北京城市总体规划的阶段性成果修订完成后，于同年 5 月、8 月和 9 月先后举办了 3 次城市规划展览会。期间，首都各界群众和代表、中央领导和各部委机关干部、参加中共八大会议的党代表以及 38 个国家兄弟党的代表等共计 8 000 多人参观了北京城市规划展览。对于首都北京远景 1 000 万人的规划方案，各界人士普遍表示赞同。

根据规划展览收集的意见和建议，首都规划工作者对规划方案作进一步修改，于 1957 年 3 月完成《北京市总体规划初步方案》，此即第二版北京城市总体规划。规划提出："1956 年底，北京市的城市人口是三百万左右，包括郊区的农村在内总人口是四百万左右。到 1967 年，即我国第三个五年建设计划完成或者稍多一点的时候，北京市区的人口要尽可能控制在四百万左右，包括周围的市镇和郊区农村的总人口要尽可能控制在五百五十万左右。在远期，即大约五六十年以后，北京市区的人口要控制在五百多万、最多不超过六百万人；包括周围的市镇和郊区农村，整个北京地区的总人口可能要达到一千万左右"[⑮]。

1957 年版北京总规制订完成后，第三批苏联城市总体规划专家于 1957 年 3 月、10 月和 12 月陆续返回苏联。与此同时，1958 年中国进入"大跃进"时期，包括城市规划在内的各领域工作开始对中国国情和中国道路有更加突出的强调，试图摆脱以往对苏联经验过度依赖的状况。在此背景下，北京市先后对城市总体规划方案进行多次修订并于 1958 年 6 月和 9 月两次向中央呈报，其中 1958 年 9 月呈报的《北京市总体规划》获得了中央书记处的原则批准（《彭真传》编写组，2012）。该版规划在维持远景 1 000 万人口规模的前提下，对市区人口有显著的压缩。规划提出："北京市总人口现在是六百三十万人，将来估计要增加到一千万人左右。市区现在有三百二十多万人，今后要控制在三百五十万人左右"⑤。该版规划之所以压缩市区人口，一个重要原因即"大跃进"时期倡导的城市园林化指导思想。该版规划在市区规划总图中，将不少城市建设用地调整为绿化用地，使 1956 年提出的"分散集团式"布局思想得到更加充分的体现。

1958 年北京总规的修改还有另一个重要的时代背景，即北京市域范围的扩大——"1958 年 3 月，第四次扩大市界，将原河北省通县、顺义、大兴、房山、良乡五县划入北京市，净增土地面积 4 040 平方公里，市域总面积为 8 860 平方公里"；"1958 年 10 月，第五次扩大市界，将原河北省的平谷、密云、怀柔、延庆四县划入北京市，净增土地面积 7 948 平方公里，市域面积为 16 808 平方公里"（北京市地方志编纂委员会，2007）。显然，北京市域范围的扩大与毛泽东主席关于北京 1 000 万人口规模的指示有着重要的关联，是落实中央领导指示精神的产物。

到 1959 年 9 月，北京城市总体规划又进行过一次修改，但在整体上延续了 1958 年 9 月版总规的基本思路。此后 20 年间，首都北京的城市总体规划基本上未再作大的调整。

6　总结与讨论

以上对新中国成立初期首都北京城市总体规划中城市人口规模不断变化的情况进行了概略的梳理，考察这样一个历史过程，如果以局外人来看，简直有些戏剧化的色彩，但仔细分析，其背后则体现出新中国初期首都人口快速增长、国民经济计划制订滞后、中国政治和社会形势不断变化等多方面因素的影响，因而是一个相当复杂的问题。在当年的时代背景和技术条件下，首都人口规模长期难以定案，或存在各种分歧，不断变化，都是十分正常的，并无可厚非。

对于城市规划工作者而言，我们不禁要追问的是，在早年的北京城市总体规划工作中，究竟应当采取多大的城市人口规模比较合适呢？

6.1　中央领导指示的再认识

反观 1954 年国家计委对北京市规划的审查意见，近万字的篇幅，全面分析，层层解剖，大量的统计数据，不可谓不认真、不严谨。但是，其研究结论却指向比 500 万更小的城市人口规模，它是否是科学、正确的结论呢？与之相对应，畅观楼规划小组按 500 万进行人口规模假定的做法，是否就是伪科学、不足取呢？当中央领导发表意见后，北京城市人口规模陡然间翻倍至 1 000 万，这恐怕是国家计委和北京市万万不曾预料的，以当年的规划工作情形而论，难免有人对此感到困惑和不解。

史料表明，1956 年时世界上其他国家首都城市人口规模的基本情况，如莫斯科 800 多万、纽约 1 200 多万、伦敦 900 多万、东京 700 多万等，中国领导人是比较清楚的。毛泽东提出的 1 000 万人口是有战略意义的一个概念。它并没有时间限定，而具有一定的区域内涵——"会把天津、保定、北京连起来"，这其实就是最早的、朴素的京津冀协同发展的思想。如果我们把眼光再放长远一点，北京市的人口规模在 20 世纪 80 年代已经超过 1 000 万（图 5）。

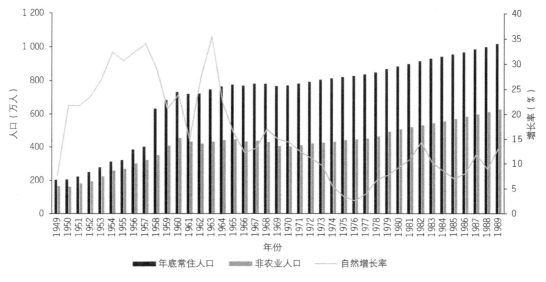

图 5　北京市人口规模发展变化情况（1949—1989）

资料来源：国家统计局综合司（1990）。

6.2　苏联专家克拉夫秋克对城市人口规模问题的意见

笔者认为，苏联专家 Я. Т. 克拉夫秋克（Я. Т. Кравчук）1955 年所发表的意见是值得反思的："城市人口发展规模问题，应由国家计划委员会研究，建设委员会不应代管"，"在苏联，建委从不插手解决城市人口发展规模问题，只负责审查城市规划设计。因为城市在向建委报送审查规划之前，即已将人口发展规模和国家计划委员会取得协议"[36]。依克拉夫秋克看来，对于北京的城市人口规模，其实应当由国家计委来研究并提出方案，以此作为北京规划制订的一个先决条件，而不应当由北京市的规划工作者来研究和提出。

这一点，正反映出城市规划工作的内在本质及固有特点。也如徐钜洲先生所指出的，城市规划工作应该分为两个部分，其一是规划的政策研究结论，其二是技术研究结论："所谓政策研究，主要是城市规划的政策、原则、方向"，"是党的整个方针政策在规划工作方面的一个深化"，"与此同时，才是城市规划的手法，或者叫技术方法、技术手段"[37]。

城市规划工作中的人口规模，当然有一定的分析和预测方法，除了计划经济时期常用的"劳动平衡法"，还有趋势外推法、"联合国法"、综合平衡法等多种技术方法。然而，熟悉这些技术方法的同行可以清楚，这些人口分析和预测方法仅仅能提供一些参考数字而已，由于城市发展的长期性及诸多不可预见因素，人口规模预测的结果很难做到科学和准确，而一些参数选择中人为因素的影响更会使预测结果大相径庭。从根本上说，城市人口规模的确定更多地属于城市规划政策研究的范畴，并非单纯的专业技术问题，不应对规划技术工作有过多的依赖。

6.3　合理区分政策研究的城市规划和技术研究的城市规划

长期以来，由于对"政策研究的城市规划"和"技术研究的城市规划"缺乏必要的区分以及相应的制度设计，导致实际城市规划工作中一些混乱无序现象的发生。仍以城市人口规模问题为例，1978年中国实行改革开放后，城市规划工作开始舍弃计划经济时期的一些传统做法，转向与社会主义市场经济体制的密切配合，而在各地区快速城镇化的发展过程中，某些城市的规划工作在实际上扮演了为有关城市扩大建设用地规模的"圈地运动"提供技术支持进而谋求政策红利（获取更多的建设用地指标）的角色，城市规划工作者为此耗费了大量的时间和精力，与之相反，更加专业化的一些规划技术问题（如用地合理布局、多方案比选和城市空间设计等）却没有得到应有的重视及足够的时间和智力的投入。这实在是巨大的悲哀。

对"政策研究的城市规划"和"技术研究的城市规划"作出合理的区分，一个现实的途径即加强城市总体规划上位的区域性规划工作，对于一定区域内各个城市的建设与发展的基本政策（如城市性质和发展规模等），在上位区域规划中予以研究和明确并赋予其法律地位，从而将相关的一些政策研究结论作为各个城市制订城市总体规划的前提条件。20 世纪 90 年代以来，我国曾先后开展过多轮城镇体系规划等相关工作，此方面的规划技术问题已经有成熟的应对方案，目前所缺少的只是规划工作体制机制的合理化设计。

试想，如果能够对"政策研究的城市规划"和"技术研究的城市规划"作出合理的区分，城市规划工作的开展一定会规避掉许多扭曲的成分乃至"忽悠"的嫌疑，学术界长期呼吁的城市规划科学化水平的提升，必将可以获得显著的改进。

需要说明的是，笔者在这里所讨论的对"政策研究的城市规划"和"技术研究的城市规划"作出合理的区分，是从改进规划工作操作机制的角度的一些思考。如果就城市规划工作的整体而言，无疑是迫切需要加强城市规划的政策研究工作的，规划政策的拟定必须科学合理，否则一旦规划政策出现失误，将使规划技术的走向后患无穷。但从规划程序的角度来看，规划政策是城市规划技术工作的重要前提，城市规划技术研究工作的开展必须以一定的规划政策为依据，在一定的"游戏规则"下开展进一步具体化、精细化、科学化的规划设计与研究工作，那么在规划技术研究工作开展之前，总要在规划政策方面有一个相对明确和稳定的说法，从而有所遵循。

笔者的基本观点是，不应把"政策研究的城市规划"和"技术研究的城市规划"混为一谈，更不能由于规划政策方面的一些非理性之举而干扰和破坏到城市规划技术研究工作无法合理推进。简而言之，我们应当呼吁建立一种新的、更合理的规划工作机制，一方面，要加强城市规划的政策研究工作，为城市规划工作的正常开展提供可靠的前提和依据；另一方面，要为城市规划的技术研究创造有利的专业工作条件，切实保障其扎实地推进，从而全面提升城市规划工作的科学化水平。

当然，进一步讨论，如果跳出规划程序的思维，那么规划政策的合理拟定，也需要立足于对各方面现实情况的充分洞察和对各类规划实践经验与客观规律的深刻总结，同样也需要规划科学技术的支撑和服务。在这个意义上，城市规划的政策研究与技术研究不应当是完全割裂的。但这里所谓城市规划的技术研究，是为规划政策提供服务和支撑的规划技术，是政策科学意义上的规划技术，与上文所谈规划程序上的规划技术研究并不是一个等同的概念，不能混为一谈。

总之，城市规划工作的政策（或政治）、技术、科学和艺术等，其性质、内涵、相互关系和内在作用机制与规律等，是城市规划工作者需要长期探究的一个永恒命题，必然也是一个十分重大的哲学问题，本文研究只是提供一个供讨论的案例而已。

致谢

本文受国家自然科学基金项目（52178028）、国家社科基金重大项目（19ZDA014）和北京建筑大学培育项目专项资金（X23033）资助。

注释

① 北京建设史书编辑委员会. 建国以来的北京城市建设[R]. 1986: 23-48.

② 巴兰尼克夫. 苏联专家[巴]兰呢[尼]克夫关于北京市将来发展计划的报告[R]. 岂文彬, 译. 北京市档案馆, 档号: 001-009-00056. 1949.

③ 北京建设史书编辑委员会编辑部. 建国以来的北京城市建设资料"第一卷: 城市规划" [R]. 1987: 161.

④ 北京市城市建设档案馆, 北京城市建设规划篇征集编辑办公室. 北京城市建设规划篇"第二卷: 城市规划"(1949—1995)(上册)[R]. 北京市城市建设档案馆编印, 1998: 2+42+53.

⑤ 中共北京市委. 关于改建与扩建北京市规划草案的要点[R]. 北京市档案馆, 档号: 001-005-00092. 1953.

⑥ 郑天翔. 1953 年度工作笔记[R]. 郑天翔家属提供. 1953.

⑦ 国家计委. 对于北京市委"关于改建与扩建北京市规划草案"意见的报告[R]. 中央档案馆, 档号: 150-2-131-2. 1954.

⑧ 郑天翔. 1954 年度工作笔记[R]. 郑天翔家属提供. 1954.

⑨ 中共北京市委. 北京市委对于国家计划委员会对北京市规划草案的审查报告的几点意见[R]. 中央档案馆, 档号: 150-2-131-4. 1954.

⑩ 国家建委. 关于"改建与扩建北京市规划草案"审查意见的报告(稿)[Z]. 国家建委档案, 中国城市规划设计研究院图书馆, 档号: Ljing102. 1955.

⑪ 中共北京市委. 市委有关北京市城市规划向中央的请示和报送北京市人口情况的资料[Z]. 北京市档案馆, 档号: 001-005-00167. 1955.

⑫ 郑天翔. 1956 年度工作笔记[R]. 郑天翔家属提供. 1956.

⑬ 中共北京市委. 中共北京市委关于城市建设和城市规划的几个问题[Z]. 北京市档案馆, 档号: 001-009-00372. 1956.

⑭ 北京市都市规划委员会. 关于北京城市建设总体规划初步方案的要点(五稿)[R]. 北京市都市规划委员会档案. 1957.

⑮ 中共北京市委. 北京市总体规划说明(草稿)[R]. 1958. //北京建设史书编辑委员会编辑部. 建国以来的北京城市建设资料: 第一卷: 城市规划. 1987: 205-213.

⑯ 国家建委城市局. 克拉夫秋克专家关于城市规划定额问题的谈话纪要[Z]. 国家建委档案. 中国城市规划设计研究院图书馆, 档号: AJ9. 1955: 1-6.

⑰ 徐钜洲先生 2015 年 10 月 20 日与笔者的谈话。

参考文献

[1] 北京市地方志编纂委员会. 北京志·城乡规划卷·规划志[M]. 北京: 北京出版社, 2007: 29-30.

[2] 陈义勇, 刘涛. 北京城市总体规划中人口规模预测的反思与启示[J]. 规划师, 2015(10): 16-21.

[3] 董光器. 北京规划战略思考[M]. 北京: 中国建筑工业出版社, 1998: 311-339.

[4] 顾朝林, 袁晓辉. 建设北京世界城市的思考[J]. 城市与区域规划研究, 2012(1): 1-28.

[5] 国家统计局综合司. 全国各省、自治区、直辖市历史统计资料汇编[M]. 北京: 中国统计出版社, 1990: 62.

[6] 胡兆量. 北京城市发展规模的思考和再认识[J]. 城市与区域规划研究, 2011(2): 1-18.

[7] 李浩. 北京城市规划(1949—1960 年)[M]. 北京: 中国建筑工业出版社, 2022: 359.

[8] 李浩. 还原"梁陈方案"的历史本色——以梁思成、林徽因和陈占祥合著的一篇评论为中心[J]. 城市规划学刊, 2019(5): 110-117.

[9] 李浩. 首都北京第一版城市总体规划的历史考察——1953 年《改建与扩建北京市规划草案》评述[J]. 城市规划学刊, 2021(7): 96-103.

[10] 刘欣葵, 等. 首都体制下的北京规划建设管理[M]. 北京: 中国建筑工业出版社, 2009.

[11] 龙瀛, 毛其智, 沈振江, 等. 北京城市空间发展分析模型[J]. 城市与区域规划研究, 2010(2): 180-212.

[12] 逄先知. 毛泽东的国际战略思想[N]. 光明日报, 2014-12-16(10).

[13] 《彭真传》编写组. 彭真传: 第二卷: 1949—1956[M]. 北京: 中央文献出版社, 2012: 815.

[14] 石晓冬, 等. 新版北京城市总体规划编制的主要特点和思考[J]. 城市规划学刊, 2017(6): 56-61.

[15] 王吉力, 杨明, 邱红. 新版北京城市总体规划实施机制的改革探索[J]. 城市规划学刊, 2018(2): 44-49.

[16] 中共中央文献研究室. 毛泽东年谱(一九四九——一九七六): 第二卷[M]. 北京: 中央文献出版社, 2013: 535.

[欢迎引用]

李浩. 首都北京城市总体规划中人口规模问题之论争(1949—1959)[J]. 城市与区域规划研究, 2024, 16(1): 201-214.

LI H. The debate on population size in the Urban Master Plan of Beijing, 1949-1959[J]. Journal of Urban and Regional Planning, 2024, 16(1): 201-214.

生成式人工智能在编制美国小镇总体规划中的角色、挑战与机遇

——以 ChatGPT 为例

刘扬鹤　彭仲仁　侯　清　鲁开发

The Role, Opportunities, and Challenges of Generative AI in Comprehensive Planning of American Small Towns —Using ChatGPT as an Example

LIU Yanghe, PENG Zhongren, HOU Qing, LU Kaifa
[International Center for Adaptation Planning and Design (iAdapt), College of Design, Construction, and Planning, University of Florida, Gainesville, Florida 32611, USA]

Abstract Utilizing the theoretical framework of the four phases of urban planning AI, this study empirically examines the use of generative AI, specifically ChatGPT based on GPT-4, in developing comprehensive plans for American small towns and outlines its strengths and limitations. The study finds that ChatGPT is in the phase of AI-assisted planning, serving as a supportive tool with potential in processing static data, generating text, producing diagrams and visuals, and synthesizing insights from previous cases. It can facilitate planners in creating overviews, assessing community characteristics and conditions, and setting development objectives, thereby reducing manpower and cost requirements. Nonetheless, due to data, security, and technology limitations, ChatGPT faces notable deficiencies in land use planning and design, and it cannot perform automatic or autonomous planning, indicating areas for future enhancement.

Keywords ChatGPT; Generative Artificial Intelligence; comprehensive plan; small town planning

作者简介
刘扬鹤、彭仲仁、侯清、鲁开发，美国佛罗里达大学设计、建造和规划学院国际适应性规划和设计研究（iAdapt）中心。

摘　要　文章以城市规划人工智能四阶段为理论基础，对基于 GPT-4 模型的 ChatGPT 生成式人工智能在编制美国小镇总体规划中的应用进行了实测，并归纳了其现有的应用性与局限性。研究发现，当前的 ChatGPT 处于人工智能协助规划阶段，即作为辅助工具可在处理静态数据、撰写文本、绘制图表、渲染示意图与学习其他规划案例方面显示出潜力，可以协助规划师完成章节概述、分析社区特征与现状、确立社区发展目标等工作，从而节省编写规划的人力与资金成本。但同时，限于数据、安全与技术等原因，ChatGPT 在用地规划与设计方面有明显不足，尚不能实现自动或自主规划，而这也是其未来的技术发展方向。

关键词　ChatGPT；生成式人工智能；总体规划；小镇规划

1　引言

近年来，人工智能（Artificial Intelligence，AI）技术与城市规划的学科发展方兴未艾，两者相辅相成：一方面，城市为 AI 提供了海量真实数据与难能可贵的实践平台（Wu，2018）。另一方面，相比依赖有限参数、统计模型和地理信息系统的传统城规方法，AI 技术为解决更复杂的规划、运营和管理问题创造了新的可能。例如，得益于 AI 的自我学习和自我优化功能，规划师能够更精准地掌握人口或交通大数据的变化与规律，也可以通过应用机器学习与深度学习技术全面高效地衡量影响城市发展的多种因

素，或通过搭建数字孪生模型来把控建筑的即时能源消耗与安全状况（Peng *et al.*，2023）。

在这些新技术与系统中，以 ChatGPT 为代表的生成式人工智能（Generative AI）异军突起，其简洁而高效的问答模式、强大的算法与广泛的应用潜力，引起了城市规划从业者与研究者的密切关注。在创造智慧城市和革新城市规划方法的宏大愿景下，如何有效使用 ChatGPT 来提升规划质量与工作效率成为热门主题。鉴于此，本文将聚焦于 ChatGPT 在编制美国小镇总体规划（Comprehensive Plan）各主要部分或章节中的作用，运用实例，探讨总结其目前功能的效果与局限性，并对可能衍生出的机遇进行展望。

2　相关研究与文献

2.1　生成式人工智能与 ChatGPT

生成式人工智能可以通过神经网络来识别分析用户输入内容的结构与模式，从而产出近似于真实人类制作的高质量回复，包括但不限于文字、图片、语音等形式（Banh and Strobel，2023）。简言之，用户可以使用自然语言与该系统交互和提问并获得答案，无需依赖代码。由于无监督和自监督学习等技术的进步，生成式人工智能已然超越了基础的数据分类与预测功能，能够在一定程度上开展内容创作，例如提供设计思路与商业决策建议（Schrage *et al.*，2023）。

ChatGPT（Chat Generative Pre-trained Transformer，即"聊天式生成预训练变换器"）正是基于神经网络架构的自然语言处理工具之一。其开发团队 OpenAI 自 2018 年推出的大语言模型 GPT–1 起，已逐年迭代推出 GPT–2、GPT–3、GPT–3.5、GPT–4 和 GPT–4o。而发布于 2022 年 11 月的 ChatGPT 平台，则是依赖 GPT–3 以及后续的 GPT–3.5 模型构建的特定服务，它为用户提供了交互式的对话体验（Zhao *et al.*，2023）。换言之，GPT 是底层的核心技术或引擎，拥有理解和生成语言的能力，而 ChatGPT 则是在该技术上开发出的一个"聊天"工具。

ChatGPT 在上线仅五天后便吸引了一百万用户，月访问量高达约 15 亿人次（Duarte，2023）。达成该成就至少有四方面原因：首先，技术上，GPT–3 以前所未有的 1 750 亿参数量（相当于人脑中处理语言和做出判断的神经元），提供了卓越的文本理解与创作能力（Zhao *et al.*，2023）；其次，OpenAI 开放了应用程序编程接口，允许使用者将 GPT 集成到各种产品和服务中，打破了推广壁垒；再次，ChatGPT 的易用性和多功能性，如支持多种语言服务进行文本生成、对话、翻译等，使其在商业、教育等领域和非程序员群体中得到普及；最后，ChatGPT 的创新性和应用潜力，加之大众对远程交互需求的增加，为其吸引了更多的学术与社会关注，其中也包含了城规领域。比如美国规划协会（The American Planning Association）在 2023 年 4 月即在官网发出短文，简述了 ChatGPT 在快速筛选信息与文本生成等方面对规划师的帮助，也表达了对其答案可信度与信息安全方面的担忧（Daniel，2023）。

2.2 美国的总体规划制度与美国小镇

2.2.1 美国的总体规划制度

美国的规划制度具有明显的二元结构，其中，第一元即总体规划是对各州、县、市、镇等行政单位的未来发展目标、土地使用、空间布局及建筑环境的长期性综合指导文件（Planetizen，2024）；第二元则是根据总体规划的指导原则与方针，制定的具体条例或法规。最具代表性的有区划条例（Zoning Code）、土地细分条例（Subdivision Regulation）、设计规范（Design Regulations）等。

采用总体规划的优势在于，它为地方官员和规划师提供了一个全面理解社区当前状况并制定平衡发展战略的平台。总体规划通常覆盖大约未来 20 年的时间区间，它的制定不仅关乎土地利用，还涵盖人口、住房、环境、交通以及经济等多个方面。通过细致的社区调研与深度的公众参与，总体规划确保了现状评估和决策制定的理性化与民主性。此外，总体规划还提供了一个开展区域协调的框架，引导社区有序和主动开发（Tremlett，2024；宋彦等，2015）。

值得注意的是，总体规划仅是指导文件和发展建议，而非法律条款。因此，除非明确立法，总体规划并不具有强制约束力，尤其是对于采用区划条例的地区（Rojas-Rueda and Morales-Zamora，2023）。然而，考虑到本地保护主义的短视与狭隘性，俄勒冈、马里兰、华盛顿、佛罗里达等州均要求地方制定总体规划，并要与州长期总体规划相符。其他部分州则将该州总体规划作为重要因素，纳入判断区划条例是否合法的考量之中。所以，总体规划作为一份纲领性指导，它的质量会对城市与区域发展效果起到深远而重大的影响。

2.2.2 美国小镇与总体规划

根据美国国家统计局 2019 年的数据，大约 63% 的美国人口居住在被界定为市、镇、村的"设有建制的居民点"（Incorporated Place），总计约 19 500 个。其中，人口数量不足 5 000 人的小镇占 76%（Toukabri and Medina，2020）。面临联邦资金减少和商业竞争加剧等困境，一些小镇开始积极探索出路（Daniels *et al.*，2013）。在这种情况下，制定一份符合当地风土人情的总体规划来确立全面统一的发展目标势在必行。它不仅能反映居民的当前需求和未来期望，还能构建有效的管理和区域协调机制，为土地使用规范和社区投资提供依据。

然而，除去居民可能主观上不认为需要一份规划的因素外，许多小镇在经济和人力资源上并不充裕，这使它们难以雇佣专业的城市规划团队来编制一份总体规划，或被迫省去部分内容以节约成本。故而，我们设想利用 ChatGPT 等生成式人工智能工具来辅助编制小城镇规划，继而降低时间、经济成本与难度。此外，较之于大城市，小城镇因区域与人口基数小，其规划方案需要考虑的动态或特定因素较少，更适合作为调研对象。所以，鉴于实际需求与可操作性，开展此前瞻性研究来探索一条经济且有效的总体规划编制方法尤为必要。

2.3　当前文献的局限性

通过文献调研，我们发现当前生成式人工智能应用于城市规划领域的研究有以下局限：首先，相关学术文献数量稀缺，Web of Science 数据库中共同提及"生成式人工智能"与"城市规划"的论文仅 18 篇。即便拓展关键词至"大语言模型"或"生成对抗网络"，虽然文献量有所增加，但它们与 GPT 不属于同类模型，故相关性较低。该情况表明，对 ChatGPT 在城市规划应用的研究亟待深入。其次，现有研究通常仅限于探讨 ChatGPT 在基本阅读功能上的表现，如评估其解读环境规划文件的准确性，忽略了其在编制完整规划文件甚至创作中的潜力（Fu *et al.*，2023）。此外，目前文献未触及城市规划的细分领域，比如城市或区域级别的总体规划、用地方案或交通规划，也缺乏系统性衡量 ChatGPT 应用范围与效果的方法，导致研究结论过于宽泛或浅尝辄止。

2.4　研究目的与意义

针对上述局限，本研究将采用"城市规划人工智能四阶段"为评价体系，从美国小镇入手，全面系统地评估当前基于 GPT-4 模型的 ChatGPT 在编制总体规划各主要部分中的角色、功能、自动化程度以及限制，继而展望生成式人工智能在城市规划领域的前景（Peng *et al.*，2023）。

本文具有三重意义。首先，在研究层面，本文将是首篇详尽解析 ChatGPT 在编制美国小镇总体规划中的作用与不足的文章，并佐以实操案例，填补了该方面研究的空白。其次，在实践层面，本文可以为城市规划师探索更先进高效的人工智能规划工具提供参考。而着眼于易被边缘化的小镇，也体现出对平等性的崇高追求。最后，在发展智慧城市这一大方向上，本文将以 ChatGPT 为切入点，探究如何使用新兴数字、信息与算法技术来进行城市规划，提高效率，从而对前沿研究和实践做出贡献（Lom and Pribyl，2021）。

3　研究与评估方法

3.1　城市规划人工智能的四阶段

为明确以 ChatGPT 为代表的生成式人工智能在编制总体规划过程中的角色与定位，本研究采用了"城市规划人工智能四阶段"（Peng *et al.*，2023）评价体系。该体系是经过完整的相关文献综述后形成的分类方法。如表 1 所示，该分类描述了人工智能的功能与自主性从低到高的强化，同时也相对应地反映了城市规划师的职能逐步从全程编制决策到负责监督与审核的转变。利用该评价体系，并将 ChatGPT 在编制美国小城镇总体规划中现有的功能与这四个阶段逐一对比，我们不仅能明确生成式人工智能当前所处的阶段，也为其未来的开发升级提供了清晰的方向与框架。

表 1　城市规划人工智能四阶段

阶段名称	人工智能的作用	城市规划师的职能
人工智能协助型规划 AI-Assisted Planning	包括数据文字处理与制图等基础辅助工作，以提升规划师工作成效	负责全规划流程、分析社区状况与发展问题、提出规划目标并制定策略
人工智能增强型规划 AI-Augmented Planning	处理大数据，分析其中特征规律，仿真模拟人类规划师行为，提出建议	社区沟通、制定规划目标、操作 AI 工具并使用其反馈的结果制定决策
人工智能自动型规划 AI-Automated Planning	通过自主学习，根据规划师设定的目标，自动提出规划方案，模拟评估效果，加以优化	根据社区需求，明确问题，设定目标，监督 AI 规划过程和审核方案与成果
人工智能自主型规划 AI-Autonomous Planning	通过以往案例，针对新规划对象和具体情况，实现自主规划	对 AI 的过程和结果进行监督并进行系统维护，同时负责社区沟通反馈等任务

资料来源：Peng *et al.*（2023）。

3.2　美国小镇总体规划的重要部分与编制过程

　　美国各级政府对于总体规划的组成部分与侧重可以自行决定，例如佛罗里达强制要求沿海城镇编写海岸治理部分（The Florida Senate，2016）。但大体上，标准的美国小镇总体规划，以第三版《小镇规划工作手册》为根据，需要囊括如表 2 所示，常以章节形式展现的八个部分（Daniels *et al.*，2007）。

表 2　美国小镇总体规划的主要章节与核心内容

章节名称	核心要素	内容举例
1. 社区概况、地理、历史	1.1 背景信息 1.2 财政概览 1.3 教育与社区概览 1.4 地理情况 1.5 社区历史	小镇名字、人口规模、地理位置、重大事件时间轴等
2. 人口特征与预测	2.1 人口统计 2.2 人口预测	过去十年人口数据与线性、指数、队列要素人口预测
3. 经济情况	3.1 个人收入 3.2 劳动力 3.3 当地财政 3.4 商业与工业	人均收入、主要产业、企业盈利情况、负债率、房地产价值、市政预算等

续表

章节名称	核心要素	内容举例
4. 自然环境和文化资源	4.1 建筑外观特色 4.2 自然与文化资源目录 4.3 特殊区域保护 4.4 历史保护区	城市形体与风格、历史建筑、自然资源（如农业用地、湿地、开放空间等），该部分需要 GIS 制图
5. 住房	5.1 住房与业主特征 5.2 住房条件 5.3 可负担性与未来需求	住房单元总数、业主年龄与家庭状况、房屋情况、经济适用房与住房需求预测
6. 社区资源与公共设施	6.1 教育、医疗资源 6.2 警力、消防资源 6.3 供水排污与垃圾处理 6.4 公园与娱乐设施	公立私立学校清单与就读数预测，医院床位数量，公园、水厂、警察局、消防站等设施的清单与分布图
7. 交通与道路	7.1 交通与通勤方式 7.2 道路状况	家庭车辆拥有量、通勤方式统计、道路维护状况
8. 当前与未来用地	8.1 当前土地利用评估 8.2 未来土地使用规划	绘制当前用地图，规划未来土地使用并制图

资料来源：Daniels（2013）。

在传统的城市规划过程中，上述八个部分都需要完整的人工参与。而在拥有生成式人工智能后，这些部分里的主要内容和子条目，能否通过 GPT–4 编写，或 ChatGPT 能否对规划师起到辅助、增强甚至替代作用，我们将在下节中通过归纳总结与实例论证进行分析，对象为美国佛罗里达州的盖恩斯维尔市。

4　分析 ChatGPT 在美国小镇总体规划中的应用

4.1　目前 ChatGPT 可用的功能

4.1.1　获取背景信息

分析：ChatGPT 可以快速从网络上（即 Bing 搜索引擎）获取公开的社区背景信息，这为撰写总体规划的第一章及随后各章节的开头部分提供了极大的便利，尤其在处理不需要深度但繁琐的概述部分时，为规划师节省了大量时间精力。

举例：在编写佛罗里达州盖恩斯维尔市的概况时，ChatGPT 除了能准确描述该市的地理位置、历史沿革、人口情况等基础信息，还能指出由于佛罗里达大学的存在，该市展现出人口年轻化和较高的受教育程度等独特特征。

4.1.2 收集与整理基础数据

分析：ChatGPT 理论上可以快速收集网络数据，如历年人口特征，但是往往会受访问安全限制。但如果规划师能够提供数据，ChatGPT 则可根据指令，快速清理数据，比如去除列表中的冗余内容或提取关键参数，帮助下一步分析。

举例：当使用者从美国统计局官网下载人口普查或美国社区问卷调查的统计数据后，网站生成的原始 Excel 或 CSV 文件往往包含多项特征值（如收入等级、就业情况、通勤方式）和分类项（如性别与年龄阶段）。区别于传统的人工处理与甄别所需数据，ChatGPT 能够直接读取使用者上传的原始文件，理解表格内容，根据使用者的自然语言指令（如"仅保留该市各年龄层数据"），处理数据，并生成新的数据列表。

4.1.3 初步计算与分析

分析：ChatGPT 能够熟练地应用经典公式或统计模型，用户只需提供数据并用自然语言发出指令，系统即可自动执行建模运算，其效率远超手动编程。这一特性使得用户能在更短的时间内使用多种模型分析数据，从而增强结论的可信度。

举例：第二章人口部分，当载入人口统计数据表后，ChatGPT 可以进行线性、指数和队列生存率等预测。同时，它能解释所对应的趋势，也可通过预先设定的基准分析诸如社区居民种族分布是否平均，公共设施与学校是否需要增加等。

4.1.4 撰写与订正文案

分析：总体规划编制的全程，GPT-4 都可以协助写作与编辑文案。从初步草案的撰写，制定前期或对于房屋道路情况的调研问卷，到对已有内容的优化校正，GPT-4 都能提供有效的语言处理支持，这也是其目前最强大的功能。

举例：为测试其写作功能，我们从美国统计局官网下载了盖恩斯维尔市 2022 年居民交通与通勤数据，将其以 CSV 表格形式上传至 GPT-4，并下达指令要求其进行分析，指令内容与结果详见表 3。GPT-4 通过上传的数据，分析总结了居民的通勤时间、交通方式选择、工作目的地、车辆可用性情况，并观察到该市居民对私家车的高依赖度。然而，需要着重指出的是，未来在使用 ChatGPT 进行更长的写作与把控其质量时，仍需后续进行严谨审核和实验，包括使用应用程序编程接口（API）来创建独立程序进行模型训练。

4.1.5 渲染与示意图创作

分析：总体规划通常包含具体的规划图纸（如用地与交通图）与基于设想的渲染。前者由于版权和功能限制，ChatGPT 目前尚无法绘制准确的地图并生成规划图纸。然而，它仍然可以胜任渲染和示意图创作，从而增添规划文本的可读性与可视性。

表3 使用 ChatGPT 对盖恩斯维尔居民通勤状况分析

指令	请根据盖恩斯维尔2022年的通勤数据，用中文撰写一段该市交通通勤状况问题的描述，需要符合总体规划的风格与要求
数据	美国统计局2022年发布的美国社区问卷调查盖恩斯维尔市通勤数据一览
结果	根据2022年的数据，盖恩斯维尔市的通勤特点和挑战呈现出多样化的态势。大部分居民（67.5%）选择驾车通勤，其中61.1%的人独自驾车，合乘的比例相对较低。公共交通的使用率为7.3%，步行和骑自行车的比例分别为3.8%和2.6%，显示出对非机动交通方式的一定依赖。此外，有15%的居民选择在家工作，这可能反映了远程工作的普及。通勤时间的分布显示，大多数人的上班时间集中在早上7点到9点之间，这可能在高峰时段导致交通拥堵。平均通勤时间为18.4分钟，相对较短，但仍有少数人（约5.8%）的通勤时间超过45分钟，这反映了部分居民面临的长距离通勤挑战。从居住地到工作地的分布来看，绝大多数居民（93.5%）在本县内工作，但仍有小部分人需要跨县或跨州通勤。这种分布可能增加了对跨区域交通设施和服务的需求。车辆可用性方面，大多数家庭（71.6%）拥有至少两辆车，表明私人车辆是主要的出行工具。然而，仍有4.6%的家庭没有车辆可用，这凸显了公共交通和其他交通方式的重要性，尤其是对于经济条件较差的居民群体

举例：以盖恩斯维尔为例，该市正尝试引进无人公交车系统来增强公共交通服务，以满足居民未来的通勤需求。按照传统方式，设计师需要人工绘制渲染图来展示该新型交通系统。然而，我们直接在 ChatGPT 中输入指令"生成一幅美国住宅型郊区无人公交车站的示意图，住宅为双层民居，道路为双向双车道"后，结果如图1所示，效果满足了作者要求。

图1 用 ChatGPT-4 自动生成的美国郊区小镇无人车公交站点示意图渲染结果

4.1.6　读图与评估

分析：GPT-4 具备一定的读图能力，可以帮助规划师分析评估包括总体规划第五章的社区建筑风貌与房屋状况，第六章的医院、学校、公共设施维护情况，及第七章的道路状况等内容。然而，由于上传图片可能存在误差，所以仍然推荐规划师亲身调研与观察，同时须对 AI 分析的结论做人工审核，或仅作为参考。另外，目前 ChatGPT 并不支持大规模识图，所以逐一录入图片依然烦琐。

举例：如图 2 所示，我们通过 ChatGPT 搭建了一套常规的房屋外观维护状况分级评价表，从"危急"（即观测到房屋结构与外立面有明显老化、破损、坍塌迹象与可能性，则判定为不适宜居住，需即刻修复）到"优秀"（即观测其结构与外立面无须任何修复，完全满足安全居住需求），并随机选用两张典型的美国小镇民宅照片上传。ChatGPT 明确指出了第一栋房屋可见的结构问题与老化程度，打出评分"危急"，而第二栋维护良好，评分"优秀"。

评级：1-危急
解释：房屋有显著的结构损害，尤其是屋顶，外观 磨损严重，有明显的忽视迹象和潜在的安全隐患，需要立即进行大规模修复才能恢复居住条件。

评级：5-优秀
解释：房屋维护良好，无需立即修复，呈现出色的居住条件。

图 2　GPT-4 对于房屋外观状况评分

4.1.7　辅助制定规划目标

分析：在总体规划的各个章节，特别是第三章到第七章，ChatGPT 能够基于收集到数据和分析结果，结合其数据库为规划师提供建议，辅助制定符合社区需求和预期的规划目标。而规划师也可以通过输入其他优秀规划文本让其学习，从而进一步优化。

举例：盖恩斯维尔东南片区有大量评分为 1 和 2 的危房，规划师通过与居民沟通后确认住房问题确实为该区域的痛点，亟须设定目标编入总体规划。而我们让 ChatGPT 学习了《小镇规划手册》后，针对该问题，自动生成了如表 4 所示的社区目标与实施目标，可供规划师与社区居民进一步讨论。

表 4　ChatGPT 通过训练生成的盖恩斯维尔东南区住房改善目标

目标	说明
社区目标	改善社区住房条件，确保所有住宅都安全、宜居
实施目标 1	对所有评级为 1（危急）的房屋进行全面检查和必要的结构加固，以消除安全隐患，提升至至少 3（中等）的居住标准
实施目标 2	为评级为 2（较差）的房屋提供必要的维修和改善支持，以改善其居住条件，争取在一定期限内提升至 4（良好）等级
实施目标 3	建立社区住房维修基金，鼓励房主参与改善和维持住房条件，定期进行住宅质量评估，并为房屋维修提供指导和财政援助

4.2　目前的难点与局限性

4.2.1　数据与准确性问题

生成式人工智能模型的使用效果非常取决于数据的质量与数量。不完整或有瑕疵的数据将误导算法得出有纰漏甚至谬误的结论（Choudhury and Shamszare，2023）。在美国小镇总体规划编制过程中，数据不足和获取数据方式受限所产生的问题尤为显著，总结如下：

（1）基础数据。总体规划最重要的数据源是美国人口普查和年度美国社区问卷调查，涵盖人口、家庭、住房、通勤等方面。然而，ChatGPT 无法直接访问这些数据，需人工获取。

（2）专业数据。包括当地的商业、医疗、教育、交通数据，通常需由商家或机构提供，获取过程更耗时且复杂。例如，ChatGPT 能从网络了解一个小镇学校的基本信息，可是，无法获得每一所学校具体的入学人数、师生比和财政状况。

（3）最新数据。小城镇数据通常不像大都会那样频繁更新与完善，加之训练 GPT–4 模型的数据与信息源仅包含 2023 年 4 月前，其时效性问题很可能影响其作决策的准确性和适用性。

（4）即时数据。虽然即时数据对于快速响应变化至关重要，但当前的规划工作和 ChatGPT 由于技术与资源限制，均主要处理静态数据，无法直接接入实时数据源，限制了其分析能力的实时应用。

此外，值得警惕的是，ChatGPT 虽然长于语言模式识别，但并非专业的文献处理工具，在很多领域不具有精确提供相关文献索引的功能，甚至在被要求提供相关文献时，可能会编造看似合理但是并不存在的文献信息（Welborn，2023）。所以查找相关资料与规划文件的工作，目前仍需要规划师亲自执行。

4.2.2　权限与隐私问题

如上节所述，目前美国城市规划使用的基本上是静态数据，以 GPT–4 的功能来看，相当多的挑战来自权限而非技术限制。敏感私人信息、城市财政详情、军事设施等关键地理数据受到严格法律保护，ChatGPT 无权访问。而谷歌地图等商业地图服务也有版权限制。加之目前 GPT 模型仍然以文本生成为主，所以暂时无法取代专业的 GIS 工具。举例来说，我们要求 ChatGPT 绘制佛罗里达州奥兰多市的地图，图 3 反映了它具备绘图技术，但无法获得授权，只能进行假想。

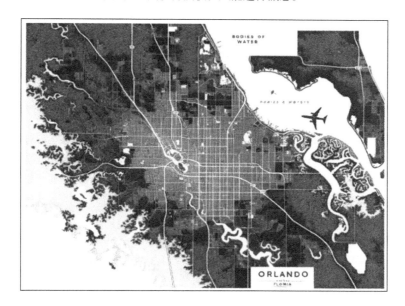

图 3　GPT–4 绘制的奥兰多地图示意

注：由于版权原因，无法精准提供地理与建筑信息。

4.2.3　政府与居民接受度问题

安全方面的担忧将极大影响政府机构与本地居民对使用 ChatGPT 来编制总体规划的接受度。前者可能对引入新技术的可靠性、准确性、对现有工作流程的改变持谨慎态度，特别是在涉及公共政策和规划的领域。2023 年，纽约、马萨诸塞、宾夕法尼亚、罗德岛四州针对生成式人工智能颁布了管理条例。例如马萨诸塞州 S.31 法案要求为使用生成式人工智能的消费者提供防止剽窃的保护措施和消费者隐私保护，同时还要求向检察长注册（Zhu，2023）。对于更广义的人工智能使用与数据信息保护，有超过 20 个州颁布了相关限制性法案。

从居民的角度来看，他们一方面对自己社区的规划发展感兴趣，但也不排除对使用 ChatGPT 这样的 AI 工具产生疑虑，担心它可能无法充分理解和反映社区的需求和价值观，或者导致不透明或不公正的规划结论。一项近期社区问卷调研显示，感知风险、信任感和满足需求是影响公众对政府使用 ChatGPT 和类似服务接受度的三个最关键因素。此外，拥有完善的监督与问责机制，也会提升大众的接受度（Yang and Wang，2023）。

4.2.4　理解复杂文本和创作能力问题

ChatGPT 在理解和诠释复杂的文本时仍然存在缺陷。在编制总体规划中体现为不能完全掌握和解释细节的概念与政策。这种局限源于 GPT-4 仅是基于文本的模型，而无法深刻领会专业领域内的深层次思维。为了弥补这一缺陷，有规划师尝试通过让其学习相关规划文本来提高它的表现。然而，这需要考虑 ChatGPT 在接受文字和图片数量上的限制。规划师可能需要将文档分割成较短的段落，分批输入给 ChatGPT，这可能影响信息的连贯性和上下文理解与工作效率。目前有的调研显示，ChatGPT 在阅读理解完整的规划文件方面的准确度还有待提高。因此，人类专家的监督和指导仍然重要（Fu and Tang，2013）。

结合地图权限问题，ChatGPT 无法直接访问和修改官方地图数据，而其通过现有用地地图和城市发展需求总结出专业的用地建议的能力也有待考察。也就是说，第八章的未来用地地图与具体标准的制定，远在 ChatGPT 能力之外。退一步讲，即使是人类城市规划师自身，也需要多年经验并深入了解当地情况，才能作出符合该社区利益与民意的优秀规划与用地决策，判断和改变某一地块的功能与属性，而不能依赖于 AI 工具。

4.2.5　文化敏感性与地方特色问题

有效的规划必须深入理解和尊重当地的文化传统、社会结构和环境特点。这通常要求规划师亲自走访，与当地居民、社区领袖和行业代表进行深入的交流和互动。然而，ChatGPT 在这方面存在明显的局限。由于其算法主要依赖网络资料或用户输入的信息，ChatGPT 可能难以准确捕捉特定地区的文化细微差别和社会动态。特别是对于那些在互联网上信息较少的小城镇，ChatGPT 更难以产出关于其独特文化和社会特征的深刻见解。此外，ChatGPT 在处理涉及地方习俗、历史背景等非标准化信息时，可能无法提供精确的建议。因此，该方面需要人类专家主导，以确保规划方案真正反映和尊重当地的独特性和多样性。

4.2.6　自动化与自主化问题

目前，ChatGPT 的创新主要体现在其能够快速吸收和处理大量信息的能力上，以及在已知信息基础上生成新的文本。然而，它无法进行独立的创新思考或生成超出其训练数据范围的全新概念。在城市规划应用领域，这意味着 ChatGPT 能够帮助规划师参考和学习现有的规划案例，提供数据分析和报告撰写的支持，但它无法自主地提出全新的规划理念或创新解决方案，所以仍然处于"城市规划人工智能第一阶段：协助型"。换言之，尽管生成式人工智能技术提供了辅助和效率提升的可能性，但真正洞察社区问题、设计创新和个性化规划仍然是规划师的专业领域。

5　展望

最后，当畅想更先进的 GPT 或生成式人工智能模型在编制美国城镇总体规划中的作用时，我们将着眼于如何让其提高规划效率、优化决策流程以及提高规划质量等方面，做出如下展望：

（1）应制定完善的框架与提问表。本研究提出构建一个基于 ChatGPT 的系统框架，旨在自动化生成总体规划文件的大纲和内容。核心是一套详细的提问表，专为各章节内容设计，使用者通过简单调整即可向 ChatGPT 下令。例如，在编写地理位置小节时，规划师可通过提问表来指导 ChatGPT，让其在回答中包含小镇位置、重要道路与轨道交通信息、附近枢纽城市的距离等，使 ChatGPT 能精确地生成所需文案。这将奠定高效、标准化规划流程的基础。

（2）增进与地方政府的合作。基于合法合规的前提，地方政府与科技企业可共同开发一款专用于城市规划的 GPT 版本。该工具能自动获取政府部门数据库的关键数据，包括财政、交通、医疗、公共服务等，进而生成如人口分布、经济发展、用地状况的叙述、图表、分析报告。这将极大节约规划师交涉获取并清理原始数据的时间精力，直接帮助总体规划第三章至第七章的编写。

（3）直接获取和编辑地图。假使版权和技术限制问题得到解决，我们预期生成式人工智能可以直接获取准确地图并参与编辑。利用开放数据源，AI 不仅能更新城镇地图与道路变更信息，还能基于这些基础地图创建更复杂的地理空间分析图。这包括场地分析图、公共设施与自然资源分布图以及当前用地图，展示道路、房屋边界等关键信息，增强规划文本的可视化。

（4）强化读图能力。随着遥感技术和数据获取途径的进步，我们期冀生成式人工智能能够处理和分析大量的社区卫星图像、街景照片甚至视频。例如，AI 可以对道路、住宅、学校和公共设施的外观状况进行分析打分，标记出需要维修或翻新的对象，以及这些受损、老化的建筑或道路在社区中的分布比例。这不仅能提高评估和监管的效率，也有助于地方政府及时地分配资金资源，进一步保障居民的生活质量。

（5）开发制图与设计能力。除了读图功能，我们期待生成式人工智能将来能够理解并绘制土地使用图与区划图。这意味着 AI 将不仅能够识别和解释现有区划的要求与分布，还能根据数据分析与规划目标，自动设计并在图纸上展现新的用地方案。这样不仅能提升制图效率，也能让规划师迅速调整和优化设计方案，以匹配社区发展的日新月异。另一个值得探索的方向是将传统的规划文件或设计（仅使用图片与文字）通过视频和动态网页的形式展现，以提升用户体验和整体呈现的生动性。OpenAI最近开发的 Sora 模型，可将文字描述转换成视频，为这一方向提供了新机遇。

（6）自主学习优秀规划文件。在短期，这是一个如何更好地训练 GPT 模型的展望。例如在住房和交通等章节的编制中，ChatGPT 可以通过学习规划师精选后录入的其他小镇的成功规划案例，自动归纳总结，然后基于小镇自身分析数据提供规划建议。比方说，假设 AI 从一个小镇的人口增长与现有住房数据中发现未来十年内可能出现住房缺口，则可提出相对应的保障住房总量与房型多样性等目标。更长远看，我们希望这个步骤可以达到自动化，即 AI 不再需要规划师手动录入现有的规划案例，而可以自主检索学习相关案例，而规划师只起到监督作用。值得注意的是，即使 AI 在未来编写社区发展目标时可以达到高度自动化，确认该目标是否可行，仍需通过规划委员会或者社区居民会议民主表决。

综上所述，如果 ChatGPT 与其他生成式人工智能模型能够达成如上技术突破，少数规划师即可有效完成小城镇的总体规划编写，并且他们的工作重心也将转移到更好地与居民和政府沟通，获取真实与有效的数据，通过规范化的指令方式操作 ChatGPT，以及最终审核成果，极大程度省去了耗时耗力的数据清理和写作制图的步骤。

6　结语

在本项研究中，我们细致探讨了基于 GPT-4 模型的 ChatGPT 在编制美国小镇总体规划中的角色与作用，发现它目前处于"人工智能协助城市规划阶段"，并在数据处理、文案撰写和图表绘制等功能上展现了明显潜力。尽管存在数据访问权限、安全隐私、用户接受度、复杂文本理解、文化敏感性以及自主创新方面的挑战，ChatGPT 仍然可以成为让城市规划工作降本增效的实用工具。未来，随着技术的进步和相关法律的健全，我们期待生成式人工智能在城市规划中扮演更加关键的角色，实现更高程度的自动化与自主化。通过与专业人员的紧密合作，ChatGPT 等工具有望促进智慧城市的构建，为城市规划领域带来创新和变革。我们对生成式人工智能的未来总体持谨慎的乐观态度，期待它可以提升规划质量、工作效率、节约人力成本，这在资源受限的小镇总体规划中格外重要。

参考文献

[1] BANH L, STROBEL G. Generative artificial intelligence[J]. Electron Markets, 2023, 33: 63.

[2] CHOUDHURY A, SHAMSZARE H. Investigating the impact of user trust on the adoption and use of ChatGPT: survey analysis[J]. Journal of Medical Internet Research, 2023, 25: e47184.

[3] DANIEL C. ChatGPT: implications for planning[EB/OL]. The American Planning Association, 2023. https://www.planning.org/publications/document/9268026/.

[4] DANIELS T, KELLER J, LAPPING M, et al. The small town planning handbook[M]. 3rd ed. New York: Routledge, 2013.

[5] DUARTE F. Number of ChatGPT users (Dec 2023) [EB/OL]. Exploding Topics. (2023-11-30). https://explodingtopics.com/blog/chatgpt-users.

[6] FU X, TANG Z. Planning for drought-resilient communities: an evaluation of local comprehensive plans in the fastest growing counties in the US[J]. Cities, 2013, 32: 60-69.

[7] FU X, WANG R, LI C. Can ChatGPT evaluate plans?[J]. Journal of the American Planning Association, 2023: 1-12.

[8] LOM M, PRIBYL O. Smart city model based on systems theory[J]. International Journal of Information Management, 2021, 56: 102092.

[9] PENG Z-R, LU K-F, LIU Y, et al. The pathway of urban planning AI: from planning support to plan-making[J/OL]. Journal of Planning Education and Research, 2023. https://doi.org/10.1177/0739456X231180568.

[10] PLANETIZEN. What are comprehensive plans? [EB/OL].2024.https://www.planetizen.com/definition/comprehensive-plans.

[11] ROJAS-RUEDA D, MORALES-ZAMORA E. Equitable urban planning: harnessing the power of comprehensive plans[J]. Curr Envir Health Rpt, 2023, 10: 125-136.

[12] SCHRAGE M, KIRON D, CANDELON F, et al. AI is helping companies redefine, not just improve performance [EB/OL]. MIT Sloan Management Review, Big Idea: AI and Business Strategy/Research Highlight, 2023. https://sloanreview.mit.edu/article/ai-is-helping-companies-redefine-not-just-improve-performance/.

[13] THE FLORIDA SENATE. Required and optional elements of comprehensive plan: studies and surveys[EB/OL]. Florida Statutes, 2016. https://www.flsenate.gov/Laws/Statutes/2016/163.3177.

[14] TOUKABRI A, MEDINA L. Latest city and town population estimates of the decade show three-fourths of the nation's incorporated places have fewer than 5 000 people[EB/OL]. United States Census Bureau. (2020-05-21). https://www.census.gov/library/stories/2020/05/america-a-nation-of-small-towns.html.

[15] TREMLETT S. Comprehensive plans—what's the benefit? Why should I care? [EB/OL]. MSA, 2024. https://www.msa-ps.com/comprehensive-plans-whats-the-benefit-why-should-i-care/.

[16] WELBORN A. ChatGPT and fake citations[EB/OL]. Duke University Libraries. (2023-03-09). https://blogs.library.duke.edu/blog/2023/03/09/chatgpt-and-fake-citations/#:~:text=ChatGPT%20is%20based%20on%20a,or%20write%20your%20literature%20review.

[17] WU Z. Status of intelligent city construction in China[M]//Intelligent City Evaluation System. Strategic Research on Construction and Promotion of China's Intelligent Cities. Springer: Singapore, 2018.

[18] YANG L, WANG J. Factors influencing initial public acceptance of integrating the Chat GPT-type model with government services[J/OL]. Kybernetes, 2023. https://doi.org/10.1108/K-06-2023-1011.

[19] ZHAO W X, ZHOU K, LI J, et al. A survey of large language models[EB/OL]. 2023. arXiv: 2303.18223.

[20] ZHU K. The state of state AI laws: 2023[EB/OL]. EPIC. (2023-08-03). https://epic.org/the-state-of-state-ai-laws-2023/.

[21] 宋彦, 唐瑜, 丁国胜, 等. 规划文本评估内容与方法探讨——以美国城市总体规划文本评估为例[J]. 国际城市规划, 2015, 30(S1): 71-76.

[欢迎引用]

刘扬鹤, 彭仲仁, 侯清, 等. 生成式人工智能在编制美国小镇总体规划中的角色、挑战与机遇——以 ChatGPT 为例 [J]. 城市与区域规划研究, 2024, 16(1): 215-229.

LIU Y H, PENG Z R, HOU Q, et al. The role, opportunities, and challenges of generative AI in comprehensive planning of American small towns—using ChatGPT as an example[J]. Journal of Urban and Regional Planning, 2024, 16(1): 215-229.

《城市与区域规划研究》征稿简则

本刊栏目设置

本刊设有 7 个固定栏目，分别是：

1. 主编导读。介绍本期主题、编辑思路、文章要点、下期主题安排。

2. 特约专稿。发表由知名学者撰写的城市与区域规划理论论文，每期 1—2 篇，字数不限。

3. 学术文章。城市与区域规划理论、方法、案例分析等研究成果。每期 6 篇左右，字数不限。

4. 国际快线（前沿）。国外城市与区域规划最新成果、研究前沿综述。每期 1—2 篇，字数约 20 000 字。

5. 经典集萃。介绍有长期影响、实用价值的古今中外经典城市与区域规划论著。每期 1—2 篇，字数不限，可连载。

6. 研究生论坛。国内重点院校研究生研究成果、前沿综述。每期 3 篇左右，每篇字数 6 000—8 000 字。

7. 书评专栏。国内外城市与区域规划著作书评。每期 3—6 篇，字数不限。

根据主题设置灵活栏目，如：**人物专访、学术随笔、规划争鸣、规划研究方法**等。

用稿制度

本刊收到稿件后，将对每份稿件登记、编号及组织专家匿名评审，刊登与否由编委会最后审定。如无特殊情况，本刊将会在 3 个月内告知录用结果。在此之前，请勿一稿多投。来稿文责自负，凡向本刊投稿者，即视为同意本刊将稿件以纸质图书版本以及包括但不限于光盘版、网络版等数字出版形式出版。稿件发表后，本刊会向作者支付一次性稿酬并赠样书 2 册。

投稿要求

本刊投稿以中文为主（海外学者可用英文投稿），但必须是未发表的稿件。英文稿件如果录用，本刊可以负责翻译，由作者审查定稿。除海外学者外，稿件一般使用中文。作者投稿用电子文件，通过采编系统在线投稿，采编系统网址：**http://cqgh. cbpt. cnki. net/**，或电子文件 E-mail 至 **urp@tsinghua. edu. cn**。

1. 文章应符合科学论文格式。主体包括：①科学问题；②国内外研究综述；③研究理论框架；④数据与资料采集；⑤分析与研究；⑥科学发现或发明；⑦结论与讨论。

2. 稿件的第一页应提供以下信息：①文章标题、作者姓名、单位及通讯地址和电子邮件；②英文标题、作者姓名的英文和作者单位的英文名称。稿件的第二页应提供以下信息：①200 字以内的中文摘要；②3—5 个中文关键词；③100 个单词以内的英文摘要；④3—5 个英文关键词。

3. 文章正文中的标题、插图、表格、符号、脚注等，必须分别连续编号。一级标题用"1""2""3"……编号；二级标题用"1.1""1.2""1.3"……编号；三级标题用"1.1.1""1.1.2""1.1.3"……编号，标题后不用标点符号。

4. 插图要求：500dpi，14cm×18cm，黑白位图或 EPS 矢量图，由于刊物为黑白印制，最好提供黑白线条图。图表一律通栏排（图：标题在下；表：标题在上）。

5. 参考文献格式要求如下：

（1）参考文献首先按文种集中，可分为英文、中文、西文等。然后按著者人名首字母排序，中文文献可按著者汉语拼音顺序排列。参考文献在文中需用括号表示著者和出版年信息，例如（王玲，1983），著录根据《信息与文献 参考文献著录规则》（GB/T 7714—2015）国家标准的规定执行。

（2）请标注文后参考文献类型标识码和文献载体代码。

• 文献类型/类型标识

专著/M；论文集/C；报纸文章/N；期刊文章/J；学位论文/D；报告/R

• 电子参考文献类型标识

数据库/DB；计算机程序/CP；电子公告/EP

• 文献载体/载体代码标识

磁带/MT；磁盘/DK；光盘/CD；联机网/OL

（3）参考文献写法列举如下：

[1] 刘国钧，陈绍业，王凤翥. 图书馆目录[M]. 北京：高等教育出版社，1957: 15-18.

[2] 辛希孟. 信息技术与信息服务国际研讨会论文集：A 集[C]. 北京：中国社会科学出版社，1994.

［3］张筑生. 微分半动力系统的不变集[D]. 北京: 北京大学数学系数学研究所, 1983.

［4］冯西桥. 核反应堆压力管道与压力容器的 LBB 分析[R]. 北京: 清华大学核能技术设计研究院, 1997.

［5］金显贺, 王昌长, 王忠东, 等. 一种用于在线检测局部放电的数字滤波技术[J]. 清华大学学报: 自然科学版, 1993, 33(4): 62-67.

［6］钟文发. 非线性规划在可燃毒物配置中的应用[C]//赵玮. 运筹学的理论与应用——中国运筹学会第五届大会论文集. 西安: 西安电子科技大学出版社, 1996: 468-471.

［7］谢希德. 创造学习的新思路[N]. 人民日报, 1998-12-25(10).

［8］王明亮. 关于中国学术期刊标准化数据库系统工程的进展[EB/OL]. (1998-08-16)[1998-10-04]. http://www.cajcd. edu.cn/pub/wml.txt/980810-2.html.

［9］PEEBLES P Z, Jr. Probability, random variable, and random signal principles[M]. 4th ed. New York: McGraw Hill, 2001.

［10］KANAMORI H. Shaking without quaking[J]. Science, 1998, 279(5359): 2063-2064.

6. 所有英文人名、地名应有规范译名, 并在第一次出现时用括号标注原名。

编辑部联系方式

地址: 北京市海淀区清河嘉园东区甲 1 号楼东塔 7 层《城市与区域规划研究》编辑部

邮编: 100085

电话: 010-82819491

著作权使用声明

《城市与区域规划研究》征订

订阅方式

1. 请填写"征订单"并电邮或邮寄至以下地址：
   联系人：单苓君
   电　话：(010) 82819491
   电　邮：urp@tsinghua.edu.cn
   地　址：北京市海淀区清河嘉园东区甲 1 号楼东塔 7 层
   　　　　《城市与区域规划研究》编辑部
   邮　编：100085

2. 汇款
   ① 邮局汇款：地址同上
   　　　　　　收款人姓名：北京清华同衡规划设计研究院有限公司
   ② 银行转账：户　名：北京清华同衡规划设计研究院有限公司
   　　　　　　开户行：招商银行北京清华园支行
   　　　　　　账　号：866780350110001

《城市与区域规划研究》征订单

每期定价	人民币 86 元（含邮费）						
订户名称					联系人		
详细地址					邮　编		
电子邮箱			电　话		手　机		
订　阅	年　　期至　　年　　期				份　数		
是否需要发票	□是　发票抬头						□否
汇款方式	□银行		□邮局		汇款日期		
合计金额	人民币（大写）						
注：订刊款汇出后请详细填写以上内容，并将征订单和汇款底单发邮件到 urp@tsinghua.edu.cn。							